高い立場からみた 予備校数学演義㊤

大学受験からその先へ

吉田 大悟 著

現代数学社

まえがき

本書は筆者の勤める予備校での講義ノートをもとに，大学入試数学の演習書として，さらには，数学教育のヒントとなる書籍として読めるように整理したものである．したがって，読者対象としては受験生のみならず指導者の方も念頭においている．

予備校では予備校各社が用意した独自のテキストがあり，それを中心にそれぞれの講師が講義を行うが，講義の仕方は講師裁量となっており，自由度が高い．予備校講師は，テキストの問題を核に，さまざまな話題を盛り込むことで講義の展開を考えているわけであるが，この本は予備校のテキストではなく，筆者が独自に興味深い話題を盛り込む際のヒントしているいわば“ネタ帳”である．

本書の構成を簡単に述べておく．上巻と下巻の2巻本となっており，上巻は大学受験文系数学（主に数学ＩＡⅡBC），下巻は大学受験理系数学（主に数学ⅢC）を扱っている．それぞれ，第1章が演習問題，第2章が演習問題の解説となっており，ここまでが演習という位置付けである．第3章はいくつかの興味深い話題を扱っており，この部分が講義という位置付けである．それゆえ，本書のタイトルには演習と講義という本書の構成を正確に反映した「演義」という文言を入れている．また，第3章では問題の背景を深く理解し，高い立場から問題をみる姿勢を貫いている．それは，有名なF. クラインによる示唆に富む名著『高い立場から見た初等数学』の理念を受験数学に取り入れたいという思いからであり，そのことも本名に反映したいと考え，本書のタイトルを『高い立場からみた予備校数学演義』とした次第である．対面で教室にいる学生にはライブの講義で興味深い話題を直接提供できるが，そうでない方にも是非とも届けたいという思いがあって本書を刊行することにした．また，講義時間にも制限があり，本書の内容がすべて講義時間に扱えるわけでもないので，自学自習でも使えるようにしたいという思いもあった．そのように考えていた折，現代数学社代表取締役の富田淳氏に本書の刊行を勧めていただいたおかげでこのような形で全国に提供できるようになった．刊行にあたりご尽力いただいた富田氏に感謝申し上げる．

本書をきっかけに，深淵な数学の世界に興味をもって，更なる学習への動機付けとしていただければ幸いである．

2025 年 1 月　　加古川にて

吉田 大悟

目　次

第1章

演習問題一覧

1 (1) $\begin{cases} x^2-23y^2=1, \\ 1<x+\sqrt{23}\,y<49 \end{cases}$ を満たす整数 x, y の組 $(x,\ y)$ を求めよ．

(2) $\begin{cases} x^2-23y^2=1, \\ x+\sqrt{23}\,y<1 \end{cases}$ を満たす整数 x, y の組 $(x,\ y)$ のうち，$x+\sqrt{23}\,y$ の値を最大とする組を求めよ．

2 青玉1個，赤玉3個，白玉4個がある．図の黒丸の位置 (正七角形の頂点とその外接円の中心の位置) に，これらの玉を1個ずつ配置する．回転または線対称で互いに移り合うものは同じ配置として考える．このとき，配置は全部で何通りあるか．

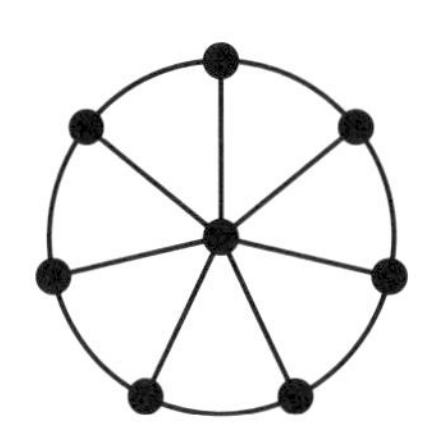

3 以下の問に答えよ．ただし$\sqrt{2}$，$\sqrt{3}$，$\sqrt{6}$が無理数であることは使ってよい．

(1) 有理数p，q，rについて$p+q\sqrt{2}+r\sqrt{3}=0$ならば，$p=q=r=0$であることを示せ．

(2) 実数係数の2次式$f(x)=x^2+ax+b$について，$f(1)$，$f\left(1+\sqrt{2}\right)$，$f\left(\sqrt{3}\right)$のいずれかは無理数であることを示せ．

4 k，x，yは正の整数とする．三角形の3辺の長さが$\dfrac{k}{x}$，$\dfrac{k}{y}$，$\dfrac{1}{xy}$で周の長さが$\dfrac{25}{16}$である．k，x，yを求めよ．

5 1から5までの自然数を1列に並べる．どの並べ方も同様の確からしさで起こるものとする．このとき1番目と2番目と3番目の数の和と，3番目と4番目と5番目の数の和が等しくなる確率を求めよ．ただし，各並べ方において，それぞれの数字は重複なく1度ずつ用いるものとする．

6 pを素数とする．3次方程式

$$x^3+(p^2+2)x^2-(7p-4)x-p=0$$

が整数解をもつとき，pの値を求めよ．

7 $1<a<b<a^2<100$を満たす整数a，bの組で$\log_a b$が有理数となるものをすべて求めよ．

8 自然数 m と互いに素な m 以下の自然数の個数を $\phi(m)$ と表す.

(1) p を素数, n を自然数とするとき, $\phi(p^n) = p^n - p^{n-1}$ を示せ.

以下の設問では, m_1, m_2, $\cdots$, m_6, h を, 次の①, ②を満たす自然数とする.

① $m_1 < m_2 < \cdots < m_6 < h$.

② h と互いに素な h 未満の自然数は集合 $\{m_1, m_2, \cdots, m_6\}$ に属する.

このとき, 次の問いに答えよ. ただし, m と n が互いに素な自然数であるとき, $\phi(mn) = \phi(m)\phi(n)$ が成立することは使ってよい.

(2) h は 11 以上の素数で割り切れないことを示せ.

(3) $m_2 = 4$ のとき h を求めよ.

9 実数 x, y が不等式 $x^2 + y^2 - 2(x+y) - 6 \leqq 0$ を満たして変化するとき, $\dfrac{xy}{x+y+5}$ の最大値, 最小値を求めよ.

10 $f(x) = x^5 - 3x^3 + 23x^2 + x - 42$ とする.

(1) 整数 p が方程式 $f(x) = 0$ の解であるとすれば, すべての整数 m に対して, $f(m)$ は $p - m$ の倍数であることを示せ.

(2) 方程式 $f(x) = 0$ の整数解をすべて求めよ.

11 4 個の整数 1, a, b, c は $1 < a < b < c$ を満たしている. これらの中から相異なる 2 個を取り出して和を作ると, $1 + a$ から $b + c$ までのすべての整数の値が得られるという. a, b, c の値を求めよ.

12 n を 2 以上の整数とする. n 個のさいころを同時に 1 回振るとき, 出る目の和が 7 の倍数となる確率を求めよ.

13 平面上に3つの定点O，A，Bがあり，$\left|\overrightarrow{\mathrm{AB}}\right| = 1$とする．この平面上で2つの動点P，Qが

$$\begin{cases} \overrightarrow{\mathrm{OP}} + \overrightarrow{\mathrm{OQ}} = \overrightarrow{\mathrm{OA}} + \overrightarrow{\mathrm{OB}}, \\ \overrightarrow{\mathrm{OP}} \cdot \overrightarrow{\mathrm{OQ}} = \overrightarrow{\mathrm{OA}} \cdot \overrightarrow{\mathrm{OB}} \end{cases}$$

を満たして動く．

(1) 点Pの軌跡を求めよ．

(2) $\left|\overrightarrow{\mathrm{AP}}\right| + \left|\overrightarrow{\mathrm{AQ}}\right|$の最大値および最小値を求めよ．

14 2つの数列$\{a_n\}$，$\{b_n\}$は，$a_1 = b_1 = 1$および，

$$a_{n+1} = 2a_nb_n, \quad b_{n+1} = 2{a_n}^2 + {b_n}^2 \quad (n = 1,\ 2,\ 3,\ \cdots)$$

を満たすものとする．

(1) $n \geqq 3$のとき，a_nは3で割り切れるが，b_nは3で割り切れないことを示せ．

(2) $n \geqq 2$のとき，a_nとb_nは互いに素であることを示せ．

15 番号1, 2, $\cdots$, nのついた札が，袋Aにはそれぞれ1枚ずつ，袋Bにはそれぞれ2枚ずつ入っている．ただし，$n \geqq 2$とする．

(1) 袋Aから札を2枚取り出すとき，その2枚の札の番号の和がnより大きい確率を求めよ．

(2) 袋Bから札を2枚取り出すとき，その2枚の札の番号の和がnより大きい確率を求めよ．

16 任意の自然数nに対して，次の(1)，(2)が成り立つことを示せ．ただし，$[\,x\,]$はxを超えない最大の整数とする．

(1) $\sqrt{4n+1} < \sqrt{n} + \sqrt{n+1} < \sqrt{4n+2}$.

(2) $\left[\sqrt{4n+1}\right] = \left[\sqrt{n} + \sqrt{n+1}\right]$.

17 n は 2 以上の自然数とする．n 枚のカードに 1 から n までの番号をつけて，箱の中へ入れておく．A，B の 2 人がこの箱から無作為に，初めに A が 1 枚，次に B が 1 枚カードを取り出すものとし，取り出されたカードの番号をそれぞれ a，b とする．
このとき，A が得る点数は，

$$a > b \text{ のとき } a, \qquad a = b \text{ のとき } 0, \qquad a < b \text{ のとき } -a$$

であるとする．
また，次のようにルール (I)，(II) を定める．
(I) A が取り出したカードを元に戻さず B が取り出す．
(II) A が取り出したカードを元に戻してから B が取り出す．
(1) ルール (I) の場合の A の得点の期待値を求めよ．
(2) ルール (I) の場合の A の得点の期待値と，ルール (II) の場合の A の得点の期待値とではどちらが大きいか．

18 相異なる自然数 a，b，c があり，どの 2 つの和も残りの数で割ると 1 余るとする．$a < b < c$ として次の問いに答えよ．
(1) $a + b$ を c で割ったときの商はいくらか．
(2) $a + c$ を b で割ったときの商はいくらか．
(3) a，b，c を求めよ．

19 実数を係数とする 3 次式 $f(x) = x^3 + ax^2 + bx + c$ がある．3 次方程式 $f(x) = 0$ の実数解を α とし，$|a|$，$|b|$，$|c|$ の最大値を M とおく．
(1) $|\alpha|^3 \leqq M(|\alpha|^2 + |\alpha| + 1)$ が成り立つことを示せ．
(2) $|\alpha| < M + 1$ が成り立つことを示せ．

20 a_k, b_k $(k=1,\ 2,\ 3)$ は，0 または 1 とする．

(1) 不等式

$$\frac{a_1}{2}+\frac{a_2}{2^2}+\frac{a_3}{2^3}<\frac{3}{5}<\frac{a_1}{2}+\frac{a_2}{2^2}+\frac{a_3}{2^3}+\frac{1}{2^3}$$

を満たすような a_1，a_2，a_3 の値を求めよ．

(2) 不等式

$$\frac{b_1}{2}+\frac{b_2}{2^2}+\frac{b_3}{2^3}<\log_{10}7<\frac{b_1}{2}+\frac{b_2}{2^2}+\frac{b_3}{2^3}+\frac{1}{2^3}$$

を満たすような b_1，b_2，b_3 の値を求めよ．

21 サイコロを n 回振って出た目の数を順に円周に沿って時計まわりに並べる．隣り合う 2 つの数がすべて異なる確率を求めよ．ただし，n は 2 以上の整数とする．

22 n を 3 以上の整数とするとき，方程式

$$x^n+2y^n=4z^n$$

には正の整数解 x，y，z が存在しないことを示せ．

23 座標平面上に 2 つの動点 A，B がある．時刻 $t=0$ のとき，A の位置は (0, 0)，B の位置は (6, 6) である．以後，各時刻 $t=1,\ 2,\ \cdots$ に硬貨を投げてその結果により A，B を次のように移動させる．表がでたら，A は $(x,\ y)$ から $(x+1,\ y)$ へ，B は $(x,\ y)$ から $(x-1,\ y)$ へ移動させ，裏がでたら，A は $(x,\ y)$ から $(x,\ y+1)$ へ，B は $(x,\ y)$ から $(x,\ y-1)$ へ移動させる．ただし，硬貨の表，裏のでる確率はともに $\frac{1}{2}$ とする．

(1) 1 枚の硬貨を投げ，A，B をともにその結果に従って移動させていくとき，両者が出会う確率 p を求めよ．

(2) 2 枚の硬貨 a，b を同時に投げ，A は a の結果に，B は b の結果に従って移動させていくとき，両者が出会う確率 q を求めよ．

24 半径 1 の円周上に 2 点 A，B をとり固定する．弧 AB に対する円周角を θ $\left(0 < \theta \leqq \dfrac{\pi}{2}\right)$ とし，同じ円周上に動点 P をとる．

(1) $\mathrm{PA} \cdot \mathrm{PB}$ が最大になるのは P がどのような場合か．また，$\mathrm{PA} \cdot \mathrm{PB}$ の最大値を θ を用いて表せ．

(2) $\mathrm{PA} + \mathrm{PB}$ が最大になるのは P がどのような場合か．

(3) $\dfrac{\mathrm{PA} \cdot \mathrm{PB}}{\mathrm{PA} + \mathrm{PB}}$ の最大値を θ を用いて表せ．

25 a，b を有理数とし，方程式

$$x^3 + ax + b = 0 \qquad \cdots ①$$

が有理数を解としてもたないものとする．このとき，どのような有理数 p，q に対しても，方程式 $x^2 + px + q = 0$ は①と共通解をもたないことを証明せよ．

26 0，1，2，3，4，5，6，7 の数字が書かれた 8 枚のカードがある．カードをもとに戻すことなく 1 枚ずつ 8 枚すべてを取り出し，左から順に一列に並べる．このとき，数字 k のカードの左側に並んだ k より小さい数字のカードの枚数が $(k-1)$ 枚である確率 p_k を k を用いて表せ．ただし，k は 1 から 7 までの整数のいずれかとする．

27 xy 平面上の点 $(p,\ q)$ から曲線 $C : y = x^3 - x$ に異なる 3 本の接線が引けるような $(p,\ q)$ の存在範囲を求め，図示せよ．また，このような $(p,\ q)$ に対して，曲線 $D : y = ax^2 + bx + c$ がこの 3 つの接点すべてを通るような $(a,\ b,\ c)$ を求めよ．

28 xy 平面上の点集合 $\{(i,\ j) \mid i=0,\ 1,\ \cdots,\ n\ ;j=0,\ 1,\ 2,\ 3\}$ を S とする．ただし n は正の整数である．両端が S の点であるような長さ1の線分の集合を M とする．

(1) M の相異なる m 本の要素の選び方は何通りあるか．

(2) 相異なる $(n+3)$ 本の M の要素を選ぶとき，点 $(0,\ 0)$ と点 $(n,\ 3)$ とがこれらの線分でつながる確率を求めよ．

(3) 相異なる $(n+4)$ 本の M の要素を選ぶとき，点 $(0,\ 0)$ と点 $(n,\ 3)$ とがこれらの線分でつながる確率を求めよ．たとえば $n=5,\ m=14$ で次のような場合は，点 $(0,\ 0)$ と点 $(5,\ 3)$ とはつながっていると考える．

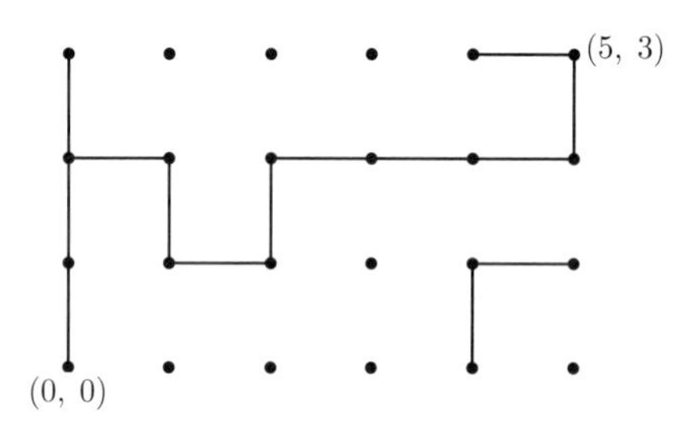

29 1から n までの番号が書かれた n 枚のカードがある．この n 枚のカードの中から1枚を取り出し，その番号を記録してからもとに戻す．この操作を3回繰り返す．記録した3個の番号が3つとも異なる場合には大きい方から2番目の値を X とする．2つが一致し，1つがこれと異なる場合には，2つの同じ値を X とし，3つとも同じならその値を X とする．

(1) 確率 $P(X=k)$ $(k=1,\ 2,\ \cdots,\ n)$ を求めよ．

(2) $P(X=k)$ が最大となる k を n で表せ．

30 三角形 ABC とその外接円 E があり，弧 BC の中点を A′，弧 CA の中点を B′，弧 AB の中点を C′ とする．

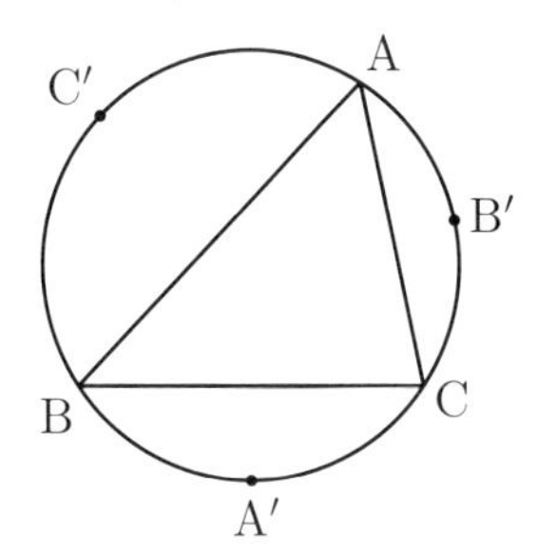

(1) △ABC の内心と △A′B′C′ の垂心は一致することを示せ．

(2) 点 A′ から直線 B′C′ に下ろした垂線の足を P，点 B′ から直線 C′A′ に下ろした垂線の足を Q，点 C′ から直線 A′B′ に下ろした垂線の足を R とするとき，三角形 PQR は三角形 ABC と相似であることを示せ．

31 6 人で次のゲームを行うことにした．53 枚のカードのうち，1 枚だけ「あたり」と書かれたカードを用意し，このカードをよく混ぜて重ねて置く．次に，参加者各自がさいころ 1 回だけ投げ，カードを見ないようにして出た目の数だけ上から順にとっていく．なお，一度とったカードは戻さないものとする．このとき，手にしたカードの中に「あたり」のカードが入っていたら，そのカードをとった参加者を勝者と決定してゲームは終了する．また，いずれの参加者も「あたり」のカードをとることができなければ，このゲームは引き分けで終了する．このゲームが引き分けで終了する確率を求めよ．

32 a，b を整数とし，2 次式 $f(x)=x^2+ax+b$ を考える．$f(\alpha)=0$ を満たす有理数 α が存在するとき，以下のことを証明せよ．

(1) α は整数である．

(2) 任意の正の整数 n に対して，n 個の整数 $f(0)$，$f(1)$，$\cdots$，$f(n-1)$ のうち少なくとも 1 つは n で割り切れる．

33 箱の中に n 個 $(n \geqq 3)$ の球があり，連続した n 個の整数

$$a,\ a+1,\ \cdots,\ a+n-1$$

がそれぞれの球に1つずつ記されている．以下では，n の値は知らされているが，a の値は知らされていないものとする．

(1) この箱から無作為に1個の球を取り出し，記されている整数を調べる．ただし，取り出した球は箱に戻さない．これを繰り返して X 回目に初めて a の値がわかるものとする．

　(i) $X=k$ となる確率を求めよ．

　(ii) X の期待値を求めよ．

(2) この箱から無作為に1個の球を取り出し，記されている整数を調べて箱に戻すことを k 回繰り返す．この操作により a の値がわかる確率を求めよ．

34 正四面体 OABC がある．点 P は

$$3\overrightarrow{\mathrm{OP}} = 2\overrightarrow{\mathrm{AP}} + \overrightarrow{\mathrm{PB}}$$

を満たしている．$\overrightarrow{\mathrm{OA}} = \vec{a}$，$\overrightarrow{\mathrm{OB}} = \vec{b}$，$\overrightarrow{\mathrm{OC}} = \vec{c}$ とおく．

(1) $\overrightarrow{\mathrm{OP}}$ を $\vec{a}$，$\vec{b}$ で表せ．

(2) 三角形 ABC の重心 G と点 P を結ぶ線分が面 OBC と交わる点を Q とする．$\overrightarrow{\mathrm{OQ}}$ を $\vec{a}$，$\vec{b}$，$\vec{c}$ で表せ．

(3) 線分 OB 上の点 R に対して，三角形 PQR が PQ を斜辺とする直角三角形になるとき，$\dfrac{\mathrm{OR}}{\mathrm{OB}}$ を求めよ．

35 自然数 n と実数 x に対して，次の等式が成り立つことを示せ．

$$[\,nx\,] = [\,x\,] + \left[x+\frac{1}{n}\right] + \left[x+\frac{2}{n}\right] + \cdots + \left[x+\frac{n-1}{n}\right].$$

36 $f(x)$ を整数係数の x の多項式とし，a，b，c，d を相異なる整数とする．

$$f(a) = f(b) = f(c) = f(d) = 5$$

であるなら，$f(k) = 8$ となる整数 k は存在しないことを示せ．

37 n 個のさいころを投げたとき，出た目の数のどの 2 つの和も 7 にならない確率を求めよ．ただし，$n \geqq 3$ とする．

38 三角形 ABC に対し

$$\overrightarrow{p} = \left(\overrightarrow{\mathrm{AB}} \cdot \overrightarrow{\mathrm{BC}}\right)\overrightarrow{\mathrm{CA}} + \left(\overrightarrow{\mathrm{BC}} \cdot \overrightarrow{\mathrm{CA}}\right)\overrightarrow{\mathrm{AB}} + \left(\overrightarrow{\mathrm{CA}} \cdot \overrightarrow{\mathrm{AB}}\right)\overrightarrow{\mathrm{BC}}$$

とする．

(1) $\overrightarrow{p} = \overrightarrow{0}$ のとき，三角形 ABC はどのような三角形か．

(2) 三角形 ABC が鋭角三角形であるための条件は

$$\left|\overrightarrow{p}\right| < \left|\overrightarrow{\mathrm{AB}}\right|\left|\overrightarrow{\mathrm{BC}}\right|\left|\overrightarrow{\mathrm{CA}}\right|$$

であることを示せ．

39 正の整数 a，b，c，d が等式 $a^2 + b^2 + c^2 = d^2$ を満たすとする．

(1) d が 3 の倍数でないならば，a，b，c の中に 3 の倍数がちょうど 2 つあることを示せ．

(2) d が 2 の倍数でも 3 の倍数でもないならば，a，b，c のうち少なくとも 1 つは 6 の倍数であることを示せ．

40 平面上の3点A，B，Cは一直線上にはないとする．三角形ABCの内接円Oが辺BC，CA，ABに接する点をそれぞれP，Q，Rとし，辺BC，CA，ABの長さをそれぞれa，b，cとする．このとき次の各問に答えよ．

(1) $\mathrm{AR}=\dfrac{a+b+c-2a}{2}$であることを示せ．

(2) $\overrightarrow{\mathrm{BP}}$を$\overrightarrow{\mathrm{AB}}$，$\overrightarrow{\mathrm{AC}}$と$a$，$b$，$c$を用いて表せ．

(3) $\overrightarrow{\mathrm{AQ}}+\overrightarrow{\mathrm{AR}}+\overrightarrow{\mathrm{BP}}+\overrightarrow{\mathrm{BR}}+\overrightarrow{\mathrm{CP}}+\overrightarrow{\mathrm{CQ}}=\overrightarrow{0}$ならば三角形ABCは正三角形であることを示せ．

41 同じ大きさの10個の球の入った袋がある．そのうち2個は赤球で，8個は白球である．この袋から取り出した球を元へ戻すことなく，どちらかの色の球が袋の中になくなるまで順に1球ずつ取り出していくことにする．

(1) 取り出された球が5個である確率を求めよ．

(2) 袋の中に球が1個だけ残っている確率を求めよ．

(3) 袋の中に球が2個だけ残っている確率を求めよ．

(4) 袋の中に球が1個だけ残っているとき，はじめに赤球を取り出していた条件付き確率を求めよ．

42 四面体OABCにおいて，$\mathrm{OA}=\mathrm{AB}$，$\mathrm{BC}=\mathrm{OC}$，$\mathrm{OA}\perp\mathrm{BC}$とする．

(1) $\mathrm{OB}\perp\mathrm{AC}$となることを示せ．

(2) $\mathrm{OA}^2+\mathrm{BC}^2=\mathrm{OB}^2+\mathrm{AC}^2$が成り立つことを示せ．

(3) 三角形ABCの垂心をHとする．$\mathrm{OA}=\mathrm{OB}=6$，$\mathrm{OC}=5$のとき，OHの長さを求めよ．

43 外接円の半径が1である三角形ABCの内接円の半径をrとする．

(1) $\angle\mathrm{A}=2x$，$\angle\mathrm{B}=2y$，$\angle\mathrm{C}=2z$とおくとき，

$$r=4\sin x\sin y\sin z$$

であることを示せ．

(2) rの最大値を求めよ．

44 正の約数をちょうど4個もつ自然数のうち，1加えた数の正の約数がちょうど3個となるようなものを求めよ．

45 座標空間に6点

$$\mathrm{A}(0,0,1),\ \mathrm{B}(1,0,0),\ \mathrm{C}(0,1,0),\ \mathrm{D}(-1,0,0),\ \mathrm{E}(0,-1,0),\ \mathrm{F}(0,0,-1)$$

を頂点とする正八面体 ABCDEF がある．s, t を $0<s<1$, $0<t<1$ を満たす実数とする．線分 AB, AC をそれぞれ $1-s:s$ に内分する点を P, Q とし，線分 FD, FE をそれぞれ $1-t:t$ に内分する点を R, S とする．

(1) 4点 P, Q, R, S が同一平面上にあることを示せ．

(2) 線分 PQ の中点を L とし，線分 RS の中点を M とする．s, t が $0<s<1$, $0<t<1$ の範囲を動くとき，線分 LM の長さの最小値 m を求めよ．

(3) 正八面体 ABCDEF の4点 P, Q, R, S を通る平面による切り口の面積を X とする．線分 LM の長さが (2) の値 m をとるとき，X を最大とするような s, t の値と，そのときの X の値を求めよ．

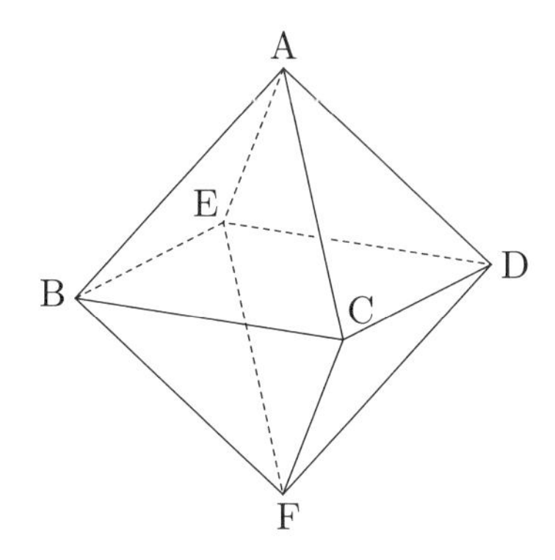

46 初項 a_1 $(0 < a_1 < \pi)$，公差 θ $(0 < \theta < \pi)$ の等差数列 $\{a_n\}$ が

$$\cos(a_n + a_{n+1}) = \cos a_n \quad (n = 1,\ 2,\ 3,\ \cdots)$$

を満たす．ただし，$\sin a_n \neq 0$ $(n = 1,\ 2,\ 3,\ \cdots)$ とする．

(1) すべての自然数 n に対して，$2a_n + a_{n+1}$ が 2π の整数倍であることを示せ．

(2) a_1 と θ を求めよ．

47 $\alpha > 0$，$\beta > 0$，$\alpha + \beta < \dfrac{\pi}{2}$ とし，$\dfrac{1}{\tan\alpha}$，$\dfrac{1}{\tan\beta}$ は整数で次の条件 (i)，(ii) をともに満たしている．

(i) $\tan(\alpha + \beta) \geqq \dfrac{1}{10}$．

(ii) $\dfrac{1}{\tan(\alpha + \beta)}$，$\dfrac{1}{\tan\alpha}$，$\dfrac{1}{\tan\beta}$ はこの順に等差数列をなす．

このとき，$\tan\alpha$ と $\tan\beta$ を求めよ．

48 a を実数とし，

$$a_1 = a, \qquad a_{n+1} = n - |a_n| \quad (n = 1,\ 2,\ 3,\ \cdots)$$

で定義される数列 $\{a_n\}$ がある．

(1) $a_m + a_{m+1} \leqq m$ $(m = 1,\ 2,\ 3,\ \cdots)$ が成り立つことを示せ．

(2) $\displaystyle\sum_{n=1}^{100} a_n \leqq 2500$ が成り立つことを示せ．

(3) $a_3 \geqq 0$ ならば $0 \leqq a_n \leqq n - 1$ $(n = 3,\ 4,\ 5,\ \cdots)$ が成り立つことを示せ．

(4) $\displaystyle\sum_{n=1}^{100} a_n = 2500$ が成り立つための a についての条件を求めよ．

49 $f(x) = x^3 + ax^2 + bx + c$ (a, b, c は実数の定数) とする.

(1) a, b, c の値によらず

$$\int_0^1 f(x)\,dx = pf(0) + qf(k) + r$$

が成り立つような定数 p, q, r, k の値を求めよ.

(2) $0 \leqq x \leqq 1$ においてつねに $f(x) \geqq 0$ である $f(x)$ のうち $\int_0^1 f(x)\,dx$ の値を最小とするものを求めよ.

50 0 でない実数の定数 p, q, r に対し, $f(x) = p\sin x + q\cos x + r$ とし, $0 < \alpha < \beta < 2\pi$, $f(\alpha) = f(\beta) = 0$ であるとする.

(1) $\tan\dfrac{\alpha+\beta}{2}$ が定義されるとき, これを p, q, r で表せ.

(2) $\tan^2\dfrac{\alpha-\beta}{2}$ が定義されるとき, これを p, q, r で表せ.

(3) $\tan\dfrac{\alpha}{2} + \tan\dfrac{\beta}{2}$, $\tan\dfrac{\alpha}{2}\tan\dfrac{\beta}{2}$ が定義されるとき, これらを p, q, r で表せ. ただし, $q \neq r$ とする.

51 整数全体を定義域とする関数 $f(n)$ が $f(n) = \begin{cases} n - 10 & (n \geqq 101), \\ f(f(n+11)) & (n \leqq 100) \end{cases}$ を満たすとき, $f(n) = 91$ ($n \leqq 100$) が成り立つことを示せ.

52 (1) 次のように定義される数列 $\{a_n\}$ の一般項を求めよ．

$$a_1 = \frac{1}{2},\quad a_2 = \frac{7}{4},\quad a_{n+2} = \frac{5}{2}a_{n+1} - a_n\ \ (n = 1,\ 2,\ 3,\ \cdots).$$

(2) 次のように定義される数列 $\{b_n\}$ の一般項を求めよ．

$$b_1 = 2,\ b_2 = \frac{5}{2},\ b_3 = \frac{17}{4},\ b_{n+3} = \frac{7}{2}b_{n+2} - \frac{7}{2}b_{n+1} + b_n\ (n = 1, 2, 3, \cdots).$$

53 O を原点とする xy 平面上の y 軸上に点 $\mathrm{A}(0,\ 1)$ をとり，x 軸上に 3 点 $\mathrm{P}(p,\ 0)$，$\mathrm{Q}(q,\ 0)$，$\mathrm{R}(r,\ 0)$ をとる．ただし，p，q，r は $p \leqq q \leqq r$ を満たす正の整数で，P，Q，R は

$$\angle\mathrm{APO} + \angle\mathrm{AQO} + \angle\mathrm{ARO} = \frac{\pi}{4}$$

を満たしている．

(1) p，q，r について成り立つ関係を求めよ．

(2) p，q，r の値を求めよ．

54 k，x，y，z を実数とする．k が以下の (1)，(2)，(3) のそれぞれの場合に，不等式

$$x^2 + y^2 + z^2 + k(xy + yz + zx) \geqq 0$$

が成り立つことを示せ．また，等号が成り立つのはどんな場合か．

(1) $k = 2$.

(2) $k = -1$.

(3) $-1 < k < 2$.

55 AB $=5$, BC $=7$, CA $=8$ である三角形ABCに対し，正三角形PQRで，各点A，B，Cがそれぞれ辺PQ，QR，RP上にあるようなものを考えるとき，1辺の長さPQの最大値を求めよ．

56 2つの3次関数 $f(x)$，$g(x)$ はともに相異なる2つの x の値 α，β で極値をとり，$f(\alpha)=g(\alpha)$ かつ $f(\beta)=g(\beta)$ を満たすものとする．このとき，$f(x)$ と $g(x)$ は同じ多項式であるといえるか．

57 n 個の異なる無理数 $a_1,\ a_2,\ \cdots,\ a_n$ がある．$a_1,\ a_2,\ \cdots,\ a_n$ から，重複を許すことなく適当な $n-1$ 個を選べば，それらの和が無理数になることを示せ．ただし，n は2以上の自然数とする．

58 $a,\ b,\ c$ を正の数とするとき，不等式

$$2\left(\frac{a+b}{2}-\sqrt{ab}\right) \leqq 3\left(\frac{a+b+c}{3}-\sqrt[3]{abc}\right)$$

を証明せよ．また，等号が成立するのはどんな場合か．

59 $a_n=\tan n^\circ\ \ (n=0,\ 1,\ \cdots,\ 89)$ とするとき，次の値を求めよ．

(1) $a_1a_2a_3\cdots a_{89}$.

(2) $\dfrac{(a_2-a_1)(a_4-a_3)\cdots(a_{60}-a_{59})}{(a_1-a_0)(a_3-a_2)\cdots(a_{59}-a_{58})}$.

60 (1) $\sin 3\theta = 4\sin\theta\sin(60^\circ+\theta)\sin(60^\circ-\theta)$ が成り立つことを示せ.

(2) 三角形 ABC において，各頂点を 3 等分する直線を引き，各辺に近い線同士の交点を図のように D，E，F とする.

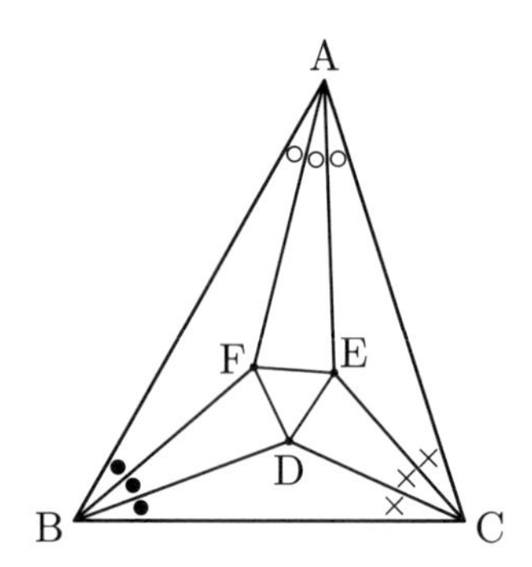

(i) $\angle A = 3\alpha$，$\angle B = 3\beta$，$\angle C = 3\gamma$ とし，三角形 ABC の外接円の半径を R とするとき，

$$AE = 8R\sin\beta\sin\gamma\sin(60^\circ+\beta)$$

が成り立つことを示せ.

(ii) $\sin^2(60^\circ+\gamma)+\sin^2(60^\circ+\beta)-2\sin(60^\circ+\gamma)\sin(60^\circ+\beta)\cos\alpha=\sin^2\alpha$ が成り立つことを示せ.

(iii) 三角形 DEF は正三角形であることを示せ.

61 n を 3 以上の奇数として，集合 $A_n = \left\{ {}_n\mathrm{C}_1,\ {}_n\mathrm{C}_2,\ \cdots\cdots,\ {}_n\mathrm{C}_{\frac{n-1}{2}} \right\}$ を考える.

(1) A_9 のすべての要素を求め，それらの和を求めよ.

(2) ${}_n\mathrm{C}_{\frac{n-1}{2}}$ が A_n 内の最大の数であることを示せ.

(3) A_n 内の奇数の個数を m とする. m は奇数であることを示せ.

62 互いに素な自然数 m, n について,

$$\left[\frac{n}{m}\right]+\left[\frac{2n}{m}\right]+\cdots+\left[\frac{(m-1)n}{m}\right]=\left[\frac{m}{n}\right]+\left[\frac{2m}{n}\right]+\cdots+\left[\frac{(n-1)m}{n}\right]$$

が成り立つことを示せ.

63 実数 x に対して, x を超えない最大の整数を $[\,x\,]$ で表し, 関数 $f(x)$ を

$$f(x)=\begin{cases}\dfrac{1}{x}-\left[\dfrac{1}{x}\right] & (x\neq 0),\\ \quad 0 & (x=0)\end{cases}$$

と定める. また, a を正の数として, 数列 $\{a_n\}$ を

$$a_1=a,\quad a_n=f\left(a_{n-1}\right)\quad (n=2,\ 3,\ \cdots)$$

で定める. このとき, 次の条件 (i), (ii) は同値であることを示せ.

(i) a は有理数である.　　(ii) ある n に対して, $a_n=0$ となる.

64 次の等式が成り立つことを示せ.

$$\sin 1^\circ+\sin 3^\circ+\sin 5^\circ+\cdots+\sin 99^\circ=\frac{\sin^2 50^\circ}{\sin 1^\circ}.$$

65 n を 1 より大きい整数とする. このとき, 以下の条件を満たす 0 以上の整数 r がただ一つ定まる.

条件 : n は 2^r で割り切れるが, 2^{r+1} で割り切れない.

(1) 1 以上 n 以下の任意の整数 i に対して, 2 項係数 ${}_{2n}\mathrm{C}_{2i-1}$ は 2^{r+1} で割り切れることを証明せよ.

(2) n 個の 2 項係数 ${}_{2n}\mathrm{C}_{2i-1}$ $(i=1,\ 2,\ \cdots,\ n)$ の最大公約数は 2^{r+1} であることを証明せよ.

66 次の条件によって定められる数列をそれぞれ $\{a_n\}$，$\{b_n\}$，$\{c_n\}$ とする．

$$a_1 = 1, \quad a_2 = 1, \quad a_{n+2} = 4a_{n+1} - a_n \ (n = 1,\ 2,\ 3,\ \cdots),$$

$$b_1 = 1, \quad b_2 = 2, \quad b_{n+2} = 4b_{n+1} - b_n \ (n = 1,\ 2,\ 3,\ \cdots),$$

$$c_1 = 1, \quad c_2 = 1, \quad c_{n+2} = \frac{c_{n+1}(c_{n+1} + 1)}{c_n} \ (n = 1,\ 2,\ 3,\ \cdots).$$

(1) a_3b_3，a_4b_3，a_4b_4 の値を求めよ．

(2) 次の等式が成り立つことを数学的帰納法を用いて示せ．

$$a_nb_{n+1} = a_{n+1}b_n + 1 \ (n = 1,\ 2,\ 3,\ \cdots),$$

$$a_{n+2}b_n = a_{n+1}b_{n+1} + 1 \ (n = 1,\ 2,\ 3,\ \cdots).$$

(3) n が 3 以上の自然数のとき，c_n は整数であることを示せ．

67 p を 3 以上の素数とする．また，θ を実数とする．

(1) $\cos 3\theta$ と $\cos 4\theta$ を $\cos\theta$ の式として表せ．

(2) $\cos\theta = \dfrac{1}{p}$ のとき，$\theta = \dfrac{m}{n} \cdot \pi$ となるような正の整数 m，n は存在するか否かを理由を付けて判定せよ．

68 (1) 等式 $a + b + c + d = 10$ を満たす負でない整数解の組 $(a,\ b,\ c,\ d)$ の総数を求めよ．

(2) (1) の等式を満たす正の整数解の組 $(a,\ b,\ c,\ d)$ の総数を求めよ．

(3) (2) のうち，$a > b$ となる組の総数を求めよ．

(4) 不等式 $a + b + c + d \leqq 10$ を満たす正の整数解の組 $(a,\ b,\ c,\ d)$ の総数を求めよ．

69 $a - b - 8$ と $b - c - 8$ が素数となるような素数の組 $(a,\ b,\ c)$ をすべて求めよ．

70 自然数 m，n に対して $x = 8m + n$，$y = 5m + 2n$ とおく．x，y の最大公約数を d とする．

(1) m，n が互いに素ならば，$d = 1$ または $d = 11$ であることを示せ．

(2) $m = 2$ のとき，$d = 11$ となる最小の自然数 n を求めよ．

第2章

演習問題解説

1 **方針**　$x-\sqrt{23}\,y$ をセットが考えるのがコツ!

解説

(1) $\begin{cases} x^2-23y^2=1, & \cdots ① \\ 1<x+\sqrt{23}\,y<49 & \cdots ② \end{cases}$ により,

$$\frac{1}{49}<x-\sqrt{23}y<1. \qquad \cdots ③$$

②, ③ より $\left(\dfrac{②+③}{2}\text{ で }\sqrt{23}y\text{ を消去して}\right)$,

$$\frac{25}{49}<x<25.$$

これより,

$$x=1,\ 2,\ 3,\ \cdots,\ 23,\ 24$$

が必要である．また，① より,

$$(x+1)(x-1)=23y^2. \qquad \cdots ①'$$

これより，素数 23 は $x+1$ か $x-1$ の約数である．このことをふまえると,

$$x=1,\ 22,\ 24$$

が必要である．

- $x=1$ のとき，①$'$ から $y=0$ となるが，すると②に反する．
- $x=22$ のとき，①$'$ から $y^2=21$ となるが，これを満たす整数 y は存在しない．
- $x=24$ のとき，①$'$ から $y^2=25$.
  $y=5$ は適するが，$y=-5$ は適さない．

ゆえに，① かつ ② を満たす整数 x, y の組 $(x,\ y)$ は

$$(x,\ y)=\mathbf{(24,\ 5)}. \qquad \cdots\textbf{(答)}$$

(2) (1) により，$\begin{cases} x^2-23y^2=1, & \cdots① \\ \dfrac{1}{49}<x-\sqrt{23}\,y<1 & \cdots③ \end{cases}$ を満たす整数 x, y の組 $(x,\ y)$ は $(x,\ y)=(24,\ 5)$ のみであった．

それゆえ，$\begin{cases} x^2-23y^2=1, \\ \dfrac{1}{49}<x+\sqrt{23}\,y<1 \end{cases}$ を満たす整数 x, y の組 $(x,\ y)$ は $(x,\ y)=(24,\ -5)$ のみであることがわかる．

よって，$\begin{cases} x^2-23y^2=1, \\ x+\sqrt{23}\,y<1 \end{cases}$ を満たす整数 x, y の組 $(x,\ y)$ のうち，$x+\sqrt{23}\,y$ の値を最大とする組は

$$(x,\ y)=\mathbf{(24,\ -5)}. \qquad \cdots\textbf{(答)}$$

注意　(1) では，②，③ から (x を消去した) y の評価式 $0<y<\dfrac{49}{2\sqrt{23}}$ から，$y=1,\ 2,\ 3,\ 4,\ 5,\ 6$ と絞り込め，それぞれの y に対応する x が存在するかを調べてもよい．

参考　d を平方数でない自然数とするとき，不定方程式 $x^2-dy^2=1$ を **Pell(ペル) 方程式**という．Pell 方程式の整数解を見つける方法として，$\sqrt{d}$ の“**連分数展開**”という方法がある．(1) で見つけた $x^2-23y^2=1$ の整数解を

“$\sqrt{23}$ の連分数展開” によって導く方法を紹介しよう．

$$\sqrt{23}=4+\cfrac{1}{1+\cfrac{1}{3+\cfrac{1}{1+\cfrac{1}{8+(\sqrt{23}-4)}}}}$$

と変形でき (これを連分数展開という)，改めてこの右辺を整理すると，

$$\sqrt{23}=4+\cfrac{1}{1+\cfrac{1}{3+\cfrac{1}{1+\cfrac{1}{8+(\sqrt{23}-4)}}}}=\frac{24\sqrt{23}+115}{\mathbf{5}\sqrt{23}+\mathbf{24}}$$

となる．(1) で求めた $(x,\ y)=(\mathbf{24},\ \mathbf{5})$ がこの最後の分数の分母に現れている．

連分数の入門書として，次を紹介しておく．

木村俊一 著 『連分数のふしぎ』 2012 年，講談社ブルーバックス

2 **方針** 中心に配置する玉の色で分け，対称性に注意して数える．数えあげた方がよいのか，計算で求めた方がよいのかも判断したい (が，慎重に書き上げても本問の場合は不可能なパターン数ではない)．

解説 (i) 中心に青玉を配置するとき，次図の 4 通り．

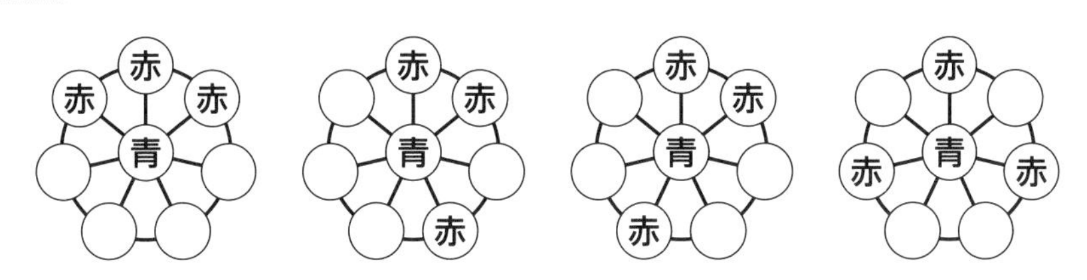

(ii) 中心に赤玉を配置するとき，青玉の位置を固定して線対称で移り合うものも区別して数えると，赤玉 2 個と白玉 4 個の配置の仕方は，

$${}_6\mathrm{C}_2 \text{ 通り．}$$

そのうち，線対称な配置は，次の 3 通り．

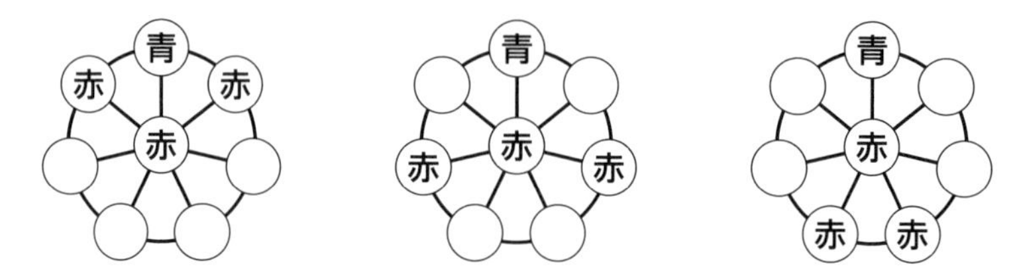

これら以外は，2 通りずつが線対称移動で互いに移り合うので，それらの区別をなくすと，配置の仕方は

$$3+\frac{{}_6\mathrm{C}_2-3}{2}=3+\frac{15-3}{2}=3+\frac{12}{2}=3+6=9 \text{ 通り.}$$

(iii) 中心に白玉を配置するとき．円周上には青玉 1 個，赤玉 3 個，白玉 3 個が並ぶので，線対称な配置はないから，青玉の位置を固定し，

$$\frac{{}_6\mathrm{C}_3}{2}=\frac{20}{2}=10 \text{ 通り.}$$

(i)，(ii)，(iii) より，全部で，

$$4+9+10=\mathbf{23} \text{ 通り.} \qquad \cdots(\textbf{答})$$

注意　本問は，数珠順列 (ネックレス順列) の問題である．青を中心に用いると残りの玉で固定はできず，青を中心に用いない場合には，上を青で固定できる．

したがって，青を中心に用いるタイプ (i) は書き上げるのがよい．その際，赤が何個連続するか，赤同士の間隔に注意しながら，既に書いたものとかぶっていないかを慎重に判断しながら書き上げることが要求される．

一方，赤を中心に用いるタイプ (ii) では，上で固定した青と中央を結ぶセンターラインに関して対称な配置と非対称な配置に注意する．

	対称	非対称	合計
円順列	X	$2Y$	${}_6\mathrm{C}_2=15$
数珠順列	X	Y	$X+Y=?$

$? = X + Y$ を計算するために，対称で 1 : 1 対応の Y を数え，$Y = 3$ を得て，15 から Y を引いた非対称な円順列のパターン $2X = 15 - 3 = 12$ から $X = 12 \div 2 = 6$ と求め，$X + Y = 6 + 3 = 9$ と計算する．1 : 1 と 2 : 1 の対応が混じっているので，1 : 1 対応のものを除き，2 : 1 対応のものだけで $\div 2$ をしてから，対称なものとあわせる計算である．

(iii) では対称なものはなく，円順列はすべて非対称であるから，数珠順列のパターン数は $\dfrac{\text{円順列のパターン数}}{2} = \dfrac{{}_6\mathrm{C}_3}{2}$ というように，一律に $\div 2$ としてよい．

参考問題　白玉，黒玉，赤玉を 4 個ずつ円周上に等間隔に並べる並べ方は何通りあるか．

解答　白玉を W，黒玉を B，赤玉を R と記す．円順列，順列があるパターンの繰り返しからなり，そのパターンが k 個の玉からなるとき，この k の**最小値**を**周期**と呼ぶことにする．繰り返しのパターンをもたないときは周期は 12 である．

W，B，R の個数 4 の正の約数は 1，2，4 であることに注意すると，周期は $\dfrac{12}{4} = 3$，$\dfrac{12}{2} = 6$，$\dfrac{12}{1} = 12$ のいずれか．

周期 k の円順列の総数を x_k とすると，求める総数は $x_3 + x_6 + x_{12}$ である．

周期 k の順列の総数を y_k とする．円順列のある点を起点として順列をつくると，周期 k の円順列 1 個に対して周期 k の順列が k 個対応するので，

$$y_3 = 3x_3, \quad y_6 = 6x_6, \quad y_{12} = 12x_{12}. \qquad \cdots(*)$$

さらに，y_3 は W，B，R を 1 個ずつ並べる順列の数であるので，

$$y_3 = 3! = 6. \qquad \cdots ①$$

$y_3 + y_6$ は W，B，R を 2 個ずつ並べる順列の数であるので，

$$y_3 + y_6 = {}_6\mathrm{C}_2 \cdot {}_4\mathrm{C}_2 = 90. \qquad \cdots ②$$

$y_3 + y_6 + y_{12}$ は W，B，R を 4 個ずつ並べる順列の数であるので，

$$y_3 + y_6 + y_{12} = {}_{12}\mathrm{C}_4 \cdot {}_8\mathrm{C}_4 = 34650. \qquad \cdots ③$$

①，②より，

$$y_6 = 84.$$

②，③より，

$$y_{12} = 34560.$$

$(*)$ により，

$$x_3 = \frac{y_3}{3} = \frac{6}{3} = 2, \quad x_6 = \frac{y_6}{6} = \frac{84}{6} = 14, \quad x_{12} = \frac{y_{12}}{12} = \frac{34560}{12} = 2880.$$

ゆえに，求める総数は

$$x_3 + x_6 + x_{12} = 2 + 14 + 2880 = \mathbf{2896}.$$

3 **方針**　無理数が関与する題材なので，「$\sqrt{2}$ が有理数でないことを示せ」などと同じ感覚で解く (**背理法**).

解説

(1) $p + q\sqrt{2} + r\sqrt{3} = 0$ のとき，$p + q\sqrt{2} = -r\sqrt{3}$ の両辺を2乗して，

$$p^2 + 2q^2 + 2pq\sqrt{2} = 3r^2.$$
$$\therefore \quad 2pq\sqrt{2} = 3r^2 - p^2 - 2q^2.$$

ここで，$pq \neq 0$ と仮定すると，

$$\sqrt{2} = \frac{3r^2 - p^2 - 2q^2}{2pq}$$

となるが，右辺が有理数であるのに対して，左辺は無理数であるから，不合理が生じる．

したがって，$pq = 0$ であることがわかる．

- $p = 0$ のとき，$q\sqrt{2} = -r\sqrt{3}$ となるが，この両辺を $\sqrt{2}$ 倍して得られる $2q = -r\sqrt{6}$ より，もし $r \neq 0$ なら，$\sqrt{6} = -\dfrac{2q}{r}$ となり，右辺が有理数であるのに対して，左辺は無理数であり，不合理が生じるので，$r = 0$ であることがわかる．すると，$q = 0$ もわかる．

- $q=0$ のとき，$p=-r\sqrt{3}$ となるが，もし $r\neq 0$ なら，$\sqrt{3}=-\dfrac{p}{r}$ となり，右辺が有理数であるのに対して，左辺は無理数であり，不合理が生じるので，$r=0$ であることがわかる．すると，$p=0$ もわかる． ■

(2) **解法 1** 背理法で示す．

$f(1)=1+a+b,\ f\big(1+\sqrt{2}\big)=3+2\sqrt{2}+\big(1+\sqrt{2}\big)a+b,\ f\big(\sqrt{3}\big)=3+\sqrt{3}a+b$

のすべてが有理数であると仮定する．

$$\begin{cases} a+b=l, & \cdots ① \\ 2\sqrt{2}+(1+\sqrt{2})a+b=m, & \cdots ② \\ \sqrt{3}a+b=n & \cdots ③ \end{cases}$$

とおく．仮定は，これらがすべて有理数というものと同義である．

(b を消去するために，) ② − ① ，③ − ① により，

$$\begin{cases} 2\sqrt{2}+\sqrt{2}a=m-l\ \ (=u\text{ とおく}), & \cdots ④ \\ (\sqrt{3}-1)a=n-l\ \ (=v\text{ とおく}). & \cdots ⑤ \end{cases}$$

u，v はともに有理数である．(a を消去するために，) ⑤より，

$$a=\frac{v}{\sqrt{3}-1} \qquad \text{すなわち} \qquad a=\frac{\sqrt{3}+1}{2}v.$$

これを④に代入して，

$$2\sqrt{2}+\sqrt{2}\cdot\frac{\sqrt{3}+1}{2}v=u.$$

この両辺を $\sqrt{2}$ 倍すると，

$$4+(\sqrt{3}+1)v=\sqrt{2}\,u.$$

$$\therefore\ \ (v+4)+\sqrt{2}\cdot(-u)+\sqrt{3}\,v=0.$$

ここで，$v+4$，$-u$，v はすべて有理数であることから，(1) により，

$$v+4=-u=v=0.$$

これを満たす v は存在せず，矛盾が生じる．■

余談　④，⑤ のあと，⑤ を a についてとき，その結果を④に代入して a を消去したが，⑤を $\sqrt{2}$ 倍して，$\sqrt{2}a$ ごと消去すると．．．

⑤を $\sqrt{2}$ 倍して，

$$(\sqrt{3}-1)\sqrt{2}a=\sqrt{2}v.$$

これと④より，

$$(\sqrt{3}-1)\left(u-2\sqrt{2}\right)=\sqrt{2}v.$$

これに $(\sqrt{3}+1)$ をかければ上の解法と同じであるが，そのまま展開してしまうと，

$$u\sqrt{3}-2\sqrt{6}-u+2\sqrt{2}=\sqrt{2}v$$

つまり

$$-u+(2-v)\sqrt{2}+u\sqrt{3}-2\sqrt{6}=0 \qquad \cdots(\dagger)$$

となる．これでは (1) の形にならないので，うまくいかないが，実は (1) の拡張である次が成り立つ．

(1) の拡張

有理数 p，q，r，s について $p+q\sqrt{2}+r\sqrt{3}+s\sqrt{6}=0$ ならば，$p=q=r=s=0$ であるといえる．

この (1) の拡張によると，(†) は不合理な式であり，即座に証明が完了する．入試の出題意図としては，(1) の形に持っていくような消去の仕方を考えて欲しいということであろう．数学的にはこの (1) の拡張を示せば，満点がもらえる．ここでは，参考として，(1) の拡張の証明を述べておく．

証明 ((1) の拡張)　$p+q\sqrt{2}+r\sqrt{3}+s\sqrt{6}=0$ のとき，

$$p+q\sqrt{2}=-\sqrt{3}(r+s\sqrt{2}).$$

この両辺に $r - s\sqrt{2}$ をかけると,

$$(p+q\sqrt{2})(r-s\sqrt{2}) = -\sqrt{3}(r+s\sqrt{2})(r-s\sqrt{2}).$$

$$pr+(qr-ps)\sqrt{2}-2qs = -\sqrt{3}(r^2-2s^2).$$

$$\underbrace{(pr-2qs)}_{\in\mathbb{Q}}+\underbrace{(qr-ps)}_{\in\mathbb{Q}}\sqrt{2}+\underbrace{(r^2-2s^2)}_{\in\mathbb{Q}}\sqrt{3}=0.$$

(1) より,

$$pr-2qs=0, \quad qr-ps=0, \quad r^2-2s^2=0.$$

特に,最後の式から,$s \neq 0$ と仮定すると,$\sqrt{2}$ が有理数ということになってしまうことから,$s=0$ とわかり,それゆえ,$r=0$ もわかる.すると,$p+q\sqrt{2}=0$ より,$q \neq 0$ と仮定すると,$\sqrt{2}$ が有理数ということになってしまうことから,$q=0$ とわかり,それゆえ,$p=0$ もわかる.

■

解法 2 $f(1)=L$, $f(1+\sqrt{2})=M$, $f(\sqrt{3})=N$ とおく.背理法で示す.

L, M, N はすべて有理数であると仮定する.

$$\begin{pmatrix} f(1) \\ f(1+\sqrt{2}) \\ f(\sqrt{3}) \end{pmatrix} = \begin{pmatrix} 1^2+a\cdot 1+b \\ (1+\sqrt{2})^2+a\cdot(1+\sqrt{2})+b \\ (\sqrt{3})^2+a\cdot(\sqrt{3})+b \end{pmatrix}$$

つまり,

$$\begin{pmatrix} L \\ M \\ N \end{pmatrix} = \begin{pmatrix} 1 \\ 3+2\sqrt{2} \\ 3 \end{pmatrix} + a\begin{pmatrix} 1 \\ 1+\sqrt{2} \\ \sqrt{3} \end{pmatrix} + b\begin{pmatrix} 1 \\ 1 \\ 1 \end{pmatrix}$$

が成り立つ.

「a, bがどんな実数であっても，L, M, Nがすべて有理数である限り，この等式が成り立つことはない」ことを示したい! ベクトル表記することで，構造が見やすくなるし，**一つの等式**の成立の話に帰着できる! 各成分に分けてみると，3つの等式をすべて同時に考えていかないといけなくなる!

$\begin{pmatrix} L \\ M \\ N \end{pmatrix} = \overrightarrow{u}$, $\begin{pmatrix} 1 \\ 3+2\sqrt{2} \\ 3 \end{pmatrix} = \overrightarrow{v_1}$, $\begin{pmatrix} 1 \\ 1+\sqrt{2} \\ \sqrt{3} \end{pmatrix} = \overrightarrow{v_2}$, $\begin{pmatrix} 1 \\ 1 \\ 1 \end{pmatrix} = \overrightarrow{v_3}$ とすると，

$$\overrightarrow{u} = \overrightarrow{v_1} + a\overrightarrow{v_2} + b\overrightarrow{v_3}. \qquad \cdots (*)$$

ここで，$\overrightarrow{w} = \begin{pmatrix} \sqrt{2}-\sqrt{3}-1 \\ -\sqrt{2} \\ \sqrt{3}+1 \end{pmatrix}$ を考える．この $\overrightarrow{w}$ は，$\overrightarrow{v_2}$, $\overrightarrow{v_3}$ の両方と垂直なベクトルである．実際，

$$\overrightarrow{w} \cdot \overrightarrow{v_2} = \begin{pmatrix} \sqrt{2}-\sqrt{3}-1 \\ -\sqrt{2} \\ \sqrt{3}+1 \end{pmatrix} \cdot \begin{pmatrix} 1 \\ 1+\sqrt{2} \\ \sqrt{3} \end{pmatrix} = \sqrt{2}-\sqrt{3}-1-\sqrt{2}-2+3+\sqrt{3} = 0,$$

$$\overrightarrow{w} \cdot \overrightarrow{v_3} = \begin{pmatrix} \sqrt{2}-\sqrt{3}-1 \\ -\sqrt{2} \\ \sqrt{3}+1 \end{pmatrix} \cdot \begin{pmatrix} 1 \\ 1 \\ 1 \end{pmatrix} = \sqrt{2}-\sqrt{3}-1-\sqrt{2}+\sqrt{3}+1 = 0$$

であるので，$\overrightarrow{w} \perp \overrightarrow{v_2}$, $\overrightarrow{w} \perp \overrightarrow{v_3}$ であることが確認できる．

$$\overrightarrow{v_2} - \overrightarrow{v_3} = \begin{pmatrix} 0 \\ \sqrt{2} \\ \sqrt{3}-1 \end{pmatrix} \perp \begin{pmatrix} \bigstar \\ -\sqrt{2} \\ \sqrt{3}+1 \end{pmatrix},$$

$$\begin{pmatrix} \bigstar \\ -\sqrt{2} \\ \sqrt{3}+1 \end{pmatrix} \cdot \overrightarrow{v_3} = \bigstar - \sqrt{2} + \sqrt{3} + 1 = 0$$

より，$\bigstar = \sqrt{2} - \sqrt{3} - 1$ とすればよい．

そして，$\overrightarrow{u} \cdot \overrightarrow{w}$ を考え，

$$\overrightarrow{u} \cdot \overrightarrow{w} = \left(\overrightarrow{v_1} + a\overrightarrow{v_2} + b\overrightarrow{v_3}\right) \cdot \overrightarrow{w} = \overrightarrow{v_1} \cdot \overrightarrow{w}.$$

これを成分計算すると，

$$\begin{pmatrix} L \\ M \\ N \end{pmatrix} \cdot \begin{pmatrix} \sqrt{2}-\sqrt{3}-1 \\ -\sqrt{2} \\ \sqrt{3}+1 \end{pmatrix} = \begin{pmatrix} 1 \\ 3+2\sqrt{2} \\ 3 \end{pmatrix} \cdot \begin{pmatrix} \sqrt{2}-\sqrt{3}-1 \\ -\sqrt{2} \\ \sqrt{3}+1 \end{pmatrix}$$

つまり

$$(\sqrt{2}-\sqrt{3}-1)L+(-\sqrt{2})M+(\sqrt{3}+1)N = \sqrt{2}-\sqrt{3}-1-3\sqrt{2}-4+3\sqrt{3}+3$$

より，

$$\underbrace{(N-L+2)}_{\in\mathbb{Q}} + \underbrace{(L-M+2)}_{\in\mathbb{Q}}\sqrt{2} + \underbrace{(N-L-2)}_{\in\mathbb{Q}}\sqrt{3} = 0.$$

そこで，(1) より，

$$\begin{cases} L-M+2=0, \\ N-L-2=0, \\ N-L+2=0 \end{cases}$$

が得られるが，しかし，この第二式と第三式とが矛盾している! ■

参考　$\overrightarrow{v_2}$, $\overrightarrow{v_3}$ の両方と垂直なベクトルとして $\overrightarrow{w} = \begin{pmatrix} \sqrt{2}-\sqrt{3}-1 \\ -\sqrt{2} \\ \sqrt{3}+1 \end{pmatrix}$ をとったが，もちろんこの実数倍はすべて $\overrightarrow{v_2}$, $\overrightarrow{v_3}$ の両方と垂直なベクトルである ($\overrightarrow{v_2}$ と $\overrightarrow{v_3}$ が張る平面の法線ベクトル)．法線ベクトルとして $\overrightarrow{w'} = \begin{pmatrix} \sqrt{3}-\sqrt{2}-1 \\ 1-\sqrt{3} \\ \sqrt{2} \end{pmatrix}$ でやってみるとどうなるだろうか．．．？

少し試してみよう．$\overrightarrow{u} \cdot \overrightarrow{w'}$ を考え，

$$\overrightarrow{u} \cdot \overrightarrow{w'} = \left(\overrightarrow{v_1} + a\overrightarrow{v_2} + b\overrightarrow{v_3}\right) \cdot \overrightarrow{w'} = \overrightarrow{v_1} \cdot \overrightarrow{w'}.$$

これを成分計算すると，

$$\begin{pmatrix} L \\ M \\ N \end{pmatrix} \cdot \begin{pmatrix} \sqrt{3}-\sqrt{2}-1 \\ 1-\sqrt{3} \\ \sqrt{2} \end{pmatrix} = \begin{pmatrix} 1 \\ 3+2\sqrt{2} \\ 3 \end{pmatrix} \cdot \begin{pmatrix} \sqrt{3}-\sqrt{2}-1 \\ 1-\sqrt{3} \\ \sqrt{2} \end{pmatrix}$$

つまり

$$(\sqrt{3}-\sqrt{2}-1)L+(1-\sqrt{3})M+\sqrt{2}N = \sqrt{3}-\sqrt{2}-1+(3+2\sqrt{2})(1-\sqrt{3})+3\sqrt{2}$$

より，

$$\underbrace{(M-L-2)}_{\in\mathbb{Q}} + \underbrace{(N-L-4)}_{\in\mathbb{Q}}\sqrt{2} + \underbrace{(L-M+2)}_{\in\mathbb{Q}}\sqrt{3} + 2\sqrt{6} = 0 \qquad \cdots(\dagger\dagger)$$

となり，(1) の形にならないので，うまくいかない．これは ($\dagger$) に対応している．

ちなみに，空間ベクトルでの**外積**として，$\overrightarrow{v_2}$, $\overrightarrow{v_3}$ の両方と垂直なベクトル $\overrightarrow{v_2} \times \overrightarrow{v_3}$ を考えると，

$$\overrightarrow{v_2} \times \overrightarrow{v_3} = \begin{pmatrix} 1+\sqrt{2}-\sqrt{3} \\ \sqrt{3}-1 \\ -\sqrt{2} \end{pmatrix}$$

であるから，上の $\overrightarrow{w'}$ の正体は $\overrightarrow{v_3} \times \overrightarrow{v_2}$ つまり $-\overrightarrow{v_2} \times \overrightarrow{v_3}$ である．

外積について

空間ベクトル $\overrightarrow{a} = \begin{pmatrix} a_x \\ a_y \\ a_z \end{pmatrix}$, $\overrightarrow{b} = \begin{pmatrix} b_x \\ b_y \\ b_z \end{pmatrix}$ に対して, $\begin{pmatrix} a_y b_z - a_z b_y \\ a_z b_x - a_x b_z \\ a_x b_y - a_y b_x \end{pmatrix}$ を成分とするベクトルを $\overrightarrow{a}$ と $\overrightarrow{b}$ の外積 (ベクトル) といい, 記号 $\overrightarrow{a} \times \overrightarrow{b}$ で表す. この外積 $\overrightarrow{a} \times \overrightarrow{b}$ は $\overrightarrow{a}$ とも $\overrightarrow{b}$ とも内積を 0 とするようなベクトルである.

$$\overrightarrow{a} \times \overrightarrow{b} = -\overrightarrow{b} \times \overrightarrow{a}$$

であることに注意せよ.

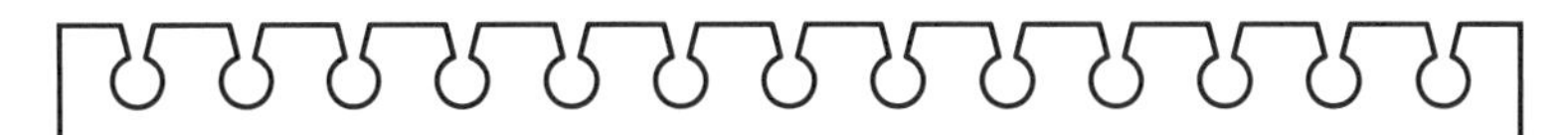

「消去の式変形を上手に行うことができる」ということが「うまい法線ベクトルをもってくる」ということに対応している!! 「上手」とは「(1) に帰着できる」ということ.

注意 (1) の「$p + q\sqrt{2} + r\sqrt{3} = 0$ を満たす有理数 p, q, r はすべて 0 であるようなもの (自明なもの) 以外にはない」という現象は, 数学的には,「1 と $\sqrt{2}$ と $\sqrt{3}$ は有理数体上 1 次独立である」と表現される.

4 **方針** 三角形の成立条件も忘れずに反映させて, 不定方程式を解く.

解説 三角形の成立条件から,

$$\left| \frac{k}{y} - \frac{k}{x} \right| < \frac{1}{xy}.$$

両辺に $xy\ (>0)$ をかけて

$$k|x - y| < 1.$$

k, x, y は正の整数だから,

$$x - y = 0 \qquad \text{つまり} \qquad x = y.$$

これより，周の長さの条件から,

$$\frac{k}{x} + \frac{k}{x} + \frac{1}{x^2} = \frac{25}{16}.$$
$$x(25x - 32k) = 16.$$

ゆえに，x は 16 の正の約数である.

また,

$$(25x - 32k) - x = 4(6x - 8k)$$

より，$25x - 32k$ と x を 4 で割った余りは等しいので,

$$x = 25x - 32k = 4.$$

これより,

$$x = 4, \quad k = 3.$$

このとき，3 辺の長さは $\frac{3}{4}$, $\frac{3}{4}$, $\frac{1}{16}$ であり,

$$\frac{1}{16} < \frac{3}{4} + \frac{3}{4}$$

であることから，三角形は確かに存在する.

$$\therefore \quad x = \mathbf{4}, \quad y = \mathbf{4}, \quad k = \mathbf{3}. \qquad \cdots(\textbf{答})$$

注意　三角形の成立条件とは，3 つの実数 a, b, c を 3 辺の長さとする三角形が作れる条件が

$$|a - b| < c < a + b$$

であるというものである．今回は $|a - b| < c$ つまり $\left|\frac{k}{x} - \frac{k}{y}\right| < 1$ を必要条件として用いて候補の絞り込みに用いた．最後に $c < a + b$ つまり $\frac{1}{xy} < \frac{k}{x} + \frac{k}{y}$ のチェックをすることで十分性の確認をしている.

5

解説　5つの自然数の並べ方は全部で $5! = 120$ 通りあり，これらが同様に確からしい．k 番目の数を a_k $(k = 1, 2, 3, 4, 5)$ とすると，条件より，

$$a_1 + a_2 + a_3 = a_3 + a_4 + a_5$$

つまり

$$a_1 + a_2 = a_4 + a_5. \qquad \cdots ①$$

また，

$$a_1 + a_2 + a_3 + a_4 + a_5 = \sum_{i=1}^{5} i = 15. \qquad \cdots ②$$

①，② より，

$$a_3 = 15 - (a_1 + a_2) - (a_4 + a_5) = 15 - 2(a_1 + a_2)$$

であるから，a_3 は奇数であることに注意すると，①，② を満たす a_3，$\{a_1,\ a_2\}$，$\{a_4,\ a_5\}$ は，

a_3	$\{a_1,\ a_2\}$	$\{a_4,\ a_5\}$
1	$\{2,\ 5\}$	$\{3,\ 4\}$
1	$\{3,\ 4\}$	$\{2,\ 5\}$
3	$\{2,\ 4\}$	$\{1,\ 5\}$
3	$\{1,\ 5\}$	$\{2,\ 4\}$
5	$\{2,\ 3\}$	$\{1,\ 4\}$
5	$\{1,\ 4\}$	$\{2,\ 3\}$

より，組 $(a_1, a_2, a_3, a_4, a_5)$ は全部で，

$$(2! \cdot 2!) \times 6 = 24$$

通りある．よって，求める確率は，

$$\frac{24}{120} = \frac{\mathbf{1}}{\mathbf{5}}. \qquad \cdots (\text{答})$$

6 **方針**　$x^3+(p^2+2)x^2-(7p-4)x-p=0$ が整数 α を解にもつとすると,

$$\alpha\left\{\alpha^2+(p^2+2)\alpha-(7p-4)\right\}=p$$

が成り立つことから, α は素数 p の約数 ±1, $\pm p$ のいずれかであることがわかり, あとはそれぞれのケースについて調べていく.

解説　$x^3+(p^2+2)x^2-(7p-4)x-p=0$ が整数 α を解にもつとすると,

$$\alpha^3+(p^2+2)\alpha^2-(7p-4)\alpha-p=0. \qquad \cdots(*)$$

$(*)$ より,

$$\alpha\left\{\alpha^2+(p^2+2)\alpha-(7p-4)\right\}=p.$$

よって, α は素数 p の約数であるから,

$$\alpha=\pm1,\quad \pm p$$

であることが必要である.

- $\alpha=1$ とすると, $(*)$ により,

$$1+(p^2+2)-(7p-4)-p=0.$$

$$p^2-8p+7=0.$$

$$(p-1)(p-7)=0.$$

p は素数であるから,

$$p=7.$$

- $\alpha=-1$ とすると, $(*)$ により,

$$-1+(p^2+2)+(7p-4)-p=0.$$

$$p^2+6p-3=0.$$

これを満たす整数 p は存在しない.

- $\alpha = p$ とすると，$(*)$ より，

$$p^3 + (p^2+2)p^2 - (7p-4)p - p = 0.$$

$$p(p+1)^2(p+3) = 0.$$

これを満たす素数 p は存在しない.

- $\alpha = -p$ とすると，$(*)$ より，

$$-p^3 + (p^2+2)p^2 + (7p-4)p - p = 0.$$

$$p(p^3 - p^2 + 9p - 5) = 0.$$

$p \neq 0$ より，

$$p^3 - p^2 + 9p - 5 = 0.$$

$$p(p^2 - p + 9) = 5.$$

これを満たす素数 p は存在しない.

よって，求める素数 p の値は

$$p = \mathbf{7}. \qquad \cdots(\textbf{答})$$

7 **方針**　整数 a は $1 < a,\ a^2 < 100$ を満たすことからかなり限定される．a の値で場合分けして調べていく．

解説　$1 < a < b$ より，$p,\ q$ を正の整数として，有理数 $\log_a b = \dfrac{q}{p}$ とおくと，

$$b = a^{\frac{q}{p}}$$

であるから，$1 < a < b < a^2 < 100$ は

$$1 < a < a^{\frac{q}{p}} < a^2 < 100$$

となり，これより，

$$\begin{cases} 1 < a < 10, & \cdots ① \\ b^p = a^q, & \cdots ② \\ 1 < \dfrac{q}{p} < 2. & \cdots ③ \end{cases}$$

①より，

$$a = 2,\ 2^2,\ 2^3,\ 3,\ 3^2,\ 5,\ 7,\ 2 \cdot 3 \quad \cdots ④$$

のいずれかである．

(I) a が素因数として素数を1種類だけもつとき．

c を素数として，$a = c^m$ と表せ，すると，②の右辺は素因数として c だけをもつので，$b = c^n$ と表せる．ここで，$m,\ n$ は正の整数である．これらを②に代入すると，

$$c^{np} = c^{mq}$$

より

$$np = mq.$$

$$\therefore \quad n = \frac{mq}{p}.$$

これと③より，

$$m < n < 2m. \quad \cdots ⑤$$

④により，$m = 1,\ 2,\ 3$ のいずれかである．

(i) $m=1$ のとき．⑤は $1<n<2$ となり，これを満たす整数 n はない．

(ii) $m=2$ のとき，⑤は $2<n<4$ となり，$n=3$.

(iii) $m=3$ のとき，⑤は $3<n<6$ となり，$n=4,\ 5$.

(i)，(ii)，(iii) により，

$$a=2^2 \text{ のとき，} \ b=2^3,$$
$$a=2^3 \text{ のとき，} \ b=2^4,\ 2^5,$$
$$a=3^2 \text{ のとき，} \ b=3^3.$$

(II) $a=2\cdot 3$ のとき．②より，$b=2^m\cdot 3^n$ と表せ，②に代入すると，

$$2^{mp}\cdot 3^{np}=2^q\cdot 3^q$$

より，

$$mp=np=q.$$

$$\therefore \quad m=n=\frac{q}{p}.$$

これと③により，

$$1<m=n<2$$

となるが，これを満たす整数 $m,\ n$ はない．

(I)，(II) により，求める組 $(a,\ b)$ は

$$(a,\ b)=\mathbf{(4,\ 8)},\ \mathbf{(8,\ 16)},\ \mathbf{(8,\ 32)},\ \mathbf{(9,\ 27)}. \qquad \cdots\textbf{(答)}$$

8 **方針**　具体的な数で考え，そのアイデアを一般論として昇華させる．

解説

(1) たとえば，素数 $p = 23$，自然数 $n = 18$ の場合で説明しよう．$\phi(23^{18})$ はいくらであろうか?

$$\phi(23^{18}) = (23^{18}\text{と互いに素な }23^{18}\text{以下の自然数の個数})$$

であり，23^{18} 以下の自然数

$$1,\ 2,\ 3,\ \cdots\cdots\cdots\cdots,\ 23^{18}$$

から，23^{18} と互いに素**でない** 23^{18} 以下の自然数を除去することで考えよう．

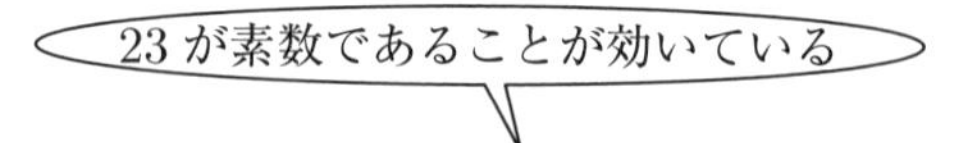

「23^{18}と互いに素**でない**」ということは,「23 の倍数である」ということ

に注意すると，23^{18} と互いに素**でない** 23^{18} 以下の自然数は，23 の倍数である 23^{18} 以下の自然数

$$23 \times 1,\ 23 \times 2,\ 23 \times 3,\ \cdots\cdots,\ 23 \times 23^{17}$$

の 23^{17} 個ある．よって,

$$\phi(23^{18}) = 23^{18} - 23^{17}$$

となる．

一般に，素数 p と自然数 n に対しては,

「p^nと互いに素**でない**」ということは,「p の倍数である」ということ

に注意すると，p^n と互いに素**でない** p^n 以下の自然数は，p の倍数である p^n 以下の自然数

$$p \times 1,\ p \times 2,\ p \times 3,\ \cdots\cdots,\ p \times p^{n-1}$$

の p^{n-1} 個ある．よって，

$$\phi(p^n) = p^n - p^{n-1}. \qquad \blacksquare$$

(2) ①，②を満たす自然数 m_1, m_2, $\cdots$, m_6, h が存在する，つまり，h と互いに素な h 未満の自然数が 6 個以下となるためには，(2) の結論によると，どうやら h が 11 以上の素数で割り切れてはいけないようである．
$h = 2^3 \times 3^5 \times 5^4 \times 13^2$ の場合で様子を見てみよう．
$2^3 \times 3^5 \times 5^4 \times 13^2$ と互いに素な $2^3 \times 3^5 \times 5^4 \times 13^2$ 未満の自然数の個数は，ϕ の性質により，

$$\phi(2^3 \times 3^5 \times 5^4 \times 13^2) = \phi(2^3) \times \phi(3^5) \times \phi(5^4) \times \phi(13^2)$$

であり，(1) から，

$$\phi(2^3) = 2^3 - 2^2$$
$$\phi(3^5) = 3^5 - 3^4$$
$$\phi(5^4) = 5^4 - 5^3$$
$$\phi(13^2) = 13^2 - 13^1$$

であり，かけると 6 を超える．特に，11 以上の素数が効いてくるのは，素因数 13 の部分であり，$\phi(13^2) = 13^2 - 13^1$ だけで 6 を超えていることから，一般の場合には次のように証明を書けばよい．

背理法で示す．h が 11 以上の素因数 p をもつと仮定し，

$$h = p^t \times A \qquad (t \text{ は自然数，} A \text{ は } p \text{ と互いに素な自然数})$$

とおく．このとき，$\phi(h)$ が 6 を超えることを示せばよい．

$$\phi(h) = \phi(p^t \times A) = \phi(p^t) \times \phi(A)$$

であり，(1) より，

$$\phi(p^t) = p^t - p^{t-1} = \underbrace{(p-1)}_{\geqq 10} \cdot \underbrace{p^{t-1}}_{\geqq 1} \geqq 10$$

であり，もちろん，$\phi(A) \geqq 1$ であるから，$\phi(h) \geqq 10$ となり，h と互いに素な h 未満の自然数が6個以下とならない．■

(3) まず，どんな自然数 h に対しても $m_1 = 1$ である．

$m_2 = 4$ ということは，h は2と3を約数にもたねばならない．そこで，

$h = 2^a \cdot 3^b \cdot c$　(a, b は自然数，c は2でも3でも割り切れない自然数)

とおいて，$\phi(h)$ を考えてみよう ($\phi(h) \leqq 6$ でなければならない!!)．

$$
\begin{aligned}
\phi(h) &= \phi(2^a \cdot 3^b \cdot c) \\
&= \phi(2^a)\phi(3^b)\phi(c) \\
&= (2^a - 2^{a-1})(3^b - 3^{b-1})\phi(c) \\
&= 2^{a-1} \times 2 \cdot 3^{b-1}\phi(c) \geqq 2\phi(c).
\end{aligned}
$$

ここで，2でも3でも割り切れない自然数 c について考えてよう．

$c \geqq 5$ なら，1，2，3，4が c と互いに素な c 以下の自然数であることから，$\phi(c) \geqq 4$ となり，$\phi(h) \geqq 8$ となってしまい，$\phi(h) \leqq 6$ に反する．

したがって，$c = 1$ でなければならず，$\phi(c) = \phi(1) = 1$ より，$c = 1$ のとき，

$$\phi(h) = \phi(2^a \cdot 3^b) = 2^a \cdot 3^{b-1}.$$

$m_2 = 4$ ということは，この $m_2 = 4$ は h と互いに素ではないが，集合 $\{m_1, \cdots, m_6\}$ に属していることになる．したがって，h と互いに素な h 未満の自然数は集合 $\{1, m_3, m_4, m_5\}$ に属さねばならず，$\phi(h) \leqq 4$ でないといけない．それを満たす a, b は

$$(a, b) = (1, 1),\ (2, 1)$$

が必要である．

$(a, b) = (1, 1)$ のとき，$h = 6$ であり，

$$1 < 4 < m_3 < m_4 < m_5 < m_6 < 6$$

を満たす m_3, m_4, m_5, m_6 はとれない．

$(a,\ b) = (2,\ 1)$ のとき，$h = 12$ であり，

$$1 < 4 < m_3 < m_4 < m_5 < m_6 < 12$$

を満たす m_3，m_4，m_5，m_6 は，たとえば，

$$m_3 = 5, \quad m_4 = 7, \quad m_5 = 9, \quad m_6 = 11$$

や

$$m_3 = 5, \quad m_4 = 6, \quad m_5 = 7, \quad m_6 = 11$$

や

$$m_3 = 5, \quad m_4 = 7, \quad m_5 = 10, \quad m_6 = 11$$

などでとることができる．
したがって，

$$h = \mathbf{12}. \qquad \cdots(\text{答})$$

注意　$h = 12$ のとき，12 と互いに素な 12 未満の自然数 (つまり，1，5，7，11) は集合 $\{m_1,\ \cdots,\ m_6\}$ に入っていないといけないが，それ以外のものが入っていてもよいことに注意せよ．

参考　ϕ は**オイラー関数**と呼ばれている．m と n が互いに素な自然数であるとき，

$$\phi(mn) - \phi(m)\phi(n)$$

が成立することなどの性質に関しては

遠山啓 著『初等整数論』2023 年，ちくま学芸文庫

が参考になる．

9 **方針**　実数 x, y に課された制約を視覚化するために，領域を図示し，式の値のとり得る範囲を調べるため，存在条件を共有点の存在として考える．$\dfrac{xy}{x+y+5}$ が値 k をとる条件は領域 $x^2+y^2-2(x+y)-6 \leqq 0$ と曲線 $\dfrac{xy}{x+y+5}=k$ が共有点をもつことである．しかし，k の変化に伴う曲線の動きが把握しにくいため，解決には至らない．そこで，条件式や目的の式が x と y の対称式であることに注目し，一旦 $(x,\ y)$ から $(x+y,\ xy)$ に移す．つまり，$u=x+y$, $v=xy$ とおいて，u, v で調べる．

解説　$u=x+y$, $v=xy$ とおくと，$x^2+y^2-2(x+y)-6 \leqq 0$ は

$$u^2-2v-2u-6 \leqq 0$$

つまり

$$v \geqq \frac{1}{2}u^2-u-3$$

となる．また，x, y が実数である条件は，t の2次方程式

$$t^2-ut+v=0$$

が実数解をもつことであり，

$$(\text{判別式})=u^2-4v \geqq 0 \quad \text{より} \quad v \leqq \frac{1}{4}u^2.$$

したがって，実数 u, v が

$$\frac{1}{2}u^2-u-3 \leqq v \leqq \frac{1}{4}u^2 \qquad \cdots(*)$$

を満たすながら変化するとき，$\dfrac{v}{u+5}$ の最大値，最小値を調べればよい．

実数 u, v が

$$\frac{1}{2}u^2-u-3 \leqq v \leqq \frac{1}{4}u^2 \qquad \cdots(*)$$

を満たすながら変化するとき，$\dfrac{v}{u+5}$ が値 k をとる条件は，uv 平面上で連立不等式 $(*)$ が表す領域を D とすると，領域 D と直線 $v=k(u+5)$ が共有点をもつことである．

D は次図の斜線部分である．

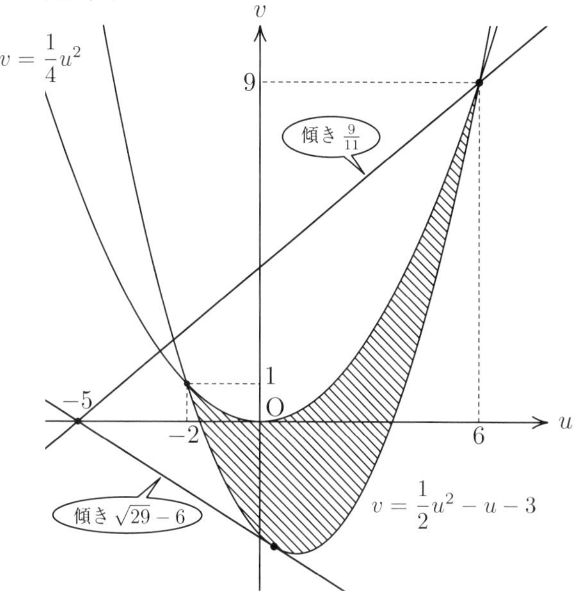

したがって，$\dfrac{v}{u+5}$ のとり得る値の範囲は

$$\sqrt{29}-6 \leqq \frac{v}{u+5} \leqq \frac{9}{11}$$

であり，求める最大値は $\mathbf{\dfrac{9}{11}}$，最小値は $\mathbf{\sqrt{29}-6}$ である． $\cdots$(**答**)

計算メモ　直線 $v=k(u+5)$ が放物線 $v=\dfrac{1}{2}u^2-u-3$ と接する条件は

$$k(u+5)=\frac{1}{2}u^2-u-3 \quad \text{つまり} \quad u^2-2(1+k)u-(6+10k)=0$$

が重解をもつ，すなわち，

$$\frac{\text{判別式}}{4}=(1+k)^2+(6+10k)=k^2+12k+7=0$$

となることであり，これを満たす k は

$$k=-6\pm\sqrt{29}.$$

グラフにより，いま所望の傾きは (緩やかな方の) $-6+\sqrt{29}$ である．

10 **方針**　(1) は具体的に割り算を実行してもよいが，一般的に議論することもできる．(2) では (1) の事項を上手く活用して解を探索する．

解説

(1) 整数 p が方程式 $f(x)=0$ の解であるとき，因数定理により，$f(x)$ は $x-p$ で割り切れる．この $x-p$ が最高次の係数が 1 の整数係数多項式であることから，整数係数の多項式 $f(x)$ を $x-p$ で割ったときの商は整数係数の多項式である．その商を $Q(x)$ とかくと，

$$f(x)=(x-p)Q(x)$$

となり，この恒等式に $x=m$ (m は整数) を代入すると，

$$f(m)=(m-p)Q(m).$$

$f(m)$，$m-p$，$Q(m)$ はすべて整数であることから，$f(m)$ は $m-p$ の倍数であり，これより，$f(m)$ は $p-m$ の倍数である．■

(2) $x=p$ が $f(x)=0$ の整数解であるならば，(1) で示したことから，

$$\begin{cases} f(0)=-42 \ \text{は}\ p-0\ \text{の倍数であり，} \\ f(1)=-20 \ \text{は}\ p-1\ \text{の倍数であり，} \\ f(-1)=-18\ \text{は}\ p+1\ \text{の倍数である．} \end{cases}$$

これらをすべて満たす整数 p は

$$p=-3 \ \text{または}\ p=2$$

のみであり，$f(-3)=0$，$f(2)=60\neq 0$ により，$f(x)=0$ の整数解は

$$x=\mathbf{-3}\ \text{のみ}. \qquad \cdots\textbf{(答)}$$

参考　本問は**有理数解定理**の拡張を与えており，関数値の計算が 0 にならなかったからといっても全く無駄ではなく，その関数値から整数解の候補がさらに絞り込めることを教えてくれている．

11 **方針**　和は ${}_4\mathrm{C}_2=6$ 通りあり，それらをまずは小さい順に並べてみる．大小が不確定な部分は場合分けで調べていく．6 通りの和のうちには等しい数が含まれている場合もあるかもしれないことに注意．

解説　4 個の整数 $1,\ a,\ b,\ c\ (1<a<b<c)$ から異なる 2 個を取り出して和をつくるとき，その値は ${}_4\mathrm{C}_2=6$ 通りあり，それらを小さい順に並べると，

$$1+a,\qquad 1+b,\qquad \begin{pmatrix}1+c\\ a+b\end{pmatrix},\qquad a+c,\qquad b+c.\qquad\cdots(*)$$

これらが $1+a$ から $b+c$ までのすべての整数の値であるから，

$$1+b=(1+a)+1\quad つまり\quad b=a+1$$

が必要であり，このとき，$(*)$ は

$$1+a,\qquad a+2,\qquad \begin{pmatrix}c+1\\ 2a+1\end{pmatrix},\qquad a+c,\qquad a+c+1$$

となる．これらが $a+1$ から $a+c+1$ までのすべての整数の値であるための条件を次の (i)，(ii)，(iii) の 3 つの場合に分けて調べる．

(i)　$2a+1<c+1$ のとき．

$$\begin{cases}(a+2)+1=2a+1,\\ (2a+1)+1=c+1,\\ (c+1)+1=a+c\end{cases}\quad より，\quad \begin{cases}a=2,\\ b=3,\\ c=5.\end{cases}$$

(ii)　$2a+1>c+1$ のとき．

$$\begin{cases}(a+2)+1=c+1,\\ (c+1)+1=2a+1,\\ (2a+1)+1=a+c\end{cases}\quad より，\quad \begin{cases}a=3,\\ b=4,\\ c=5.\end{cases}$$

(i)　$2a+1=c+1$ のとき．

$$\begin{cases}(a+2)+1=2a+1,\\ 2a+1=c+1,\\ (c+1)+1=a+c\end{cases}\quad より，\quad \begin{cases}a=2,\\ b=3,\\ c=4.\end{cases}$$

(i), (ii), (iii) により，求める a, b, c の値は，

$$(a,\ b,\ c) = \mathbf{(2,\ 3,\ 5)},\ \mathbf{(3,\ 4,\ 5)},\ \mathbf{(2,\ 3,\ 4)}. \qquad \cdots(\textbf{答})$$

12 **方針**　n は2以上の整数であるが，この n を固定された1つの値として考えたとしても，n が様々な値に対しての確率を求めなければならないことから，連続する番号 n に対する確率を比較し，その関係性を利用する．たとえば，8個のさいころを同時に1回振るときに出る目の和が7の倍数となる確率を求めようとしたとき，7個のさいころを同時に1回振るときに出る目の和が7の倍数となる確率との関係性に注目するのである．また，本問は，1個のさいころを繰り返し n 回投げ，それら n 回の出た目の和が7の倍数となる確率を求める問題と同じことである．この設定の方が，$n \to n+1$ としたときの推移はイメージしやすいであろう．もとの問題文では漸化式のアイデアが想起しにくいようにされているが，いわゆる確率**漸化式**の問題である．

解説　2以上の整数 n に対して，求める確率を p_n とおく．また，1個のさいころを1回振るときに出る目が7の倍数になる確率を p_1 とする．$p_1 = 0$ である．出た目の数の和を7で割った余りである1, 2, 3, 4, 5, 6のそれぞれに対し，6, 5, 4, 3, 2, 1を加えれば7となるので，

$$p_{n+1} = (1 - p_n) \times \frac{1}{6} \quad (n = 1,\ 2,\ \cdots)$$

が成り立つ．この式は，

$$p_{n+1} - \frac{1}{7} = -\frac{1}{6}\left(p_n - \frac{1}{7}\right) \quad (n = 1,\ 2,\ \cdots)$$

と変形できることから，数列 $\left\{p_n - \frac{1}{7}\right\}$ は公比 $\left(-\frac{1}{6}\right)$ の等比数列をなすので，

$$\begin{aligned} p_n - \frac{1}{7} &= \left(p_1 - \frac{1}{7}\right) \cdot \left(-\frac{1}{6}\right)^{n-1} \\ &= -\frac{1}{7}\left(-\frac{1}{6}\right)^{n-1}. \end{aligned}$$

$$\therefore\ p_n = \mathbf{\frac{1}{7} - \frac{1}{7}\left(-\frac{1}{6}\right)^{n-1}}. \qquad \cdots(\textbf{答})$$

参考 構造をさらに分解すると，次のようになる．

$i=0,\ 1,\ 2,\ 3,\ 4,\ 5,\ 6$ に対し，n 個のさいころを 1 回振ったとき目の和を 7 で割った余りが i となる確率を $a_n(i)$ と表すと，$a_n(0)$ が上の p_n であり，

$$\begin{aligned} a_{n+1}(0) &= a_n(0)\times 0+\sum_{i=1}^{6} a_n(i)\times\frac{1}{6} \\ &= \frac{1}{6}\sum_{i=1}^{6} a_n(i) \\ &= \frac{1}{6}\bigl(1-a_n(0)\bigr). \end{aligned}$$

13 **方針** (1) $\overrightarrow{\mathrm{OP}}+\overrightarrow{\mathrm{OQ}}=\overrightarrow{\mathrm{OA}}+\overrightarrow{\mathrm{OB}}$ を $\overrightarrow{\mathrm{OQ}}=\overrightarrow{\mathrm{OA}}+\overrightarrow{\mathrm{OB}}-\overrightarrow{\mathrm{OP}}$ と変形し，これを $\overrightarrow{\mathrm{OP}}\cdot\overrightarrow{\mathrm{OQ}}=\overrightarrow{\mathrm{OA}}\cdot\overrightarrow{\mathrm{OB}}$ に代入する．(2) では P と Q の位置関係に着目し，座標や三角関数を利用する．

解説

(1)

$$\begin{aligned} &\begin{cases}\overrightarrow{\mathrm{OP}}+\overrightarrow{\mathrm{OQ}}=\overrightarrow{\mathrm{OA}}+\overrightarrow{\mathrm{OB}}, \\ \overrightarrow{\mathrm{OP}}\cdot\overrightarrow{\mathrm{OQ}}=\overrightarrow{\mathrm{OA}}\cdot\overrightarrow{\mathrm{OB}}\end{cases} \iff \begin{cases}\overrightarrow{\mathrm{OQ}}=\overrightarrow{\mathrm{OA}}+\overrightarrow{\mathrm{OB}}-\overrightarrow{\mathrm{OP}}, \\ \overrightarrow{\mathrm{OP}}\cdot\overrightarrow{\mathrm{OQ}}=\overrightarrow{\mathrm{OA}}\cdot\overrightarrow{\mathrm{OB}}\end{cases} \\ &\iff \begin{cases}\overrightarrow{\mathrm{OQ}}=\overrightarrow{\mathrm{OA}}+\overrightarrow{\mathrm{OB}}-\overrightarrow{\mathrm{OP}}, \\ \overrightarrow{\mathrm{OP}}\cdot\left(\overrightarrow{\mathrm{OA}}+\overrightarrow{\mathrm{OB}}-\overrightarrow{\mathrm{OP}}\right)=\overrightarrow{\mathrm{OA}}\cdot\overrightarrow{\mathrm{OB}}\end{cases} \\ &\iff \begin{cases}\overrightarrow{\mathrm{OQ}}=\overrightarrow{\mathrm{OA}}+\overrightarrow{\mathrm{OB}}-\overrightarrow{\mathrm{OP}}, \\ \left|\overrightarrow{\mathrm{OP}}\right|^2-\left(\overrightarrow{\mathrm{OA}}+\overrightarrow{\mathrm{OB}}\right)\cdot\overrightarrow{\mathrm{OP}}+\overrightarrow{\mathrm{OA}}\cdot\overrightarrow{\mathrm{OB}}=0\end{cases} \\ &\iff \begin{cases}\overrightarrow{\mathrm{OQ}}=\overrightarrow{\mathrm{OA}}+\overrightarrow{\mathrm{OB}}-\overrightarrow{\mathrm{OP}}, \\ \left(\overrightarrow{\mathrm{OP}}-\overrightarrow{\mathrm{OA}}\right)\cdot\left(\overrightarrow{\mathrm{OP}}-\overrightarrow{\mathrm{OB}}\right)=0\end{cases} \\ &\iff \begin{cases}\overrightarrow{\mathrm{OQ}}=\overrightarrow{\mathrm{OA}}+\overrightarrow{\mathrm{OB}}-\overrightarrow{\mathrm{OP}}, \\ \overrightarrow{\mathrm{AP}}\cdot\overrightarrow{\mathrm{BP}}=0\end{cases} \end{aligned}$$

より，点 P の軌跡は

A，B を直径の両端とする円.　　　　$\cdots$(**答**)

(2) (1) の円を C とし，その中心を M とおく．$\overrightarrow{\mathrm{OP}}+\overrightarrow{\mathrm{OQ}}=\overrightarrow{\mathrm{OA}}+\overrightarrow{\mathrm{OB}}$ により，

$$\frac{\overrightarrow{\mathrm{OP}}+\overrightarrow{\mathrm{OQ}}}{2}=\frac{\overrightarrow{\mathrm{OA}}+\overrightarrow{\mathrm{OB}}}{2}\quad\text{つまり}\quad\frac{\overrightarrow{\mathrm{OP}}+\overrightarrow{\mathrm{OQ}}}{2}=\overrightarrow{\mathrm{OM}}$$

であることに着目すると，点 P と点 Q の位置関係について，

P, Q も円 C の直径の両端となる (Q は M について P と対称な位置にある)

ことがわかる．そこで，M を原点，A を $\left(\frac{1}{2},\ 0\right)$ となるよう xy 座標平面を導入する．さらに，AMP $=\theta\quad(0\leqq\theta\leqq\pi)$ とし，P$\left(\frac{1}{2}\cos\theta,\ \frac{1}{2}\sin\theta\right)$ とおくと，Q$\left(-\frac{1}{2}\cos\theta,\ -\frac{1}{2}\sin\theta\right)$ と表せ，

$$\begin{aligned}\left|\overrightarrow{\mathrm{AP}}\right|+\left|\overrightarrow{\mathrm{AQ}}\right|&=\frac{1}{2}\sqrt{(\cos\theta-1)^2+\sin\theta}+\frac{1}{2}\sqrt{(\cos\theta+1)^2+\sin\theta}\\&=\frac{1}{2}\sqrt{2(1-\cos\theta)}+\frac{1}{2}\sqrt{2(1+\cos\theta)}\\&=\frac{1}{2}\sqrt{2\cdot2\sin^2\frac{\theta}{2}}+\frac{1}{2}\sqrt{2\cdot2\cos^2\frac{\theta}{2}}\\&=\left|\sin\frac{\theta}{2}\right|+\left|\cos\frac{\theta}{2}\right|.\end{aligned}$$

$0\leqq\theta\leqq\pi$ より，$0\leqq\frac{\theta}{2}\leqq\frac{\pi}{2}$ であるから，

$$\left|\overrightarrow{\mathrm{AP}}\right|+\left|\overrightarrow{\mathrm{AQ}}\right|=\sin\frac{\theta}{2}+\cos\frac{\theta}{2}=\sqrt{2}\sin\left(\frac{\theta}{2}+\frac{\pi}{4}\right).$$

$\frac{\pi}{4}\leqq\frac{\theta}{2}+\frac{\pi}{4}\leqq\frac{3}{4}\pi$ より，$\left|\overrightarrow{\mathrm{AP}}\right|+\left|\overrightarrow{\mathrm{AQ}}\right|$ の

最大値は $\sqrt{2}$，最小値は 1

である．　　　　$\cdots$(**答**)

14 **方針**　(1), (2) ともに数学的帰納法によって証明する．(2) の帰納ステップでは，背理法が有効．「互いに素でない」とは「ある素数が両者の約数となっている」として立式するとよい．その際，証明がうまくいくように，あらかじめ b_n が奇数であることをいっておく．

解説　$a_2 = 2$，$b_2 = 3$，$a_3 = 12$，$b_3 = 17$ であり，$\{a_n\}$, $\{b_n\}$ は自然数列である．

(1) 数学的帰納法によって示す．

(i) $a_3 = 12$ は 3 で割り切れるが，$b_3 = 17$ は 3 で割り切れないので，$n = 3$ のときは成り立っている．

(ii) $n = k$ $(k \geqq 3)$ での成立を仮定すると，

$$a_k = 3u, \quad b_k = 3v \pm 1 \quad (u,\ v \text{ は整数})$$

とおけ，

$$a_{k+1} = 2a_k b_k = 2 \cdot 3u \cdot b_k = 3 \times 2ub_k$$

は 3 の倍数であり，

$$b_{k+1} = 2{a_k}^2 + {b_k}^2 = 2(3u)^2 + (3v \pm 1)^2 = 3(6u^2 + 3v^2 \pm 2v) + 1$$

は 3 で割ると 1 余り，3 で割り切れない．

(i), (ii) により，$n \geqq 3$ のとき，a_n は 3 で割り切れるが，b_n は 3 で割り切れないことが示された．■

(2) 漸化式から，$b_{n+1} - {b_n}^2 = 2{a_n}^2$ は偶数であることから，b_{n+1} と ${b_n}^2$ の偶奇は一致し，${b_n}^2$ と b_n の偶奇も一致することから，b_n と b_{n+1} の偶奇は一致する．$b_1 = 1$ は奇数であるので，すべての正の整数 n について，b_n は奇数である．

さて，証明すべき事柄を数学的帰納法によって示す．

(i) $a_2 = 2$ と $b_2 = 3$ は互いに素であるので，$n = 2$ のときには成立している．

(ii) $n = k \quad (k \geqq 2)$ のときの成立を仮定する．そのもとで，a_{k+1} と b_{k+1} が互いに素であることを示すため，a_{k+1} と b_{k+1} が互いに素でないとしてみる．すると，ある**奇**素数 p が存在して，

$$a_{k+1} = pA, \quad b_{k+1} = pB \quad (A,\ B \text{ は整数})$$

とかけ，漸化式より，これらは

$$\begin{cases} 2a_k b_k = pA, & \cdots ① \\ 2{a_k}^2 + {b_k}^2 = pB & \cdots ② \end{cases}$$

となる．①より，奇素数 p は，a_k を割り切るか，あるいは，b_k を割り切る．

- 奇素数 p が a_k を割り切るとき，②より，

$$ {b_k}^2 = pB - 2{a_k}^2 $$

は p で割り切れる．これより，b_k が p で割り切れることになり，a_k と b_k が互いに素であるという帰納法に仮定に矛盾する．

- 奇素数 p が b_k を割り切るとき，②より，

$$ 2{a_k}^2 = pB - {b_k}^2 $$

は p で割り切れる．p が奇素数であるので，a_k が p で割り切れることになり，この場合も a_k と b_k が互いに素であるという帰納法に仮定に矛盾する．

したがって，a_{k+1} と b_{k+1} は互いに素となる．

(i)，(ii) により，$n \geqq 2$ のとき，a_n と b_n は互いに素であることが示された．■

15 **方針** 条件を満たすパターン数を格子点の個数として視覚化してカウントする.

解説

(1) 2 枚の札の取り出し方は全部で

$${}_n\mathrm{C}_2 = \frac{n(n-1)}{2}$$

通りあり，これらが同様に確からしい.
このとき，2 枚の札の番号を x, y $(x < y)$ とすると,

$$x + y > n, \quad 0 < x < y \leqq n.$$

これらを満たす整数 x, y の組合せの個数 N は，次の図の斜線部分に含まれる格子点の個数に相当し，正方形 OABC の周および内部に含まれる $(n+1)^2$ 個から，対角線 OB，AC 上の格子点を除き，$\frac{1}{4}$ 倍したものである.

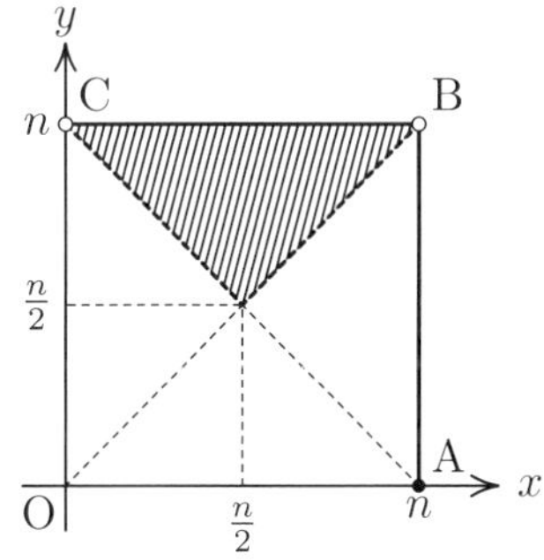

(i) n が奇数の場合.
対角線の交点は格子点ではないので，対角線上の格子点の個数は

$$2(n+1) \text{ 個}$$

であるから,

$$N = \frac{1}{4}\left\{(n+1)^2 - 2(n+1)\right\} = \frac{n^2-1}{4}.$$

よって，求める確率は

$$\frac{N}{{}_n\mathrm{C}_2} = \frac{n^2-1}{2n(n-1)} = \frac{n+1}{2n}.$$

(ii) n が偶数の場合.

対角線の交点が格子点なので，対角線上の格子点の個数は

$$2(n+1)-1 \text{ 個}$$

であるから，

$$N = \frac{1}{4}\left\{(n+1)^2 - 2(n+1) + 1\right\} = \frac{n^2}{4}.$$

よって，求める確率は

$$\frac{N}{{}_n\mathrm{C}_2} = \frac{n^2}{2n(n-1)} = \frac{n}{2(n-1)}.$$

(i)，(ii) より，求める確率は

$$\begin{cases} \boldsymbol{\dfrac{n+1}{2n}} & (n \text{ が奇数のとき}), \\ \boldsymbol{\dfrac{n}{2(n-1)}} & (n \text{ が偶数のとき}). \end{cases} \qquad \cdots\textbf{(答)}$$

(2) 2枚の札の取り出し方は全部で

$${}_{2n}\mathrm{C}_2 = n(2n-1)$$

通りあり，これらが同様に確からしい.

このとき，2枚の札の番号を x，y $(x \leqq y)$ とすると，

$$x+y > n, \quad 0 < x \leqq y \leqq n.$$

(i) n が奇数の場合.

$x=y$ となるのは，

$$x = y = \frac{n+1}{2},\ \frac{n+3}{2},\ \cdots,\ n$$

の

$$n-\left(\frac{n+1}{2}-1\right)=\frac{n+1}{2}\ \text{通り}.$$

$x<y$ となるのは，x, y の整数の組合せとしては，(1) により $\frac{n^2-1}{4}$ 通りだが，札の組合せとしては，

$$\frac{n^2-1}{4}\times{}_2\mathrm{C}_1\times{}_2\mathrm{C}_1=n^2-1\ \text{通り}.$$

よって，求める確率は

$$\frac{\frac{n+1}{2}+n^2-1}{{}_{2n}\mathrm{C}_2}=\frac{(n+1)(2n-1)}{2n(n-1)}=\frac{n+1}{2n}.$$

(ii) n が偶数の場合.

$x=y$ となるのは，

$$x=y=\frac{n+2}{2},\ \frac{n+4}{2},\ \cdots,\ n$$

の

$$n-\left(\frac{n+2}{2}-1\right)=\frac{n}{2}\ \text{通り}.$$

$x<y$ となるのは，x, y の整数の組合せとしては，(1) により $\frac{n^2}{4}$ 通りだが，札の組合せとしては，

$$\frac{n^2}{4}\times{}_2\mathrm{C}_1\times{}_2\mathrm{C}_1=n^2\ \text{通り}.$$

よって，求める確率は

$$\frac{\frac{n}{2}+n^2}{{}_{2n}\mathrm{C}_2}=\frac{n(2n+1)}{2n(2n-1)}=\frac{2n+1}{2(2n-1)}.$$

(i)，(ii) より，求める確率は

$$\begin{cases}\boldsymbol{\dfrac{n+1}{2n}} & (n\text{ が奇数のとき}),\\ \boldsymbol{\dfrac{2n+1}{2(2n-1)}} & (n\text{ が偶数のとき}).\end{cases}\qquad\cdots\text{(答)}$$

注意　(2) では，同じ「1」と書かれた札でも，$\boxed{1}$ と ① のように区別して全体を ${}_{2n}\mathrm{C}_2$ として同様に確からしくカウントしていることに注意せよ．したがって，たとえば，$5+7>n$ の場合には，

$$\left\{\boxed{5},\ \boxed{7}\right\},\quad \left\{\boxed{5},\ ⑦\right\},\quad \left\{⑤,\ \boxed{7}\right\},\quad \left\{⑤,\ ⑦\right\}$$

の $2\times2=4$ 通りがある一方，$6+6>n$ の場合には，

$$\left\{\boxed{6},\ ⑥\right\}$$

の 1 通りしかない．この対応の違いに注意して計算することが要求される．

$\boxed{16}$ **方針**　(1) の不等式は 2 乗した値で比較して示す．(2) は (1) を利用することで示す．

解説

(1)
$$\begin{aligned}\left(\sqrt{n}+\sqrt{n+1}\right)^2-\left(\sqrt{4n+1}\right)^2 &= n+(n+1)+2\sqrt{n(n+1)}-(4n+1)\\ &=2\left(\sqrt{n^2+n}-n\right)\\ &=\frac{2n}{\sqrt{n^2+n}+n}>0\end{aligned}$$

であるので，

$$\sqrt{4n+1}<\sqrt{n}+\sqrt{n+1}$$

が成り立つ．また，

$$\begin{aligned}\left(\sqrt{4n+2}\right)^2-\left(\sqrt{n}+\sqrt{n+1}\right)^2 &= (4n+2)-\left\{n+(n+1)+2\sqrt{n(n+1)}\right\}\\ &=2n+1-2\sqrt{n^2+n}\\ &=\frac{1}{2n+1+2\sqrt{n^2+n}}>0\end{aligned}$$

であるので，

$$\sqrt{n}+\sqrt{n+1}<\sqrt{4n+2}$$

が成り立つ．

よって，$\sqrt{4n+1} < \sqrt{n} + \sqrt{n+1} < \sqrt{4n+2}$ が成り立つ． ■

(2) $\sqrt{4n+1} < m < \sqrt{4n+2}$ を満たす整数 m が存在したとすると，

$$4n+1 < m^2 < 4n+2$$

となり，連続する 2 つの整数の間に整数 m^2 が存在することになり不合理が生じる．したがって，$\sqrt{4n+1}$ と $\sqrt{4n+2}$ の間には整数は存在しない．これと (1) より，

$$k \leqq \sqrt{4n+1} < \sqrt{n} + \sqrt{n+1} < \sqrt{4n+2} \leqq k+1$$

を満たす整数 k 存在する．このとき，

$$\left[\sqrt{4n+1}\,\right] = k = \left[\sqrt{n} + \sqrt{n+1}\,\right]$$

となり，等式 $\left[\sqrt{4n+1}\,\right] = \left[\sqrt{n} + \sqrt{n+1}\,\right]$ の成立が確認できる． ■

参考　(2) の等式は**ラマヌジャン**の式として有名である．

17 **方針**　(1) では，A の得点の符号で分けて調べる．和の計算では

$$\sum_{k=1}^{n} k^2 = \frac{n(n+1)(2n+1)}{6}, \qquad \sum_{k=1}^{n} k = \frac{n(n+1)}{2}$$

を用いる．

(2) では，ルール (II) のもとで (I) と同様の計算を考える．最終的に値の計算をしなくても，途中の計算式から，大小比較は可能である．

解説

(1) A の得点を X とすると，X のとり得る値は

$$n,\ n-1,\ \cdots,\ 3,\ 2,\ -1,\ -2,\ \cdots,\ -(n-1)$$

である．

- $X=k\ (k=2,\ 3,\ \cdots,\ n)$ となるのは，A が k のカードを取り出し，B が 1 から $(k-1)$ までのいずれかのカードを取り出す場合であり，その確率は

$$P(X=k)=\frac{k-1}{n(n-1)}.$$

- $X=-k\ (k=1,\ 2,\ \cdots,\ n-1)$ となるのは，A が k のカードを取り出し，B が $(k+1)$ から n までのいずれかのカードを取り出す場合であり，その確率は

$$P(X=-k)=\frac{n-k}{n(n-1)}.$$

よって，ルール (I) の場合の A の得点の期待値 $E(X)$ は，

$$\begin{aligned}
E(X)&=\sum_{k=2}^{n}k\cdot P(X=k)+\sum_{k=1}^{n-1}(-k)\cdot P(X=-k)\\
&=\sum_{k=2}^{n}\frac{k(k-1)}{n(n-1)}+\sum_{k=1}^{n-1}\frac{k^2-nk}{n(n-1)}=\sum_{k=1}^{n}\frac{k(k-1)}{n(n-1)}+\sum_{k=1}^{n}\frac{k^2-nk}{n(n-1)}\\
&=\frac{1}{n(n-1)}\sum_{k=1}^{n}\left\{2k^2-(n+1)k\right\}\\
&=\frac{1}{n(n-1)}\left\{2\cdot\frac{1}{6}n(n+1)(2n+1)-\frac{1}{2}n(n+1)^2\right\}\\
&=\boldsymbol{\frac{n+1}{6}}.
\end{aligned}$$

$\cdots$(**答**)

(2) ルール (II) の場合の A の得点を Y とすると，Y のとり得る値は

$$n,\ n-1,\ \cdots,\ 3,\ 2,\ 0,\ -1,\ -2,\ \cdots,\ -(n-1)$$

であり，ルール (I) での場合と同様に考えて，

$$\begin{cases}P(Y=k)=\dfrac{k-1}{n^2} & (k=2,\ 3,\ \cdots,\ n),\\[2mm] P(Y=-k)=\dfrac{n-k}{n^2} & (k=1,\ 2,\ \cdots,\ n-1).\end{cases}$$

また，$Y=0$ となるのは，B が A と同じカードを取り出す場合であり，この確率は

$$P(Y=0)=\frac{n}{n^2}=\frac{1}{n}.$$

よって，Y の期待値 $E(Y)$ は

$$\begin{aligned}E(X)&=\sum_{k=2}^{n}k\cdot P(Y=k)+0\cdot P(Y=0)+\sum_{k=1}^{n-1}(-k)\cdot P(Y=-k)\\&=\sum_{k=2}^{n}\frac{k(k-1)}{n^2}+0+\sum_{k=1}^{n-1}\frac{k^2-nk}{n^2}=\sum_{k=1}^{n}\frac{k(k-1)}{n^2}+\sum_{k=1}^{n}\frac{k^2-nk}{n^2}.\end{aligned}$$

(1) での計算と比較して，

$$E(Y)=\frac{n-1}{n}E(X)<E(x)$$

であることがわかるので，

ルール (I) の場合の得点の期待値の方が大きい． $\cdots$(答)

参考 $P(X=1)=P(X=-n)=0$，$P(Y=1)=P(Y=-n)=0$，$P(X=0)=\dfrac{1}{n-1}$ と定めると，$k=0,\ 1,\ 2,\ \cdots,\ n-1,\ n$ に対して，

$$P(Y=\pm k)=\frac{n-1}{n}P(X=\pm k)\quad(\text{複号同順})$$

が成り立つことから，

$$E(Y)=\frac{n-1}{n}E(X)$$

であることがわかる．

18　**方針**　(3) で最終的に a, b, c の各値が特定される．(1), (2) はそのヒントになっているはずである．「どの 2 つの和も残りの数で割ると 1 余る」という条件は a, b, c について対等であるが，$a<b<c$ は a, b, c について対等な条件ではない．これが (1) と (2) の違いであろう．「余りが 1」という情報はあるが，商についての情報がなく，それを (1), (2) で要求されていることから，不等式「$a<b<c$」を用いて調べていくことになる．(2) では，$a+c$ を b の 1 次式で評価し，(3) では，(1), (2) 同様に $b+c$ を a で割った商を考え，$b+c$ を a の 1 次式で評価するイメージで解く．

解説

(1) 条件から，

$$2<a+b<2c$$

であり，これと $a+b$ を c で割ると 1 余ることから，$a+b$ を c で割ったときの商は **1** である．　…(**答**)

(2) (1) より，

$$a+b=c+1 \quad \cdots①$$

である．これより，

$$a+c=2a+b-1<3b.$$

これと，

$$b+1\leqq a+b<a+c$$

により，

$$b+1<a+c<3b.$$

これと $a+c$ を b で割ると 1 余ることから，$a+c$ を b で割ったときの商は **2** である．　…(**答**)

(3) (2) より，

$$a+c=2b+1 \quad \cdots②$$

である．

①＋② により，

$$2a+b+c=2b+c+2.$$

$$\therefore\quad b=2a-2. \qquad \cdots ③$$

これを①に代入し，

$$c=3a-3. \qquad \cdots ④$$

これより，

$$b+c=5a-5<5a. \qquad \cdots ⑤$$

$a<b<c$ により，$2a+1<b+c$ であり，これと⑤から，$b+c$ を a で割った商は 3 または 4 であることがわかる．

$b+c=3a+1$ のとき，$5a-5=3a+1$ より，$a=3$.

$b+c=4a+1$ のとき，$5a-5=4a+1$ より，$a=6$.

③，④と $a<b<c$ であることより，

$$(a,\ b,\ c)=\mathbf{(3,\ 4,\ 6)},\quad \mathbf{(6,\ 10,\ 15)}. \qquad \cdots(\text{答})$$

注意　$a<b<c$ ではあるが，a，b，c が自然数であることから，$a+1 \leqq b$，$b+1 \leqq c$ であり，$a+2 \leqq c$ が成り立つ．この評価式を活用して議論してもよい．

参考　和を積に変えて同様の問題を考えてみよう．

類題　p，q，r はすべて 2 以上の整数とし，次を満たす．

pq を r で割ると 1 余り，

qr を p で割ると 1 余り，

rp を q で割ると 1 余る．

このとき，p，q，r を求めよ．

解説　$p \geqq q \geqq r\ (\geqq 2)$ としても一般性を失わない．k, l, m を整数として，

$$\begin{cases} pq = kr + 1, & \cdots ① \\ qr = lp + 1, & \cdots ② \\ rp = mq + 1 & \cdots ③ \end{cases}$$

と表せる．

$$\therefore \begin{cases} pq - 1 = kr, & \cdots ①' \\ qr - 1 = lp, & \cdots ②' \\ rp - 1 = mq. & \cdots ③' \end{cases}$$

①′，②′，③′ の左辺の積は pqr の倍数である．

$$(pq-1)(qr-1)(rp-1) \equiv 0 \pmod{pqr}.$$

$$(pqr)^2 - pqr(p+q+r) + (pq+qr+rp) - 1 \equiv 0 \pmod{pqr}.$$

$$\therefore\ pq + qr + rp - 1 \equiv 0 \pmod{pqr}. \qquad \cdots (*)$$

$p \geqq q \geqq r\ (\geqq 2)$ より，

$$pq + qr + rp - 1 \leqq 3pq - 1. \qquad \cdots ④$$

(i) $r \geqq 3$ のとき．

$$3pq - 1 \leqq pqr - 1 < pqr.$$

④より，

$$0 < pq + qr + rp - 1 < pqr.$$

$(*)$ より，これはあり得ない．

(ii) $r = 2$ のとき．①より，$pq = 2k + 1$.　これより，p, q はともに奇数．
②より，$2q = lp + 1$.　p が奇数であるから，l も奇数．

$$lp < lp + 1 = 2q \leqq 2p.$$

$$\therefore\ l < 2.$$

l は奇数であるから,

$$l = 1.$$

よって,

$$2q = p + 1.$$

③より,

$$2(2q - 1) = mq + 1.$$

$$4q - 2 = mq + 1.$$

$$q(4 - m) = 3.$$

$$q = 3, \quad m = 1.$$

$$\therefore\ p = 2q - 1 = 5.$$

$$(p,\ q,\ r) = (5,\ 3,\ 2).$$

(確かに，これらは条件を満たす)

よって，求める $p,\ q,\ r$ は,

$$\{p,\ q,\ r\} = \{\mathbf{5},\ \mathbf{3},\ \mathbf{2}\}.$$

(ii) の別解　$r = 2$ のときであるから,

$$pq + qr + rp = pq + 2(p + q) < 3pq.$$

$$\therefore\ 0 < pq + qr + rp - 1 < 3pq.$$

$(*)$ より，$pq + qr + rp - 1 \equiv 0 \pmod{2pq}$ であるから,

$$pq + qr + rp - 1 = pa + 2(p + q) - 1 = 2pq.$$

$$pq - 2p - 2q = -1.$$

$$(p - 2)(q - 2) = 3.$$

$p - 2 \geqq q - 2 \geqq 1$ より,

$$p - 2 = 3, \quad q - 2 = 1.$$

$$\therefore \ p = 5, \quad 3.$$

(確かに，これらは条件を満たす)

よって，求める p, q, r は，

$$\{p, \ q, \ r\} = \{\mathbf{5, \ 3, \ 2}\}.$$

19 **方針**　絶対値の性質 ($|zw| = |z|\,|w|$, $|z+w| \leqq |z| + |w|$ など) を用いる．

解説

(1) α は $f(x) = 0$ の解であることから，

$$\alpha^3 + a\alpha^2 + b\alpha + c = 0$$

つまり

$$\alpha^3 = -(a\alpha^2 + b\alpha + c)$$

を満たす．また，

$$|a| \leqq M, \quad |b| \leqq M, \quad |c| \leqq M$$

が成り立っていることに注意すると，

$$\begin{aligned} |\alpha|^3 &= \left|-(a\alpha^2 + b\alpha + c)\right| \\ &= \left|a\alpha^2 + b\alpha + c\right| \\ &\leqq \left|a\alpha^2\right| + |b\alpha| + |c| \\ &= |a||\alpha|^2 + |b||\alpha| + |c| \\ &\leqq M|\alpha|^2 + M|\alpha| + M \\ &= M(|\alpha|^2 + |\alpha| + 1) \end{aligned}$$

が成り立つ．　■

(2) $|\alpha|^2 + |\alpha| + 1 > 0$ であるので，(1) から，

$$M \geqq \frac{|\alpha|^3}{|\alpha|^2 + |\alpha| + 1}$$

が成り立つ．これを用いて M を消去すると，

$$\begin{aligned} M + 1 - |\alpha| &\geqq \frac{|\alpha|^3}{|\alpha|^2 + |\alpha| + 1} + 1 - |\alpha| \\ &= \frac{|\alpha|^3 + (1 - |\alpha|)\left(|\alpha|^2 + |\alpha| + 1\right)}{|\alpha|^2 + |\alpha| + 1} \\ &= \frac{|\alpha|^3 + 1 - |\alpha|^3}{|\alpha|^2 + |\alpha| + 1} \\ &= \frac{1}{|\alpha|^2 + |\alpha| + 1} > 0. \end{aligned}$$

これより，$|\alpha| < M + 1$ が成り立つ． ■

注意　(2) は背理法で示してもよい．仮に $|\alpha| \geqq M + 1$ とすると，

$$0 \leqq M \leqq |\alpha| - 1$$

であり，

$$\begin{aligned} |\alpha|^3 &\leqq M(|\alpha|^2 + |\alpha| + 1) \\ &\leqq (|\alpha| - 1)\,|\alpha|^2 + |\alpha| + 1 \\ &= |\alpha|^3 - 1 \end{aligned}$$

となり矛盾が生じることから，$|\alpha| < M + 1$ である．

参考　証明では，α が実数であることを用いていないので，虚数解でも同様の結論が成り立つ．

20 **方針**　(1) では $a_1 \longrightarrow a_2 \longrightarrow a_3$ の順に，(2) では $b_1 \longrightarrow b_2 \longrightarrow b_3$ の順に決まっていく．

解説　以下，実数 x に対して，記号 $[x]$ は x 以下の最大の整数を表す記号 (Gauss 記号) である．

(1) $\dfrac{a_1}{2}+\dfrac{a_2}{2^2}+\dfrac{a_3}{2^3}<\dfrac{3}{5}<\dfrac{a_1}{2}+\dfrac{a_2}{2^2}+\dfrac{a_3}{2^3}+\dfrac{1}{2^3}$ の各辺を2倍して，

$$a_1+\frac{a_2}{2}+\frac{a_3}{2^2}<\frac{6}{5}<a_1+\frac{a_2}{2}+\frac{a_3}{2^2}+\frac{1}{2^2}.$$

a_1, a_2, a_3 は0または1であるから，

$$0 \leqq \frac{a_2}{2}+\frac{a_3}{2}<\frac{a_2}{2}+\frac{a_3}{2^2}+\frac{1}{2^2} \leqq 1$$

より，

$$a_1=\left[\frac{6}{5}\right]=\mathbf{1} \qquad \cdots(\textbf{答})$$

であり，

$$\frac{a_2}{2}+\frac{a_3}{2^2}<\frac{1}{5}<\frac{a_2}{2}+\frac{a_3}{2^2}+\frac{1}{2^2}. \qquad \cdots①$$

①の各辺を2倍して，

$$a_2+\frac{a_3}{2}<\frac{2}{5}<a_2+\frac{a_3}{2}+\frac{1}{2}.$$

a_2, a_3 は0または1であるから，

$$0 \leqq \frac{a_3}{2}<\frac{a_3}{2}+\frac{1}{2} \leqq 1$$

より，

$$a_2=\left[\frac{2}{5}\right]=\mathbf{0} \qquad \cdots(\textbf{答})$$

であり，

$$\frac{a_3}{2}<\frac{2}{5}<\frac{a_3}{2}+\frac{1}{2}. \qquad \cdots②$$

②の各辺を 2 倍して,

$$a_3 < \frac{4}{5} < a_3 + 1.$$

a_3 は 0 または 1 であるから,

$$0 \leqq a_3 < a_3 + 1 \leqq 1$$

より,

$$a_3 = \left[\frac{4}{5}\right] = \mathbf{0}. \qquad \cdots(\textbf{答})$$

(2) $\dfrac{b_1}{2} + \dfrac{b_2}{2} + \dfrac{b_3}{2^3} < \log_{10} 7 < \dfrac{b_1}{2} + \dfrac{b_2}{2} + \dfrac{b_3}{2^3} + \dfrac{1}{2^3}$ の各辺を 2 倍して,

$$b_1 + \frac{b_2}{2} + \frac{b_3}{2^2} < 2\log_{10} 7 = \log_{10} 49 < b_1 + \frac{b_2}{2} + \frac{b_3}{2^2} + \frac{1}{2^2}.$$

b_1, b_2, b_3 は 0 または 1 であるから,

$$0 \leqq \frac{b_2}{2} + \frac{b_3}{2} < \frac{b_2}{2} + \frac{b_3}{2^2} + \frac{1}{2^2} \leqq 1$$

より,

$$b_1 = \left[\log_{10} 49\right] = \mathbf{1} \qquad \cdots(\textbf{答})$$

であり,

$$\frac{b_2}{2} + \frac{b_3}{2^2} < \log_{10} 49 - 1 < \frac{b_2}{2} + \frac{b_3}{2^2} + \frac{1}{2^2}. \qquad \cdots①'$$

①$'$ の各辺を 2 倍して,

$$b_2 + \frac{b_3}{2} < 2\log_{10} 49 - 2 = \log_{10} 24.01 =< b_2 + \frac{b_3}{2} + \frac{1}{2}.$$

b_2, b_3 は 0 または 1 であるから,

$$0 \leqq \frac{b_3}{2} < \frac{b_3}{2} + \frac{1}{2} \leqq 1$$

より,

$$b_2 = \left[\log_{10} 24.01\right] = \mathbf{1} \qquad \cdots(\textbf{答})$$

であり，

$$\frac{b_3}{2} < \log_{10} 2.401 < \frac{b_3}{2} + \frac{1}{2}. \qquad \cdots ②'$$

②$'$ の各辺を 2 倍して，

$$b_3 < 2\log_{10} 2.401 = \log_{10} 5.764801 < b_3 + 1.$$

b_3 は 0 または 1 であるから，

$$0 \leqq b_3 < b_3 + 1 \leqq 1$$

より，

$$b_3 = \left[\log_{10} 5.764801\right] = \mathbf{0}. \qquad \cdots(\textbf{答})$$

21 **解説**　サイコロの目の出方は全部で 6^n 通りある．出た目の数をまず横一列に並べたとき，隣り合う 2 つの数がすべて異なるものは $6 \cdot 5^{n-1}$ 通りある．このうち，両端が同じ数であるものを a_n 通り，両端が異なる数であるものを b_n 通りとすると，両端が同じ数である並べ方は左端の 1 つの数を除くと，両端が異なる $(n-1)$ 個の数の並べ方に対応する．

$$\begin{cases} a_n + b_n = 6 \cdot 5^{n-1} & (n = 2,\ 3,\ 4,\ \cdots), \\ a_n = b_{n-1} & (n = 3,\ 4,\ 5,\ \cdots). \end{cases}$$

$$b_n = -b_{n-1} + 6 \cdot 5^{n-1} \quad (n = 3,\ 4,\ 5,\ \cdots).$$

$$b_n - 5^n = -(b_{n-1} - 5^{n-1}) \quad (n = 3,\ 4,\ 5,\ \cdots).$$

$b_2 = 6 \cdot 5 = 30$ に注意して，

$$b_n - 5^n = (b_2 - 5^2) \cdot (-1)^{n-2} = 5 \cdot (-1)^n \quad (n = 2,\ 3,\ 4,\ \cdots).$$

$$\therefore\ b_n = 5^n + 5 \cdot (-1)^n \quad (n = 2,\ 3,\ 4,\ \cdots).$$

したがって，求める確率は，

$$\frac{b_n}{6^n} = \boldsymbol{\left(\frac{5}{6}\right)^n + 5 \cdot \left(-\frac{1}{6}\right)^n} \quad (n = 2,\ 3,\ 4,\ \cdots). \qquad \cdots(\textbf{答})$$

22 **方針**　「存在**しない**」ことの証明では，**背理法**を用いる．このようなフェルマー型の方程式での非存在の証明では，**無限降下法**によって証明がなされるケースが多い．

解説　仮に，正の整数の組

$$(x,\ y,\ z) = (X,\ Y,\ Z)$$

が $x^n + 2y^n = 4z^n$ を満たしたとする．

$$X^n + 2Y^n = 4Z^n$$

より，

$$X^n = 4Z^n - 2Y^n = 2(2Z^n - Y^n)$$

は偶数であることから，X は偶数である．そこで，

$$X = 2X_1 \quad (X_1\text{は正の整数})$$

とおくと，

$$(2X_1)^n + 2Y^n = 4Z^n \quad \text{より} \quad Y^n = 2(Z^n - 2^{n-2}{X_1}^n)$$

となり，Y^n は偶数であることから，Y も偶数である．そこで，

$$Y = 2Y_1 \quad (Y_1\text{は正の整数})$$

とおくと，

$$(2Y_1)^n = 2(Z^n - 2^{n-2}{X_1}^n) \quad \text{より} \quad Z^n = 2(2^{n-3}{X_1}^n + 2^{n-2}{Y_1}^n)$$

となり，Z^n は偶数であることから，Z も偶数である．そこで，

$$Z = 2Z_1$$

とおくと，

$$(2Z_1)^n = 2(Z^n - 2^{n-2}{X_1}^n) \quad \text{より} \quad {X_1}^n + 2{Y_1}^n = 4{Z_1}^n$$

となる．これは，方程式 $x^n + 2y^n = 4z^n$ に正の整数解 $(X,\ Y,\ Z)$ が存在すれば，$X,\ Y,\ Z$ はすべて偶数で，$\left(\dfrac{X}{2},\ \dfrac{Y}{2},\ \dfrac{Z}{2}\right)$ も解であることを意味している．すると，$\dfrac{X}{2},\ \dfrac{Y}{2},\ \dfrac{Z}{2}$ もすべて偶数のはずで，$\left(\dfrac{X}{2^2},\ \dfrac{Y}{2^2},\ \dfrac{Z}{2^2}\right)$ も解になるはずである．すると，$\dfrac{X}{2^2},\ \dfrac{Y}{2^2},\ \dfrac{Z}{2^2}$ もすべて偶数のはずで，$\left(\dfrac{X}{2^3},\ \dfrac{Y}{2^3},\ \dfrac{Z}{2^3}\right)$ も解になるはずである．これは無限に繰り返すことができてしまうが，しかし，$X,\ Y,\ Z$ は正の整数であるので，それらが 2 でいくらでも割れる (割り切れる) ということはあり得ず，矛盾が生じる．したがって，方程式 $x^n + 2y^n = 4z^n$ (n は 3 以上の整数) には正の整数解 $x,\ y,\ z$ が存在しないことが示された．■

注意　「n が 3 以上の整数」であるという条件は本質的である．実際，$n = 2$ の場合の方程式 $x^n + 2y^n = 4z^n$，つまり，$x^2 + 2y^2 = 4z^2$ には

$$(x,\ y,\ z) = (2,\ 4,\ 3)$$

という正の整数解がある．$n \geq 3$ で正の整数解が存在しないのは，背理法での証明をふりかえるとわかるように，

$$Z^n = 2(2^{n-3}{X_1}^n + 2^{n-2}{Y_1}^n)$$

において，$n-3$ が 0 以上の整数となることから，$2^{n-3}{X_1}^n + 2^{n-2}{Y_1}^n$ が整数であることによる．

参考　本問の証明方法は**無限降下法**と呼ばれている．

23 解説

(1) 硬貨を n 回投げ，そのうち表が k $(k=0,\ 1,\ \cdots,\ n)$ 回でたとすると，裏は $(n-k)$ 回でたはずで，A は $(k,\ n-k)$ に，B は $(6-k,\ 6-(n-k))$ にくる．

両者が出会うとすると，

$$\begin{cases} k=6-k, \\ n-k=6-(n-k) \end{cases} \quad \text{より} \quad \begin{cases} n=6, \\ k=3. \end{cases}$$

したがって，

$$p={}_6\mathrm{C}_3\left(\frac{1}{2}\right)^3\left(\frac{1}{2}\right)^3=\mathbf{\frac{5}{16}}. \qquad \cdots(\textbf{答})$$

(2) 硬貨を n 回投げ，

a の表が x $(x=0,\ 1,\ \cdots,\ n)$ 回，

b の表が y $(y=0,\ 1,\ \cdots,\ n)$ 回

でたとすると，A は $(x,\ n-x)$ に，B は $(6-y,\ 6-(n-y))$ にくる．

両者が出会うとすると，

$$\begin{cases} x=6-y, \\ n-x=6-(n-y) \end{cases} \quad \text{より} \quad \begin{cases} x+y=6, \\ n=6. \end{cases}$$

したがって，6 回投げて表の回数の合計が 6 となる場合だとわかり，a の表が x 回，b の表が $6-x$ 回でる確率は

$${}_6\mathrm{C}_x\left(\frac{1}{2}\right)^x\left(\frac{1}{2}\right)^{6-x}\times{}_6\mathrm{C}_{6-x}\left(\frac{1}{2}\right)^{6-x}\left(\frac{1}{2}\right)^x=\frac{({}_6\mathrm{C}_x)^2}{2^{12}}$$

であることから，x について足し合わせて，

$$q=\sum_{x=0}^{6}\frac{({}_6\mathrm{C}_x)^2}{2^{12}}=\frac{1^2+6^2+15^2+20^2+15^2+6^2+1^2}{2^{12}}=\frac{924}{4096}=\mathbf{\frac{231}{1024}}.$$

$\cdots$(答)

参考　一般に，二項係数の2乗和は，

$$({}_n\mathrm{C}_0)^2 + ({}_n\mathrm{C}_1)^2 + \cdots + ({}_n\mathrm{C}_n)^2 = {}_{2n}\mathrm{C}_n$$

となる．これは次のようにしてわかる．

$$(1+x)^n = {}_n\mathrm{C}_0 + {}_n\mathrm{C}_1 x + {}_n\mathrm{C}_2 x^2 + \cdots + {}_n\mathrm{C}_n x^n$$

と

$$(x+1)^n = {}_n\mathrm{C}_0 x^n + {}_n\mathrm{C}_1 x^{n-1} + {}_n\mathrm{C}_2 x^{n-2} + \cdots + {}_n\mathrm{C}_n$$

の辺々をかけた式の x^n の係数を比較することで，

$$({}_n\mathrm{C}_0)^2 + ({}_n\mathrm{C}_1)^2 + \cdots + ({}_n\mathrm{C}_n)^2 = {}_{2n}\mathrm{C}_n$$

が得られる．これより，

$$({}_6\mathrm{C}_0)^2 + ({}_6\mathrm{C}_1)^2 + \cdots + ({}_6\mathrm{C}_6)^2 = {}_{12}\mathrm{C}_6 = \frac{12 \cdot 11 \cdot 10 \cdot 9 \cdot 8 \cdot 7}{6 \cdot 5 \cdot 4 \cdot 3 \cdot 2 \cdot 1} = 924$$

とわかる．

24 **方針** A，B は定点であり，θ は定数である．(1)，(2) は動点 P が優弧 AB 上にある場合を考えればよく，点 P の位置が変化したときの“最大”を考えることになる．点 P の位置の変化をどのパラメーターで解析するかを考える．三角形 PAB は外接円の半径が 1 と決められ，$\angle\mathrm{APB} = \theta$ であることから，三角形 PAB の内角 $\angle\mathrm{PBA} = \alpha$，$\angle\mathrm{PAB} = \beta$ とおいて，これらを 2 変数として関数表示式を立てて調べる．(3) では代数的に (1)，(2) に繋げて処理することができる．

解説

(1) $\mathrm{PA} \cdot \mathrm{PB}$ が最大になるのは動点 P が優弧 AB 上にある場合である．動点 P が優弧 AB 上にあるとき，$\angle\mathrm{PBA} = \alpha$，$\angle\mathrm{PAB} = \beta$ とおくと，

$$\alpha + \beta + \theta = \pi \quad \text{より} \quad \alpha + \beta = \pi - \theta.$$

また，正弦定理から，

$$\frac{\mathrm{PA}}{\sin\alpha} = \frac{\mathrm{PB}}{\sin\beta} = 2 \cdot 1$$

より，

$$\mathrm{PA} = 2\sin\alpha, \qquad \mathrm{PB} = 2\sin\beta.$$

したがって，

$$\mathrm{PA} \cdot \mathrm{PB} = 2\sin\alpha \cdot 2\sin\beta = 4\sin\alpha\sin\beta$$

であり，積和差公式により，

$$\begin{aligned}\mathrm{PA} \cdot \mathrm{PB} &= 2\{\cos(\alpha - \beta) - \cos(\alpha + \beta)\} \\ &= 2\{\cos(\alpha - \beta) - \cos(\pi - \theta)\} \\ &= 2\{\cos(\alpha - \beta) + \cos\theta\}\end{aligned}$$

と変形できる．

ゆえに，$\mathrm{PA} \cdot \mathrm{PB}$ が最大になるのは，$\cos(\alpha - \beta)$ が最大になるとき，つまり，$\alpha = \beta$ となるときであり，これは

点 P が優弧 AB の中央にあるとき $\cdots$(**答**)

である．また，PA · PB の最大値は

$$\mathbf{2(1+\cos\theta)} \qquad \cdots(\textbf{答})$$

である．

(2) PA + PB が最大になるのは動点 P が優弧 AB 上にある場合である．動点 P が優弧 AB 上にあるとき，(1) と同様，α, β を変数として，PA+PB は

$$\mathrm{PA}+\mathrm{PB}=2\sin\alpha+2\sin\beta=2(\sin\alpha+\sin\beta)$$

と表され，これを和積公式で変形すると，

$$\begin{aligned}\mathrm{PA}\cdot\mathrm{PB}&=4\sin\frac{\alpha+\beta}{2}\cos\frac{\alpha-\beta}{2}\\&=4\sin\frac{\pi-\theta}{2}\cos\frac{\alpha-\beta}{2}\\&=4\cos\frac{\theta}{2}\cos\frac{\alpha-\beta}{2}\end{aligned}$$

とかける．ゆえに，PA + PB が最大になるのは，$\cos\dfrac{\alpha-\beta}{2}$ が最大になるとき，つまり，$\alpha=\beta$ となるときであり，これは

点 P が優弧 AB の中央にあるとき $\cdots$(**答**)

である．(また，PA + PB の最大値は $4\cos\dfrac{\theta}{2}$ である．)

(3) $\dfrac{\mathrm{PA}\cdot\mathrm{PB}}{\mathrm{PA}+\mathrm{PB}}$ が最大となるのは，その逆数

$$\frac{1}{\dfrac{\mathrm{PA}\cdot\mathrm{PB}}{\mathrm{PA}+\mathrm{PB}}}=\frac{\mathrm{PA}+\mathrm{PB}}{\mathrm{PA}\cdot\mathrm{PB}}=\frac{1}{\mathrm{PA}}+\frac{1}{\mathrm{PB}}$$

が最小となる場合であるので，これを調べる．相加平均と相乗平均の大小関係から，

$$\frac{1}{\mathrm{PA}}+\frac{1}{\mathrm{PB}}\geqq 2\sqrt{\frac{1}{\mathrm{PA}}\cdot\frac{1}{\mathrm{PB}}}=\frac{2}{\sqrt{\mathrm{PA}\cdot\mathrm{PB}}}$$

が成り立ち，等号は $\dfrac{1}{\mathrm{PA}}=\dfrac{1}{\mathrm{PB}}$ つまり $\mathrm{PA}=\mathrm{PB}$ のときに成立する．
さらに，(1) より，$\mathrm{PA}\cdot\mathrm{PB}$ は最大値 $2(1+\cos\theta)$ をとることから，

$$\frac{2}{\sqrt{\mathrm{PA}\cdot\mathrm{PB}}} \geqq \frac{2}{\sqrt{2(1+\cos\theta)}}$$

が成り立ち，この等号は $\mathrm{PA}\cdot\mathrm{PB}$ が最大となるとき，すなわち，点 P が優弧 AB の中央にあるときに成立する．
以上から，

$$\frac{1}{\dfrac{\mathrm{PA}\cdot\mathrm{PB}}{\mathrm{PA}+\mathrm{PB}}} \geqq \frac{2}{\sqrt{\mathrm{PA}\cdot\mathrm{PB}}} \geqq \frac{2}{\sqrt{2(1+\cos\theta)}}$$

が成り立ち，2 つの等号がともに成り立つのは，点 P が優弧 AB の中央にあるときであるので，このとき，$\dfrac{1}{\dfrac{\mathrm{PA}\cdot\mathrm{PB}}{\mathrm{PA}+\mathrm{PB}}}$ は最小値 $\dfrac{2}{\sqrt{2(1+\cos\theta)}}$ をとる．
したがって，$\dfrac{\mathrm{PA}\cdot\mathrm{PB}}{\mathrm{PA}+\mathrm{PB}}$ の最大値は

$$\boldsymbol{\frac{\sqrt{2(1+\cos\theta)}}{2}}. \qquad \cdots(\textbf{答})$$

注意　倍角公式 $\cos 2x = 2\cos^2 x - 1$ により，

$$1+\cos 2x = 2\cos^2 x$$

であるから，

$$1+\cos\theta = 2\cos^2\frac{\theta}{2}.$$

これより，(3) の最大値 $\dfrac{\sqrt{2(1+\cos\theta)}}{2}$ は

$$\frac{\sqrt{2(1+\cos\theta)}}{2} = \left|\cos\frac{\theta}{2}\right| = \boldsymbol{\cos\frac{\theta}{2}}$$

と表すこともできる．

参考　一般に，正の実数 $a_1,\ a_2,\ \cdots,\ a_n$ に対して，

$$\frac{n}{\frac{1}{a_1}+\cdots+\frac{1}{a_n}}$$

を**調和平均**といい，次が成り立つ．

$$\underbrace{\frac{a_1+\cdots+a_n}{n}}_{\text{相加平均}} \geqq \underbrace{\sqrt[n]{a_1\cdots a_n}}_{\text{相乗平均}} \geqq \underbrace{\frac{n}{\frac{1}{a_1}+\cdots+\frac{1}{a_n}}}_{\text{調和平均}}.$$

この2つの等号はともに $a_1=\cdots=a_n$ のときにのみ成り立つ．

相乗平均と調和平均の大小関係に関しては，調和平均の逆数に対して，相加平均と相乗平均の大小関係を適用することで示せる．この証明を $n=2$ で行ったのが，(3) での上の解答である．

(3) では，調和平均についてのこの性質を用いると次のように解くことができる．

PA と PB の調和平均に着目して，

$$\frac{2}{\frac{1}{\mathrm{PA}}+\frac{1}{\mathrm{PB}}} \leqq \frac{\mathrm{PA}+\mathrm{PB}}{2} \quad \text{つまり} \quad \frac{\mathrm{PA}\cdot\mathrm{PB}}{\mathrm{PA}+\mathrm{PB}} \leqq \frac{\mathrm{PA}+\mathrm{PB}}{4}$$

が成り立ち，等号は $\mathrm{PA}=\mathrm{PB}$ のときに成立する．(2) とあわせると，$\dfrac{\mathrm{PA}\cdot\mathrm{PB}}{\mathrm{PA}+\mathrm{PB}}$ は点 P が優弧 AB の中央にあるときに最大値 $4\cos\dfrac{\theta}{2}$ をとることがわかる．

25 **方針** 否定的な事柄 (共通解をもた**ない**こと) を示したいので，**背理法**で示す．

解説 背理法で示す．

$$x^3+ax+b=0 \qquad \cdots①$$

と

$$x^2+px+q=0 \qquad \cdots②$$

が共通解 α をもつとすると，①が有理数を解にもたないことから，α は無理数または虚数であり，

$$\begin{cases}\alpha^3+a\alpha+b=0, & \cdots③\\ \alpha^2+p\alpha+q=0 & \cdots④\end{cases}$$

が成り立つ．④により，

$$\alpha^2=-p\alpha-q$$

であるから，

$$\begin{aligned}\alpha^3&=\alpha\cdot\alpha^2\\&=\alpha(-p\alpha-q)\\&=-p\alpha^2-q\alpha\\&=-p(-p\alpha-q)-q\alpha\\&=(p^2-q)\alpha+pq.\end{aligned}$$

これを③に代入して α について整理すると，

$$(p^2-q+a)\alpha+pq+b=0.$$

a，b，p，q は有理数，α は無理数または虚数であるから，

$$\begin{cases}p^2-q+a=0, & \cdots⑤\\ pq+b=0. & \cdots⑥\end{cases}$$

⑤より，

$$q=p^2+a.$$

これを⑥に代入すると，

$$p(p^2+a)+b=0$$

より，

$$p^3+ap+b=0.$$

これは有理数 p が方程式①の解であることを示しているが，①は有理数を解にもたないから，矛盾している．

よって，①と②は共通解をもたない．■

注意　一般に，a，b を有理数，z を無理数または虚数とするとき，

$$a+bz=0 \quad \Longrightarrow \quad a=b=0$$

が成り立つ．これは，もし $b \neq 0$ だとすれば，$z=-\dfrac{a}{b}$ となり，z が有理数となってしまうことからわかる．

26 **方針**　たとえば $k=4$ として，確率 p_4 を考える．これは，$\boxed{4}$ の左側に並んだ $\underbrace{\text{4より小さい数字}}_{0,\ 1,\ 2,\ 3}$ のカードの枚数が3枚である確率である．

$$\boxed{3}\ ,\ \boxed{!!}\ ,\ \boxed{0}\ ,\ \boxed{2}\ ,\ \boxed{\mathbf{4}}\ ,\ \boxed{!}\ ,\ \boxed{1}\ ,\ \boxed{!!!}$$

結局，4以下の数字のカードにだけ着目して，

$$3\ ,\ 0\ ,\ 2\ ,\ \mathbf{4}\ ,\ 1$$

と4が左から4番目にきているのでO.K.　4より大きな数字のカードは関係ない!!

解説　各 k $(k=1,2,3,4,5,6,7)$ に対して，k 以下のカードの並びにだけ着目する!! つまり，

$$\boxed{0}\ ,\ \boxed{1}\ ,\ \cdots\cdots\ ,\ \boxed{k}$$

の $(k+1)$ 枚の順列について考える．

このとき，条件を満たすのは，$\boxed{k}$ が右から 2 番目の位置にくる場合であるから，求める確率は

$$\boldsymbol{\frac{1}{k+1}}. \qquad \cdots(\text{答})$$

$\boxed{27}$ **方針**　3 次関数のグラフでは接線と接点が 1 対 1 に対応することから，接線の本数は接点の個数であり，方程式の実数解の個数に帰着される．後半では問題文の上手い言い換えを考える．

解説　$C : y = x^3 - x$ について，$y' = 3x^2 - 1$ であるから，C の点 $(t,\ t^3 - t)$ における接線の式は

$$y = (3t^2 - 1)(x - t) + (t^3 - t) \quad \text{つまり} \quad y = (3t^2 - 1)x - 2t^3.$$

これが点 $(p,\ q)$ を通る条件は

$$q = (3t^2 - 1)x - 2t^3$$

つまり

$$2t^3 - 3pt^2 + p + q = 0$$

が成り立つことである．この左辺を $f(t)$ とおく．3 次関数のグラフでは，接点が異なれば接線が異なり，接点と接線は一対一に対応するので，求める $p,\ q$ の条件は $f(t) = 0$ が異なる 3 つの実数解をもつことである．

$$f'(t) = 6t^2 - 6pt = 6t(t - p)$$

であるから，$f(t)$ は

$$\begin{cases} \bullet\ p = 0 \text{ のとき，極値をもたず，} \\ \bullet\ p \neq 0 \text{ のとき，} t = 0,\ p \text{ で極値をとる．} \end{cases}$$

よって，求める条件は，

$$p \neq 0 \quad \text{かつ} \quad f(0)f(p) < 0$$

すなわち

$$\boldsymbol{(p + q)(q - p^3 + p) < 0}. \qquad \cdots(\text{答})$$

これを図示すると，次の灰色の部分 (境界は除く) となる．

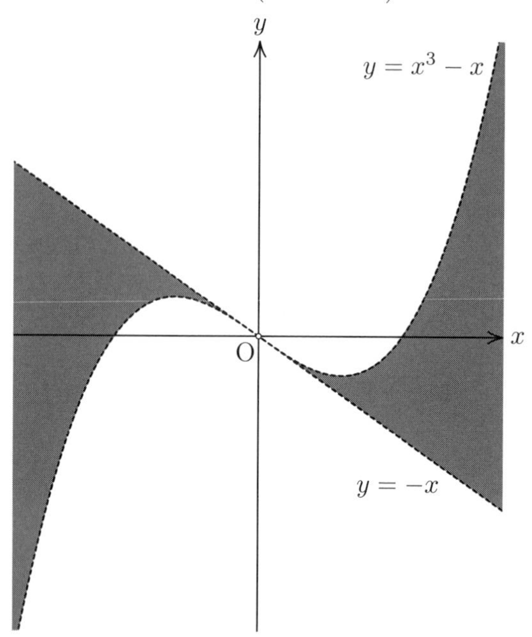

また，このとき $f(t)=0$ の異なる 3 つの実数解を $t=\alpha,\ \beta,\ \gamma$ とおくと，解と係数の関係から，

$$\begin{cases} \alpha+\beta+\gamma=\dfrac{3}{2}p, \\ \alpha\beta+\beta\gamma+\gamma\alpha=0, \\ \alpha\beta\gamma=-\dfrac{p+q}{2} \end{cases}$$

であり，これら $\alpha,\ \beta,\ \gamma$ は点 $(p,\ q)$ から C に引いた接線と C との接点の x 座標である．

これら 3 接点を曲線 $D: y=ax^2+bx+c$ が通る条件は，C と D の共有点の x 座標が $\alpha,\ \beta,\ \gamma$ であること，すなわち，C と D の方程式を連立して得られる方程式

$$x^3-ax^2-(b+1)x-c=0$$

の 3 解が $x=\alpha,\ \beta,\ \gamma$ であることから，解と係数の関係により，

$$\begin{cases} a=\alpha+\beta+\gamma, \\ -(b+1)=\alpha\beta+\beta\gamma+\gamma\alpha, \\ c=\alpha\beta\gamma. \end{cases}$$

$$\therefore\quad a=\boldsymbol{\frac{3}{2}p},\qquad b=\boldsymbol{-1},\qquad c=\boldsymbol{-\frac{p+q}{2}}. \qquad \cdots(\textbf{答})$$

参考　3 次方程式の実数解の個数は，極値の有無と極値の積の符号に注目する! 3 次関数 $f(x)$ が極値をもつとき，

$$\begin{cases} \bullet\ (\text{極値の積})<0 \longrightarrow f(x)=0 \text{ の実数解は相異なる 3 つ}, \\ \bullet\ (\text{極値の積})=0 \longrightarrow f(x)=0 \text{ の実数解は相異なる 2 つ}, \\ \bullet\ (\text{極値の積})>0 \longrightarrow f(x)=0 \text{ の実数解はただ 1 つ} \end{cases}$$

と分類できる.

28 **方針**　指定された線分の本数から，(2) は“最短経路”でつなぐしかなく，(3) では“最短経路”+1 本となるしかない.

解説

(1) 縦の線分が $3(n+1)$ 本，横の線分が $4n$ 本あり，M は全部で $7n+3$ 本の線分を要素とする集合である．よって，M の相異なる m 本の要素の選び方は

$$_{7n+3}\mathrm{C}_m=\boldsymbol{\frac{(7n+3)!}{m!(7n-m+3)!}} \qquad \cdots(\textbf{答})$$

通りある.

(注意)　一般に，$_x\mathrm{C}_y=\dfrac{x!}{y!(x-y)!}$ である．「C」のまま答えてもよいであろう.

(2) 相異なる $(n+3)$ 本の M の要素を選ぶとき，点 $(0,\ 0)$ と点 $(n,\ 3)$ とがこれらの線分でつながるのは，次のような図において，O から A への

最短経路ができるような $n+3$ 本の線分を選ぶときである．

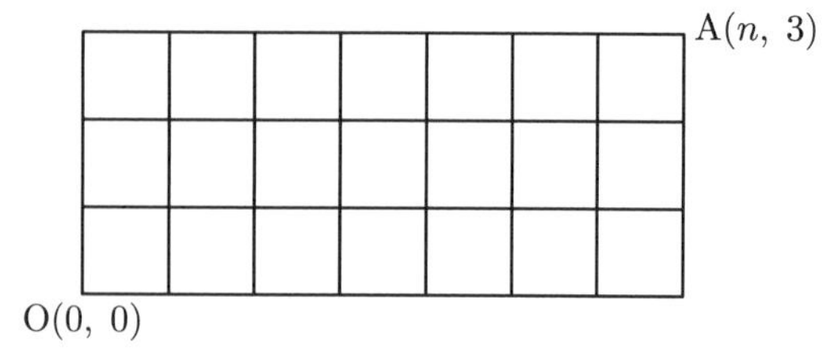

その場合は，${}_{n+3}\mathrm{C}_3$ 通りあるので，求める確率は

$$\frac{{}_{n+3}\mathrm{C}_3}{{}_{7n+3}\mathrm{C}_{n+3}}=\frac{(n+3)!}{3!\,n!}\cdot\frac{(n+3)!(6n)!}{(7n+3)!}=\boldsymbol{\frac{\{(n+3)!\}^2(6n-1)!}{(n-1)!(7n+3)!}}.$$

$\cdots$(**答**)

(3) 条件が成り立つのは，$n+3$ 本を (2) と同様に選び，残りの 1 本を

$$(7n+3)-(n+3)=6n$$

本から選ぶときである．よって，求める確率は

$$\frac{{}_{n+3}\mathrm{C}_3\cdot 6n}{{}_{7n+3}\mathrm{C}_{n+4}}=\frac{(n+3)!\cdot 6n}{3!\,n!}\cdot\frac{(n+4)!(6n-1)!}{(7n+3)!}=\boldsymbol{\frac{(n+3)!(n+4)!(6n-1)!}{(n-1)!(7n+3)!}}.$$

$\cdots$(**答**)

29 解説

(1) カードの取り出し方は全部で n^3 通りあり，これらは同様に確からしい．
このうち，$X=k$ となるのは，次の場合がある．

(I) $2 \leqq k \leqq n-1$ のとき．

(i) 3 個とも異なるとき，$(k-1)\cdot(n-k)\cdot 3!$ 通り．

(ii) 2 個が一致し，1 個が異なるとき，$3\cdot(n-1)$ 通り．

(iii) 3 個とも同じとき，1 通り．

(i)，(ii)，(iii) は互いに排反なので，

$$P(X=k)=\frac{(k-1)(n-k)\cdot 3!+3(n-1)+1}{n^3}$$

$$=\frac{1}{n^3}\left\{-6k^2+6(n+1)k-3n-2\right\}. \qquad \cdots(*)$$

(II) $k=1,\ n$ のとき．(I) における (ii)，(iii) の場合しか起こらないので，

$$P(X=k)=\frac{3(n-1)+1}{n^3}.$$

これは，$(*)$ において，$k=1,\ n$ とした値と一致する．

以上から，求める確率 $P(X=k)$ は

$$P(X=k)=\boldsymbol{\frac{1}{n^3}\left\{-6k^2+6(n+1)k-3n-2\right\}}. \qquad \cdots(\text{答})$$

(2) (1) より，

$$P(X=k)=-\frac{6}{n^3}\left\{\left(k-\frac{n+1}{2}\right)^2-\frac{(n+1)^2}{4}+\frac{3n+2}{6}\right\}.$$

よって，$P(X=k)$ が最大となる k の値は，

$$\begin{cases} n \text{ が奇数のとき，} k=\boldsymbol{\dfrac{n+1}{2}}, \\ n \text{ が偶数のとき，} k=\boldsymbol{\dfrac{n}{2},\ \dfrac{n}{2}+1}. \end{cases} \qquad \cdots(\text{答})$$

30 **方針**　3直線 AA'，BB'，CC' は三角形 ABC の内角の二等分線ゆえ，内心 I で交わることに注意して，円周角の定理を利用する．

解説

(1) 点 A' は弧 BC の中点であるので，

$$\angle BAA' = \angle A'AC$$

すなわち，AA' は $\angle BAC$ の二等分線である．同様に，BB' は $\angle ABC$ の二等分線であり，CC' は $\angle BCA$ の二等分線である．
これより，3直線 AA'，BB'，CC' は三角形 ABC の内心 I で交わる．

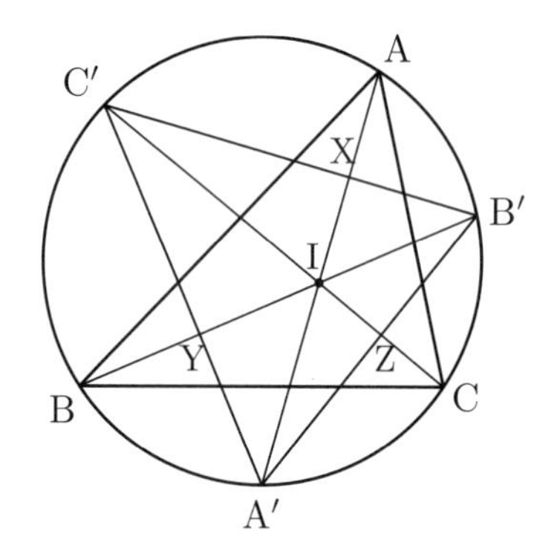

AA' と $B'C'$ の交点を X とする．(アルハゼンの定理により)$\angle AXB'$ は弧 AB' の円周角と弧 $A'C'$ の円周角の和であり，これは半円周に対する円周角と等しく

$$\angle AXB' = 90^\circ.$$

同様に，$BB' \perp C'A'$，$CC' \perp A'B'$ であるので，I は三角形 $\triangle A'B'C'$ の垂心である．■

(2) 点 P は点 X，点 Q は点 Y，点 R は点 Z と同一の点である．2つの直角三角形 AXC'，IXC' に着目すると，点 B' は弧 CA の中点より，$\angle AC'X = \angle IC'X$ であることから，$\triangle AXC' \equiv \triangle IXC'$ である．これより，$IX = \dfrac{1}{2}IA$ であることがわかる．同様に，$IY = \dfrac{1}{2}IB$，$IZ = \dfrac{1}{2}IC$ で

あるので，三角形 ABC と三角形 XYZ つまり三角形 PQR は点 I を相似の中心とした相似の位置にある． ■

参考　一般に，次のことがいえる．

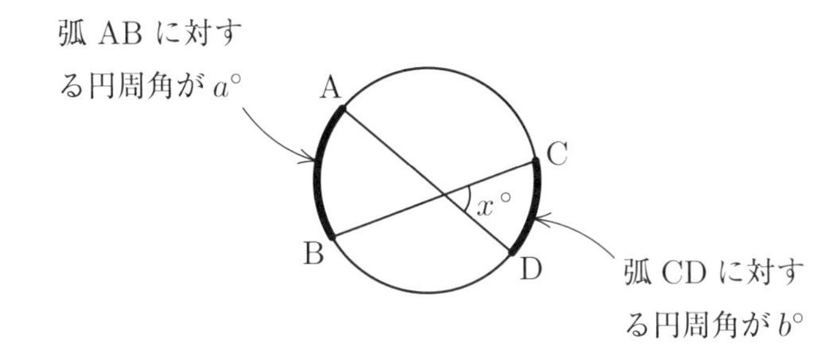

このとき，$\boldsymbol{x = a + b}$ が成り立つ．これを**アルハゼンの定理**という．このアルハゼンの定理は，“外角の定理” と円周角の定理を併用した定理になっている．円周角の大きさが円弧によって決定されることを認識することは大切であり，その習慣付けにもこのアルハゼンの定理は有効であろう．

31 **方針**　さいころの目の数の和で分けて考える．和の計算では対称性を利用した上手い計算により工夫する．

解説　6 人の出したさいころの目の数を順に X_1 , X_2 , $\cdots$, X_6 とし，これらの和を N とする．

ゲームが引き分けで終了するのは，上から N 枚には「あたり」が存在しなかった場合であるから，目の和が N であったとき引き分けで終わる条件付き確率は

$$\frac{53 - N}{53}$$

である．

N のとり得る値は 6 以上 36 以下の整数であるから，目の和が N となる確

率を P_N と表すと，求める確率 p は次式のように表せる．

$$p = \sum_{N=6}^{36} P_N \cdot \frac{53-N}{53} \ .$$

ここで，

X が 1 以上 6 以下の整数

であることと

$7-X$ が 1 以上 6 以下の整数

であることは同値であるから，6 人のさいころの目の出方

$$(X_1,\ X_2,\ X_3,\ X_4,\ X_5,\ X_6)$$

と

$$(7-X_1,\ 7-X_2,\ 7-X_3,\ 7-X_4,\ 7-X_5,\ 7-X_6)$$

は 1 対 1 に対応する．

$$\left(\begin{array}{ll} (X_1,\ X_2,\ X_3,\ X_4,\ X_5,\ X_6) = (1,\ 2,\ 4,\ 5,\ 6,\ 1) & \longleftarrow N=19 \\ \qquad\qquad\qquad\qquad\qquad \updownarrow \text{対応} & \\ (X_1,\ X_2,\ X_3,\ X_4,\ X_5,\ X_6) = (6,\ 5,\ 3,\ 2,\ 1,\ 6) & \longleftarrow N=23 \end{array}\right)$$

したがって，

$$P_N = P_{42-N}$$

であるから，

$$\begin{aligned} p &= \sum_{N=6}^{36} P_{42-N} \cdot \frac{53-N}{53} \\ &= \sum_{M=6}^{36} P_M \cdot \frac{53-(42-M)}{53} \\ &= \sum_{M=6}^{36} P_M \cdot \frac{11+M}{53}. \end{aligned}$$

よって，

$$2p = \sum_{N=6}^{36} P_N \cdot \left(\frac{53 - N}{53} + \frac{11 + N}{53} \right)$$

$$= \frac{64}{53} \underbrace{\sum_{N=6}^{36} P_N}_{\text{全確率 } 1} = \frac{64}{53}.$$

$$\therefore \quad p = \frac{\mathbf{32}}{\mathbf{53}}. \qquad \cdots (\textbf{答})$$

注意 確率変数の性質を利用すると，次のように計算できる．

$$p = \sum_{N=6}^{36} P_N \cdot \frac{53 - N}{53}$$

$$= \underbrace{\sum_{N=6}^{36} P_N}_{\text{全確率 } 1} - \sum_{N=6}^{36} \frac{NP_N}{53}$$

$$= 1 - \frac{1}{53} \sum_{N=6}^{36} NP_N.$$

ここで，$\displaystyle\sum_{N=6}^{36} NP_N$ は確率変数 N の期待値であること，すなわち，

$$\sum_{N=6}^{36} NP_N = E(N) = E(X_1 + X_2 + \cdots + X_6)$$

であることに注目し，和の期待値は期待値の和であることと，

$$E(X_i) = \frac{1 + 2 + 3 + 4 + 5 + 6}{6} = \frac{21}{6} \quad (i = 1,\ 2,\ \cdots,\ 6)$$

により，

$$E(X_1 + X_2 + \cdots + X_6) = E(X_1) + E(X_2) + \cdots + E(X_6) = 6 \times \frac{21}{6} = 21.$$

$$\therefore \quad p = 1 - \frac{21}{53} = \frac{\mathbf{32}}{\mathbf{53}}.$$

32 **方針**　(1) では有理数 α を $\alpha = \dfrac{q}{p}$ (p, q は互いに素な整数, $p > 0$) とおいて, $p = 1$ であることをいう. (2) では $\alpha \div n$ とした余りの世界で考える.

解説

(1) $\alpha = \dfrac{q}{p}$ (p, q は互いに素な整数, $p > 0$) とおくと, $f(\alpha) = 0$ より,

$$\frac{q^2}{p^2} + \frac{aq}{p} + b = 0.$$

$$\therefore \quad \frac{q^2}{p} = -(aq + bp).$$

これより, $\dfrac{q^2}{p}$ は整数であるが, p と q は互いに素なので, $p > 0$ より,

$$p = 1.$$

ゆえに, α は整数である.　■

(2) α を n で割ったときの商を q, 余りを r ($r = 0, 1, \cdots, n-1$) とすると,

$$\alpha = nq + r.$$

$f(\alpha) = 0$ より,

$$(nq + r)^2 + a(nq + r) + b = 0.$$

$$n^2q^2 + 2nqr + anq + r^2 + ar + b = 0.$$

$$f(r) = -n(nq^2 + 2qr + aq). \qquad \cdots (*)$$

r は 0, 1, 2, $\cdots$, $n-1$ のどれかに等しいから, $f(r)$ は $f(0)$, $f(1)$, $f(2)$, $\cdots$, $f(n-1)$ のどれかに等しく, $(*)$ により $f(r)$ は n で割り切れるから, $f(0)$, $f(1)$, $f(2)$, $\cdots$, $f(n-1)$ のうち少なくとも1つは n で割り切れる.　■

注意　(2) での証明を**合同式**を用いて記述すると次のようになる．

α を n で割った余りを r とすると，$\alpha \equiv r \pmod{n}$ であるから，整数係数の多項式 $f(x)$ に対して，$f(\alpha) \equiv f(r) \pmod{n}$ が成り立ち，$f(\alpha) = 0$ であることとあわせると，$f(r) \equiv 0 \pmod{n}$ である．つまり

「$f(0)$，$f(1)$，$f(2)$，$\cdots$，$f(n-1)$ のうち少なくとも 1 つは n で割り切れる」わけであるが，$f(\alpha \div n$ の余り$)$ がその条件を満たすものとしてとれる．

参考　一般に，整数係数の多項式 $f(x)$ に対して，その有理数解は存在するならば，

$$\frac{\text{定数項の約数}}{\text{最高次の係数の約数}}$$

の形に限られることが知られている (**有理数解定理**, Rational Root Theorem). (1) は最高次の係数が 1 である特別な場合になっており，その場合には，「有理数解をもてばそれは整数解である」ことになる．

33　**方針**　球の個数 n はわかっているが，記入された数字の開始番号が不明である．その開始番号を確定するためには番号が $n-1$ だけ離れた2球が出揃わなければならない．つまり，「X 回目に初めて a の値がわかる」とは，「番号が $n-1$ だけ離れた2球が出揃うのがちょうど X 回目である」ということである．

(1) では取り出した球を箱には戻さないので，有限回でこの操作は確実に終わるが，(2) では箱に戻すため，有限回でこの操作が終わるかどうかはわからない．したがって，(2) では**余事象**を考えざるを得ない．

解説

(1) a の値がわかるのは，a と $a+n-1$ が記された球を両方とも取り出したとき，つまり，記されている整数の差が $n-1$ となるような球を取り出したときである．

(i) a と $a+n-1$ の球が n 回目までのどの2回で取り出されるかは ${}_n\mathrm{C}_2$ 通りあり，これらは同様に確からしい．

$X=k$ となるのは，a と $a+n-1$ を取り出す2回が，1から $k-1$ 回目のいずれか1回と k 回目となる $k-1$ 通り ($k=1$ の場合も満たす).

よって，$X=k$ となる確率は，

$$\begin{cases} k=1,\ 2,\ \cdots,\ n \text{ のとき，} \dfrac{2(k-1)_{n-2}\mathrm{P}_{k-2}}{{}_n\mathrm{P}_k} = \boldsymbol{\dfrac{2(k-1)}{n(n-1)}}, \\ k \geqq n+1 \text{ のとき，} \mathbf{0}. \end{cases}$$

…(**答**)

(ii) X の期待値 $E(X)$ は

$$\begin{aligned}
E(X) &= \sum_{k=1}^{n} k \cdot \frac{2(k-1)}{n(n-1)} \\
&= \frac{2}{n(n-1)} \sum_{k=1}^{n} (k-1)k \\
&= \frac{2}{n(n-1)} \sum_{k=1}^{n} \frac{(k-1)k(k+1)-(k-2)(k-1)k}{3} \\
&= \frac{2}{n(n-1)} \cdot \frac{(n-1)n(n+1)}{3} \\
&= \boldsymbol{\frac{2}{3}(n+1)}. \qquad \cdots \text{(答)}
\end{aligned}$$

(2) 余事象，つまり，k 回目までに a の値がわからないのは，a が取り出されないか，または，$a+n-1$ が取り出されないときである．

k 回目までに a が取り出されない事象を A，k 回目までに $a+n-1$ が取り出されない事象を B とする．

事象 A の起こるのは毎回 a 以外の球が取り出される場合であるので，

$$P(A) = \left(\frac{n-1}{n}\right)^k.$$

同様に，

$$P(B) = \left(\frac{n-1}{n}\right)^k.$$

事象 A かつ事象 B がともに起こる事象 $A \cap B$ は，毎回 a と $a+n-1$ 以外の球が取り出される場合であるので，

$$P(A \cap B) = \left(\frac{n-2}{n}\right)^k.$$

したがって，求める確率は

$$\begin{aligned}
1 - P(A \cup B) &= 1 - \{P(A) + P(B) - P(A \cap B)\} \\
&= 1 - \left\{\left(\frac{n-1}{n}\right)^k + \left(\frac{n-1}{n}\right)^k - \left(\frac{n-2}{n}\right)^k\right\} \\
&= \boldsymbol{1 - 2\left(\frac{n-1}{n}\right)^k + \left(\frac{n-2}{n}\right)^k}. \qquad \cdots \text{(答)}
\end{aligned}$$

34 **方針**　(1) はベクトルの始点を O に統一すればよい．(2) は線分と面との交点をベクトルで表現する典型問題である．それぞれの図形上にあることからベクトルで立式し，一次独立なベクトルでの表現の一意性から係数を決定する．直線と平面の交点といってはおらず，線分と面の交点といっていることに少し留意しておく．(3) で線分 OB 上の点 R の位置 (内分比に対応) を，三角形 PQR が PQ を斜辺とする直角三角形となることにより決定する．この条件は $\angle\mathrm{PRQ} = 90^\circ$ と言い換えることができ，内積の計算で処理すればよい．

解説

(1) $3\overrightarrow{\mathrm{OP}} = 2\overrightarrow{\mathrm{AP}} + \overrightarrow{\mathrm{PB}}$ より，

$$3\overrightarrow{\mathrm{OP}} = 2\left(\overrightarrow{\mathrm{OP}} - \overrightarrow{\mathrm{OA}}\right) + \left(\overrightarrow{\mathrm{OB}} - \overrightarrow{\mathrm{OP}}\right).$$

$$2\overrightarrow{\mathrm{OP}} = -2\overrightarrow{\mathrm{OA}} + \overrightarrow{\mathrm{OB}}.$$

$$\therefore\quad \overrightarrow{\mathrm{OP}} = -\vec{\boldsymbol{a}} + \frac{\mathbf{1}}{\mathbf{2}}\vec{\boldsymbol{b}}. \qquad \cdots\text{(答)}$$

(2) まず，点 Q が線分 GP 上にあることから，$0 \leqq s \leqq 1$ を満たす実数 s により，

$$\overrightarrow{\mathrm{GQ}} = s\,\overrightarrow{\mathrm{GP}}$$

と表せる．これより，

$$\overrightarrow{\mathrm{OQ}} - \overrightarrow{\mathrm{OG}} = s\left(\overrightarrow{\mathrm{OP}} - \overrightarrow{\mathrm{OG}}\right).$$

$$\overrightarrow{\mathrm{OQ}} = s\,\overrightarrow{\mathrm{OP}} + (1-s)\overrightarrow{\mathrm{OG}}.$$

ここで，点 G は三角形 ABC の重心であることから，

$$\overrightarrow{\mathrm{OG}} = \frac{1}{3}\left(\overrightarrow{\mathrm{OA}} + \overrightarrow{\mathrm{OB}} + \overrightarrow{\mathrm{OC}}\right)$$

より，

$$\overrightarrow{\mathrm{OQ}} = s\left(-\vec{a} + \frac{1}{2}\vec{b}\right) + \frac{1-s}{3}\left(\vec{a} + \vec{b} + \vec{c}\right).$$

したがって，

$$\overrightarrow{\mathrm{OQ}} = \frac{1-4s}{3}\vec{a} + \frac{2+s}{6}\vec{b} + \frac{1-s}{3}\vec{c}. \qquad \cdots ①$$

一方，点 Q が面 OBC 上にあることから，$0 \leqq u$，$0 \leqq v$，$u+v \leqq 1$ を満たす実数 u, v により，

$$\overrightarrow{\mathrm{OQ}} = u\,\overrightarrow{\mathrm{OB}} + v\,\overrightarrow{\mathrm{OC}}$$

と表せる．これより，

$$\overrightarrow{\mathrm{OQ}} = u\,\vec{b} + v\,\vec{c}. \qquad \cdots ②$$

ここで，四面体 OABC が存在していることから，$\vec{a}$，$\vec{b}$，$\vec{c}$ は一次独立なので，①，②により，

$$\begin{cases} \dfrac{1-4s}{3} = 0, \\ \dfrac{2+s}{6} = u, \\ \dfrac{1-s}{3} = v. \end{cases}$$

これらより，

$$s = \frac{1}{4}, \quad u = \frac{3}{8}, \quad v = \frac{1}{4}.$$

これらは $0 \leqq s \leqq 1$，$0 \leqq u$，$0 \leqq v$，$u+v \leqq 1$ を確かに満たしている．

$$\therefore \quad \overrightarrow{\mathrm{OQ}} = \boldsymbol{\frac{3}{8}\vec{b} + \frac{1}{4}\vec{c}}. \qquad \cdots (\textbf{答})$$

(3) 点 R は線分 OB 上の点であるから，0 以上 1 以下の実数 t を用いて

$$\overrightarrow{\mathrm{OR}} = t\,\overrightarrow{\mathrm{OB}}$$

と表せる．

さらに，三角形 PQR が PQ を斜辺とする直角三角形になることから，$\angle \mathrm{PRQ} = 90^\circ$ となるので，$\overrightarrow{\mathrm{RP}} \cdot \overrightarrow{\mathrm{RQ}} = 0$ を満たす．

ここで，正四面体 OABC の一辺の長さを ℓ とすると，

$$\left|\overrightarrow{a}\right| = \left|\overrightarrow{b}\right| = \left|\overrightarrow{c}\right| = \ell, \quad \overrightarrow{a}\cdot\overrightarrow{b} = \overrightarrow{b}\cdot\overrightarrow{c} = \overrightarrow{c}\cdot\overrightarrow{a} = \ell\cdot\ell\cos 60^\circ = \frac{\ell^2}{2}$$

となるので，

$$\begin{aligned}\overrightarrow{\mathrm{RP}}\cdot\overrightarrow{\mathrm{RQ}} &= \left(\overrightarrow{\mathrm{OP}}-\overrightarrow{\mathrm{OR}}\right)\cdot\left(\overrightarrow{\mathrm{OQ}}-\overrightarrow{\mathrm{OR}}\right)\\ &= \left\{-\overrightarrow{a}+\left(\frac{1}{2}-t\right)\overrightarrow{b}\right\}\cdot\left\{\left(\frac{3}{8}-t\right)\overrightarrow{b}+\frac{1}{4}\overrightarrow{c}\right\}\\ &= \left\{\left(t-\frac{3}{8}\right)-\frac{1}{4}+\frac{1}{4}\left(\frac{1}{2}-t\right)\right\}\cdot\frac{\ell^2}{2}+\left(\frac{3}{8}-t\right)\left(\frac{1}{2}-t\right)\ell^2.\end{aligned}$$

これが 0 であることから，

$$\left\{\left(t-\frac{3}{8}\right)-\frac{1}{4}+\frac{1}{4}\left(\frac{1}{2}-t\right)\right\}+2\left(\frac{3}{8}-t\right)\left(\frac{1}{2}-t\right)=0.$$

$$16t^2-8t-1=0.$$

$0 \leqq t \leqq 1$ より，

$$t=\frac{1+\sqrt{2}}{4}.$$

$$\therefore\quad \frac{\mathrm{OR}}{\mathrm{OB}}=t=\boldsymbol{\frac{1+\sqrt{2}}{4}}. \qquad \cdots(\text{答})$$

注意　(1)，(2) では四面体 OABC が**正**四面体であることは用いていない．つまり，一般の四面体で同じ結論が成り立つ．

また，問題文では直線と平面の交点といってはいないが，線分と面の交点と捉えても同じことであることは図形的な状況からも明らかである．余り気にしなくてもよいであろう．

35

解説　x の小数部分を $\{x\}$ で表す．$0 \leqq \{x\} < 1$ である．

$\{x\}$ と $\dfrac{0}{n}$, $\dfrac{1}{n}$, $\cdots$, $\dfrac{n-1}{n}$, $\dfrac{n}{n}$ の各々との和を考えると，

$$\{x\} = \{x\} + \frac{0}{n} < \{x\} + \frac{1}{n} < \{x\} + \frac{2}{n} < \cdots < \{x\} + \frac{n-1}{n} < \{x\} + \frac{n}{n} = \{x\} + 1$$

であり，$\{x\} < 1 \leqq \{x\} + 1$ であるから，

$$\{x\} + \frac{i-1}{n} < 1 \leqq \{x\} + \frac{i}{n} \qquad \cdots(\dagger)$$

となる n 以下の自然数 i が存在する．

$$[x] = \left[x + \frac{1}{n}\right] = \cdots = \left[x + \frac{i-1}{n}\right], \qquad \left[x + \frac{i}{n}\right] = \cdots = \left[x + \frac{n-1}{n}\right] = [x] + 1$$

であるから，

$$\begin{aligned}\big((*)\text{ の右辺}\big) &= i\,[x] + (n-i)\,([x]+1) \qquad (\text{この式は，} i \leqq n-1 \text{ でも } i = n \text{ でも正しい}) \\ &= n\,[x] + n - i \\ &= n\big(x - \{x\}\big) + n - i \\ &= \underbrace{nx + n - i - n\{x\}}_{y\text{ とおく}}.\end{aligned}$$

$(\dagger)$ により，

$$n\{x\} + i - 1 < n \leqq n\{x\} + i$$

であるので，

$$0 \leqq n\{x\} - n + i < 1$$

が成り立つ．これより，

$$0 \leqq nx - y < 1.$$

$$\therefore\ \ y \leqq nx < y + 1.$$

y は整数であるから，

$$[nx] = y$$

であることがいえ，証明が完了する．　■

参考　この等式は**エルミート** (**Hermite**) **の等式**とよばれている．

注意　次のように示すこともできる．

関数 $f(x)$ を

$$f(x) = [\,x\,] + \left[x + \frac{1}{n}\right] + \left[x + \frac{2}{n}\right] + \cdots + \left[x + \frac{n-1}{n}\right] - [\,nx\,]$$

により定めると，任意の実数 x に対して $f(x) = 0$ であることを示せばよい．ここで，

$$\begin{aligned} f\left(x+\frac{1}{n}\right) &= \left[x+\frac{1}{n}\right] + \left[x+\frac{2}{n}\right] + \cdots + \left[x+\frac{n-1}{n}\right] + \left[x+\frac{n}{n}\right] - \left[n\left(x+\frac{1}{n}\right)\right] \\ &= \left[x + \frac{1}{n}\right] + \left[x + \frac{2}{n}\right] + \cdots + \left[x + \frac{n-1}{n}\right] + [x+1] - [\,nx+1\,] \\ &= [\,x\,] + \left[x+\frac{1}{n}\right] + \left[x+\frac{2}{n}\right] + \cdots + \left[x+\frac{n-1}{n}\right] + 1 - ([\,nx\,]+1) \\ &= f(x) \end{aligned}$$

に注目すると，$\dfrac{1}{n}$ は $f(x)$ の周期である．

したがって，$0 \leqq x < \dfrac{1}{n}$ で考えると，$j = 0,\ 1,\ \cdots,\ n-1$ に対して，

$$\left[x + \frac{j}{n}\right] = 0.$$

よって，

$$f(x) = 0 \quad \left(0 \leqq x < \frac{1}{n}\right).$$

したがって，すべての実数 x に対して $f(x) = 0$ であることがいえ，

$$[\,nx\,] = [\,x\,] + \left[x + \frac{1}{n}\right] + \left[x + \frac{2}{n}\right] + \cdots + \left[x + \frac{n-1}{n}\right]$$

の成立が示された．　■

36 **方針** 「存在しないこと」を示したいので，背理法を用いる．多項式では，因数定理が使えるような多項式 (つまり，「$=0$」の解がわかるような多項式) を補助的に定めて活用することが多く，本問もその方法が有効である．

解説 $f(x)-5=g(x)$ とおくと，$g(a)=g(b)=g(c)=g(d)=0$.

$$g(x)=(x-a)(x-b)(x-c)(x-d)Q(x)$$

とかくと，$Q(x)$ は整数係数の多項式である．ここで，もし $f(k)=8$ となる整数 k は存在したとすると，$g(k)=3$ となる．

$$3=g(k)=(k-a)(k-b)(k-c)(k-d)Q(k).$$

ここで，a,b,c,d は相異なる整数なので，$(k-a)$，$(k-b)$，$(k-c)$，$(k-d)$ は相異なる整数である一方，かけて 3 となる相異なる整数は 1，3，-1，-3 のうちの多くても 3 種類の数のはずであり，必ず重複してしまう！ よって，矛盾．■

37 2 つのさいころの目の和が 7 となるので，

$$\{1,\ 6\},\quad \{2,\ 5\},\quad \{3,\ 4\}. \qquad \cdots(*)$$

n 個のさいころを投げたとき，**何種類の目が出るかで分類**して，出た目のどの 2 つの和も 7 にならない場合の数を考える．

(i) 1 種類だけの目が出るとき．

6 通り．

(ii) ちょうど 2 種類の目が出るとき．これら 2 種類の目は $(*)$ の 3 組以外であることが条件であるから，${}_6\mathrm{C}_2-3=12$ 通り．よって，n 個の目の出方は，

$$12\left(2^n-2\right) \text{ 通り}.$$

(iii) ちょうど 3 種類の目が出るとき．$(*)$ の組合せを含まないから，3 種類の目の組合せは，$2^3=8$ 通り．($(*)$ のそれぞれの組から 1 つずつとってくる．)

具体的にすべて書き出すと,

$$\{1,\ 2,\ 3\},\quad \{1,\ 2,\ 4\},\quad \{1,\ 5,\ 3\},\quad \{1,\ 5,\ 4\},$$
$$\{6,\ 2,\ 3\},\quad \{6,\ 2,\ 4\},\quad \{6,\ 5,\ 3\},\quad \{6,\ 5,\ 4\}.$$

よって, n 個の目の出方は,

$$8\cdot\left\{3^n - {}_3\mathrm{C}_2(2^n-2)-3\right\} = 8(3^n - 3\cdot 2^n + 3)\ \text{通り}.$$

(iv) 4種類以上の目が出るとき. その4種類以上の目のなかに, $(*)$ の3つの組の少なくとも1組の目がすべて含まれる (pigeonhole principle). よって, このとき必ずどれか2つの目の和は7になる.

以上 (i)~ (iv) より, 出た目のどの2つの和も7にならない場合は,

$$6+12(2^n-2)+8(3^n-3\cdot 2^n+3) = 8\cdot 3^n - 3\cdot 2^{n+2}+6\ \text{通り}.$$

よって, 求める確率は,

$$\boldsymbol{\frac{8\cdot 3^n - 3\cdot 2^{n+2}+6}{6^n}}. \qquad \cdots(\textbf{答})$$

38 **方針**　(1) では平面上の1次独立な2つのベクトル $\overrightarrow{\mathrm{CA}}=\vec{a}$, $\overrightarrow{\mathrm{CB}}=\vec{b}$ を用いて与式を変形する．(2) では A，B，C の“対称性”を保って考える．

解説

(1) $\overrightarrow{\mathrm{CA}}=\vec{a}$, $\overrightarrow{\mathrm{CB}}=\vec{b}$ とおくと，これらは1次独立であり，

$$\begin{aligned}\vec{p}&=(\overrightarrow{\mathrm{AB}}\cdot\overrightarrow{\mathrm{BC}})\overrightarrow{\mathrm{CA}}+(\overrightarrow{\mathrm{BC}}\cdot\overrightarrow{\mathrm{CA}})\overrightarrow{\mathrm{AB}}+(\overrightarrow{\mathrm{CA}}\cdot\overrightarrow{\mathrm{AB}})\overrightarrow{\mathrm{BC}}\\&=\left\{\left(\vec{b}-\vec{a}\right)\cdot\left(-\vec{b}\right)\right\}\vec{a}+\left\{\left(-\vec{b}\right)\cdot\vec{a}\right\}\left(\vec{b}-\vec{a}\right)+\left\{\vec{a}\cdot\left(\vec{b}-\vec{a}\right)\right\}\left(-\vec{b}\right)\\&=\left(2\vec{a}\cdot\vec{b}-\left|\vec{b}\right|^2\right)\vec{a}+\left(\left|\vec{a}\right|^2-2\vec{a}\cdot\vec{b}\right)\vec{b}.\end{aligned}$$

$\vec{p}=\vec{0}$ となるのは，

$$2\vec{a}\cdot\vec{b}-\left|\vec{b}\right|^2=0 \qquad \text{かつ} \qquad \left|\vec{a}\right|^2-2\vec{a}\cdot\vec{b}=0$$

が成り立つときである．これより，$\left|\vec{a}\right|=\left|\vec{b}\right|$ であり，

$$2\vec{a}\cdot\vec{b}=2\left|\vec{a}\right|\cdot\left|\vec{a}\right|\cos\left(\angle\mathrm{ACB}\right)$$

が $\left|\vec{a}\right|^2$ と等しいことから，

$$\cos\left(\angle\mathrm{ACB}\right)=\frac{1}{2} \qquad \text{より} \qquad \angle\mathrm{ACB}=60^\circ.$$

よって，三角形 ABC は**正三角形**である．　…(**答**)

(2) $A=\angle\mathrm{CAB}$, $B=\angle\mathrm{ABC}$, $C=\angle\mathrm{BCA}$, $a=\mathrm{BC}$, $b=\mathrm{CA}$, $c=\mathrm{AB}$ とおくと，

$$\overrightarrow{\mathrm{AB}}\cdot\overrightarrow{\mathrm{BC}}=ca\cos(\pi-B)=-ca\cos B,$$

$$\overrightarrow{\mathrm{BC}}\cdot\overrightarrow{\mathrm{CA}}=ab\cos(\pi-C)=-ab\cos C,$$

$$\overrightarrow{\mathrm{CA}}\cdot\overrightarrow{\mathrm{AB}}=bc\cos(\pi-A)=-bc\cos A$$

と表されるので，

$$\begin{aligned}
\left|\overrightarrow{p}\right|^2 &= \left|(\overrightarrow{\mathrm{AB}}\cdot\overrightarrow{\mathrm{BC}})\overrightarrow{\mathrm{CA}}+(\overrightarrow{\mathrm{BC}}\cdot\overrightarrow{\mathrm{CA}})\overrightarrow{\mathrm{AB}}+(\overrightarrow{\mathrm{CA}}\cdot\overrightarrow{\mathrm{AB}})\overrightarrow{\mathrm{BC}}\right|^2\\
&= \left|-ca\cos B\,\overrightarrow{\mathrm{CA}}-ab\cos C\,\overrightarrow{\mathrm{AB}}-bc\cos A\,\overrightarrow{\mathrm{BC}}\right|^2\\
&= \left|ca\cos B\,\overrightarrow{\mathrm{CA}}+ab\cos C\,\overrightarrow{\mathrm{AB}}+bc\cos A\,\overrightarrow{\mathrm{BC}}\right|^2\\
&= c^2a^2\cos^2 Bb^2+a^2b^2\cos^2 Cc^2+b^2c^2\cos^2 Aa^2+2a^2bc\cos B\cos C\,\overbrace{\overrightarrow{\mathrm{CA}}\cdot\overrightarrow{\mathrm{AB}}}^{-bc\cos A}\\
&\quad +2ab^2c\cos C\cos A\,\underbrace{\overrightarrow{\mathrm{AB}}\cdot\overrightarrow{\mathrm{BC}}}_{-ca\cos B}+2abc^2\cos A\cos B\,\underbrace{\overrightarrow{\mathrm{BC}}\cdot\overrightarrow{\mathrm{CA}}}_{-ab\cos C}\\
&= a^2b^2c^2\left(\cos^2 A+\cos^2 B+\cos^2 C-6\cos A\cos B\cos C\right).
\end{aligned}$$

ここで，$A+B+C=\pi$ により，

$$\begin{aligned}
\cos^2 A+\cos^2 B+\cos^2 C &= \cos^2 A+\cos^2 B+\cos^2\{\pi-(A+B)\}\\
&= \cos^2 A+\cos^2 B+\cos^2(A+B)\\
&= \cos^2 A+\cos^2 B+(\cos A\cos B-\sin A\sin B)^2\\
&= \cos^2 A+\cos^2 B+\cos^2 A\cos^2 B\\
&\quad -2\cos A\cos B\sin A\sin B+\sin^2 A\sin^2 B\\
&= \cos^2 A+\cos^2 B+\cos^2 A\cos^2 B\\
&\quad -2\cos A\cos B\sin A\sin B+(1-\cos^2 A)(1-\cos^2 B)\\
&= 1+2\cos^2 A\cos^2 B-2\cos A\cos B\sin A\sin B\\
&= 1+2\cos A\cos B(\cos A\cos B-\sin A\sin B)\\
&= 1+2\cos A\cos B\cos(A+B)\\
&= 1-2\cos A\cos B\cos C
\end{aligned}$$

であるから，

$$\left|\overrightarrow{p}\right|^2=a^2b^2c^2(1-8\cos A\cos B\cos C).$$

したがって，

$$\left(\left|\overrightarrow{\mathrm{AB}}\right|\left|\overrightarrow{\mathrm{BC}}\right|\left|\overrightarrow{\mathrm{CA}}\right|\right)^2-\left|\overrightarrow{p}\right|^2=8a^2b^2c^2\cos A\cos B\cos C.$$

三角形において鈍角は高々 1 つであるので，$\cos A$，$\cos B$，$\cos C$ のうち二つ以上が負になることはないので，

$$\begin{aligned}\text{三角形 ABC が鋭角三角形} &\iff \cos A > 0\ ,\ \cos B > 0\ ,\ \cos C > 0 \\ &\iff \cos A \cos B \cos C > 0 \\ &\iff \left|\overrightarrow{p}\right|^2 < \left(\left|\overrightarrow{\mathrm{AB}}\right|\left|\overrightarrow{\mathrm{BC}}\right|\left|\overrightarrow{\mathrm{CA}}\right|\right)^2 \\ &\iff \left|\overrightarrow{p}\right| < \left|\overrightarrow{\mathrm{AB}}\right|\left|\overrightarrow{\mathrm{BC}}\right|\left|\overrightarrow{\mathrm{CA}}\right|.\end{aligned}$$

■

39 **方針**　平方数を 3 で割った余りや 4 で割った余りに注目する．

解説

(1) 正の整数 n は，整数 k を用いて

$$n = 3k-1,\quad 3k,\quad 3k+1$$

のいずれかの形で表すことができ，

$$\begin{cases} n = 3k \pm 1 \quad \Longrightarrow \quad n^2 = 3(3k^2 \pm 2k) + 1, \\ n = 3k \quad\quad\ \Longrightarrow \quad n^2 = 3 \cdot 3k^2. \end{cases}$$

さて，d が 3 の倍数でないとき，

$$d^2 = 3d' + 1 \quad (d'\text{は整数})$$

と表せる．

(i) a，b，c のすべてが 3 の倍数のとき，

$$a^2 = 3a',\quad b^2 = 3b',\quad c^2 = 3c' \quad (a',\ b',\ c'\text{は整数})$$

であり，

$$a^2 + b^2 + c^2 = 3(a' + b' + c') \neq d^2.$$

(ii) a，b，c の中に 3 の倍数がただ 1 つだけあるとき，a だけが 3 の倍数であるとして考えても一般性を失わない．このとき，

$$a^2 = 3a',\quad b^2 = 3b' + 1,\quad c^2 = 3c' + 1 \quad (a',\ b',\ c'\text{は整数})$$

であり，

$$a^2+b^2+c^2=3(a'+b'+c')+2\neq d^2.$$

(iii) a も b も c も 3 の倍数でないとき，

$$a^2=3a'+1,\quad b^2=3b'+1,\quad c^2=3c'+1\quad (a',\ b',\ c'\text{は整数})$$

であり，

$$a^2+b^2+c^2=3(a'+b'+c'+1)\neq d^2.$$

したがって，$a^2+b^2+c^2=d^2$ が成り立ち，d が 3 の倍数ではないならば，(i)，(ii)，(iii) 以外の場合であり，

$a,\ b,\ c$ の中に 3 の倍数がちょうど 2 つある．■

(2) 正の整数 n は，整数 ℓ を用いて

$$n=2\ell-1,\quad 2\ell$$

のいずれかの形で表すことができ，

$$\begin{cases} n=2\ell-1 & \Longrightarrow \quad n^2=4(\ell^2-\ell)+1, \\ n=2\ell & \Longrightarrow \quad n^2=4\ell^2. \end{cases}$$

さて，d が 2 の倍数でないとき，

$$d^2=4d''+1\quad (d''\text{は整数})$$

と表せる．

(i) $a,\ b,\ c$ のすべてが 2 の倍数のとき，$a'',\ b'',\ c''$ を整数として，

$$a^2+b^2+c^2=4(a''+b''+c'')\neq d^2.$$

(ii) $a,\ b,\ c$ の中に 2 の倍数がただ 1 つだけあるとき，$a'',\ b'',\ c''$ を整数として，

$$a^2+b^2+c^2=4(a''+b''+c'')+2\neq d^2.$$

(iii) a も b も c も 2 の倍数でないとき，a'', b'', c'' を整数として，

$$a^2 + b^2 + c^2 = 4(a'' + b'' + c'') + 3 \neq d^2.$$

したがって，$a^2 + b^2 + c^2 = d^2$ が成り立ち，d が 2 の倍数ではないならば，(i)，(ii)，(iii) 以外の場合であり，a，b，c の中に 2 の倍数がちょうど 2 つある．

このことと (1) をあわせると，a，b，c のうち少なくとも 1 つは，3 の倍数かつ 2 の倍数，すなわち，6 の倍数である． ■

注意 (2) の別解として次のような方法もある．

正の整数 n が 6 の倍数ではないとき，

$$n = 6k + r \quad (k \text{ は整数},\ r = \pm 1,\ \pm 2,\ 3)$$

の形で表すことができ，

$$\begin{cases} n = 6k \pm 1 & \Longrightarrow \quad n^2 = 12(3k^2 \pm k) + 1, \\ n = 6k \pm 2 & \Longrightarrow \quad n^2 = 12(3k^2 \pm 2k) + 4, \\ n = 6k + 3 & \Longrightarrow \quad n^2 = 12(3k^2 + 3k) + 9. \end{cases}$$

さて，d が 2 の倍数でも 3 の倍数でもないとき，

$$d = 6K + 1 \quad (K \text{ は整数})$$

と表されるから，

$$d^2 = 12D + 1 \quad (D \text{ は整数}).$$

また，(1) により，a，b，c の中に 3 の倍数がちょうど 2 つあるが，それが a と b であるとして考えても一般性を失わず，このとき，a も b も c も 6 の倍数でないと仮定すると，

$$\begin{cases} a = 6A + 3, \quad b = 6B + 3, \\ c = 6C \pm 1 \text{ または } 6C \pm 2 \end{cases} \quad (A,\ B,\ C \text{ は整数})$$

と表され，

$$\begin{cases} a^2 = 12A' + 9, \quad b^2 = 12B' + 9, \\ c^2 = 12C' + 1 \text{ または } 12C' \pm 4 \end{cases} \quad (A',\ B',\ C' \text{は整数})$$

となる．よって，

$a^2+b^2+c^2=12(A'+B'+C'+1)+7$ または $12(A'+B'+C'+1)+10$

となり，いずれにしても

$$a^2+b^2+c^2 \neq d^2$$

であり，$a^2+b^2+c^2=d^2$ が成り立つことに矛盾する．
　したがって，

a, b, c のうち少なくとも 1 つは 6 の倍数である．

参考　平方数については，次のことを覚えておくとよい．

3 で割って 2 余る平方数は存在しない!

4 で割って 2 や 3 余る平方数は存在しない!

　また，整数問題の背景を楽しく学べる名著として，次の書籍を紹介しておく．

清水健一著『大学入試問題で語る数論の世界』2011 年，講談社ブルーバックス

40 **方針**　AQ = AR，BP = BR，CP = CQ に注意．あとはベクトルによる計算を実行する．

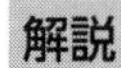

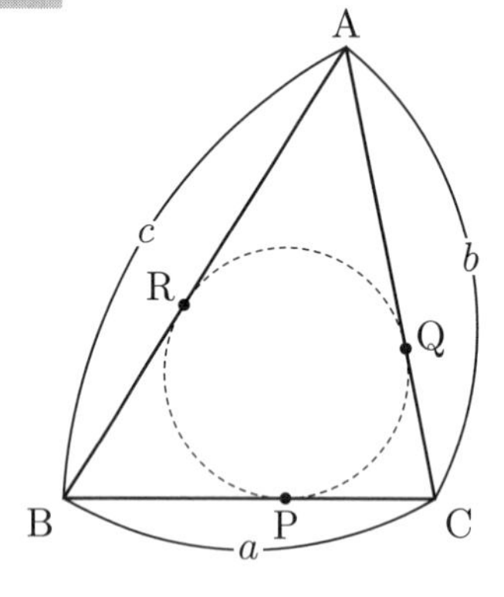

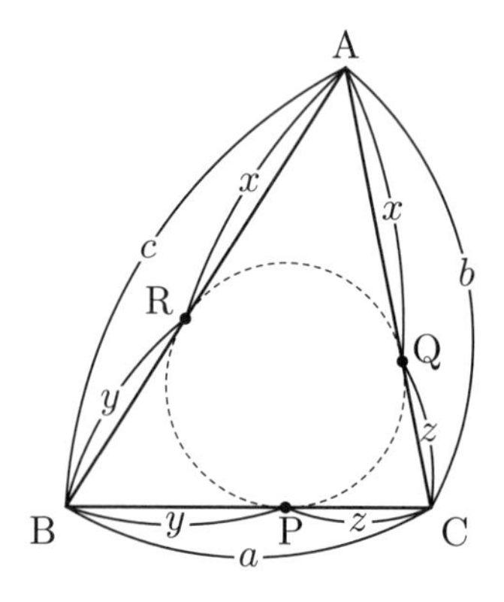

(1) $\mathrm{AQ} = \mathrm{AR} = x, \quad \mathrm{BP} = \mathrm{BR} = y, \quad \mathrm{CP} = \mathrm{CQ} = z$ とおくと,

$$\mathrm{AB} = x + y = c, \quad \mathrm{BC} = y + z = a, \quad \mathrm{CA} = z + x = b.$$

したがって，これら 3 式を辺々加えて,

$$2(x + y + z) = a + b + c.$$

$$\therefore \quad x + y + z = \frac{a + b + c}{2} \ (= s \text{ とおく }).$$

よって,

$$\mathrm{AR} = x = s - (y + z) = \frac{a + b + c}{2} - a = \frac{a + b + c - 2a}{2}. \qquad \blacksquare$$

(2) (1) の続きとして，$x = \dfrac{-a + b + c}{2}$ であり,

$$y = s - (x + z) = \frac{a + b + c}{2} - b = \frac{a - b + c}{2},$$

$$z = s - (x + y) = \frac{a + b + c}{2} - c = \frac{a + b - c}{2}.$$

$y : z = (a - b + c) : (a + b - c)$ に BC を内分する点が P より,

$$\overrightarrow{\mathrm{BP}} = \frac{y}{a}\overrightarrow{\mathrm{BC}} = \frac{\frac{a-b+c}{2}}{a}\overrightarrow{\mathrm{BC}} = \boldsymbol{\frac{a - b + c}{2a}\left(\overrightarrow{\mathrm{AC}} - \overrightarrow{\mathrm{AB}}\right)}. \qquad \cdots (\textbf{答})$$

(3) ならば三角形 ABC は正三角形であることを示す.

$$\overrightarrow{\mathrm{AQ}} = \frac{x}{b}\overrightarrow{\mathrm{AC}},$$

$$\overrightarrow{\mathrm{AR}} = \frac{x}{c}\overrightarrow{\mathrm{AB}},$$

$$\overrightarrow{\mathrm{BP}} = \frac{y}{a}\overrightarrow{\mathrm{BC}} = \frac{y}{a}\left(\overrightarrow{\mathrm{AC}} - \overrightarrow{\mathrm{AB}}\right),$$

$$\overrightarrow{\mathrm{BR}} = -\frac{y}{c}\overrightarrow{\mathrm{AB}},$$

$$\overrightarrow{\mathrm{CP}} = \frac{z}{a}\overrightarrow{\mathrm{CB}} = \frac{z}{a}\left(\overrightarrow{\mathrm{AB}} - \overrightarrow{\mathrm{AC}}\right),$$

$$\overrightarrow{\mathrm{CQ}} = -\frac{z}{b}\overrightarrow{\mathrm{AC}}$$

であるから，条件 $\overrightarrow{\mathrm{AQ}} + \overrightarrow{\mathrm{AR}} + \overrightarrow{\mathrm{BP}} + \overrightarrow{\mathrm{BR}} + \overrightarrow{\mathrm{CP}} + \overrightarrow{\mathrm{CQ}} = \overrightarrow{0}$ は，

$$\frac{x}{b}\overrightarrow{\mathrm{AC}}+\frac{x}{c}\overrightarrow{\mathrm{AB}}+\frac{y}{a}\left(\overrightarrow{\mathrm{AC}}-\overrightarrow{\mathrm{AB}}\right)-\frac{y}{c}\overrightarrow{\mathrm{AB}}+\frac{z}{a}\left(\overrightarrow{\mathrm{AB}}-\overrightarrow{\mathrm{AC}}\right)-\frac{z}{b}\overrightarrow{\mathrm{AC}}=\overrightarrow{0}.$$

$$\therefore \quad \left(\frac{x-y}{c}+\frac{z-y}{a}\right)\overrightarrow{\mathrm{AB}}+\left(\frac{y-z}{a}+\frac{x-z}{b}\right)\overrightarrow{\mathrm{AC}}=\overrightarrow{0}.$$

$\overrightarrow{\mathrm{AB}}$ と $\overrightarrow{\mathrm{AC}}$ は平面上の一次独立なベクトルであるから，

$$\frac{x-y}{c}+\frac{z-y}{a}=0 \qquad \text{かつ} \qquad \frac{y-z}{a}+\frac{x-z}{b}=0.$$

$$\therefore \quad a(x-y)+c(z-y)=0 \quad \text{かつ} \quad b(y-z)+a(x-z)=0.$$

ここで，$x-y=-a+b$，$y-z=-b+c$，$x-z=-a+c$ であるから，

$$a(b-a)+c(b-c)=0 \quad \cdots ① \qquad \text{かつ} \qquad b(c-b)+a(c-a)=0 \quad \cdots ②$$

が成り立つ．

これより，① − ② から得られる

$$a(b-a)+c(b-c)+b(b-c)-a(c-a)=0$$

が成り立つ．

$$\therefore \quad a\underline{(b-c)}+\underline{(b-c)}(b+c)=0.$$

$$\therefore \quad \underline{(b-c)}(a+b+c)=0.$$

$a+b+c>0$ より，$b-c=0$ すなわち $b=c$ がいえた．

① と併せて，$a=b$ もいえ，$a=b=c$ つまり三角形 ABC は正三角形である．　■

参考　3線分 AP，BQ，CR は交わる．この交点は Gergonne 点と呼ばれる．

41 **方針**　(2), (3), (4) では「どちらかの色の球が袋の中になくなるまで順に 1 球ずつ取り出す」という設定は「どちらかの色の球が袋の中からなくなると操作をやめなければならない」ことを示唆しているが，それを無視して，10 個すべての球を取り出し，最後にどの段階で本当は終了していたかを考えると，すべてのパターンが同様に確からしく考察できるメリットがある．

いくつか赤，白の並びのパターンを書いてみると次のようになる．

	1	2	3	4	5	6	7	8	9	10
パターン 1	赤	赤	白	白	白	白	白	白	白	白
パターン 2	白	白	赤	白	白	白	赤	白	白	白
パターン 3	白	赤	白	白	白	白	白	赤	白	白
パターン 4	白	赤	白	白	白	白	白	白	白	赤
パターン 5	白	白	白	白	赤	白	赤	白	白	白

全パターンを書き出すと，${}_{10}\mathrm{C}_2 = \dfrac{10 \cdot 9}{2 \cdot 1} = 45$ 通り出てくることになり，この 45 通りは同様に確からしい．

パターン 1 では実際は 2 回目で，パターン 2 では実際は 7 回目で，パターン 3 では実際は 8 回目で，パターン 4 では実際は 9 回目で，パターン 5 では実際は 7 回目で終了していることになる．

解説

(1) 全 10 球を一列に並べた 45 パターンのうち，取り出された球が 5 個となるのは，赤 2 個が左から 5 番目ともう 1 個が 1 ～ 4 番目のいずれかにくる 4 通りあるので，求める確率は

$$\mathbf{\frac{4}{45}}. \qquad \cdots(\text{答})$$

(2) 袋の中に球が 1 個だけ残る確率はこれら 10 個の球を横一列に並べたとき，右端の 2 個の並びが「白赤」か「赤白」となる確率であり，その確率は

$$\frac{2 \times {}_8\mathrm{C}_1}{45} = \mathbf{\frac{16}{45}}. \qquad \cdots(\text{答})$$

(3) 袋の中に球が 2 個だけ残る確率はこれら 10 個の球を横一列に並べたとき，右端の 3 個の並びが「白赤赤」か「赤白白」となる確率であり，その確率は

$$\frac{1+{}_7\mathrm{C}_1}{45}=\boldsymbol{\frac{8}{45}}. \qquad \cdots(\textbf{答})$$

(4) 袋の中に球が 1 個だけ残っているのは，10 個の球を横一列に並べたとき，右端の 2 個の並びが「白赤」か「赤白」となる場合に対応しており，さらにはじめに赤球を取り出していたのは左端が「赤」の場合に対応しているので，求める条件付き確率は

$$\boldsymbol{\frac{1}{8}}. \qquad \cdots(\textbf{答})$$

注意　(4) での条件付き確率では，右端の 2 個が赤球と白球 1 個ずつからなる条件下で考えており (それが袋の中に球が 1 個だけ残っている状況を意味している)，その条件下で左端の球が赤球である確率を計算すればよく，1 ～ 8 の位置のうち 1 の位置に赤球がくる確率として $\frac{1}{8}$ と求めることができる.

参考　終了するのが何回目になるのかは次の確率分布に従う.

X 回目に終了	1	2	3	4	5	6	7	8	9	10
確率	0	$\frac{1}{45}$	$\frac{2}{45}$	$\frac{3}{45}$	$\frac{4}{45}$	$\frac{5}{45}$	$\frac{6}{45}$	$\frac{8}{45}$	$\frac{16}{45}$	0

42 **方針** (1), (2) はベクトルの内積で計算を進める．(3) は幾何でもベクトルでも解ける．

解説 $\overrightarrow{\mathrm{OA}}=\vec{a}$, $\overrightarrow{\mathrm{OB}}=\vec{b}$, $\overrightarrow{\mathrm{OC}}=\vec{c}$ とおく．

(1) 条件 OA $=$ AB より，

$$\left|\vec{a}\right|^2=\left|\vec{b}-\vec{a}\right|^2.$$

これより，

$$\left|\vec{a}\right|^2=\left|\vec{a}\right|^2+\left|\vec{b}\right|^2-2\vec{a}\cdot\vec{b}.$$

$$\therefore\quad \left|\vec{b}\right|^2=2\vec{a}\cdot\vec{b}.$$

また，同様に，条件 OC $=$ CB により，

$$\left|\vec{b}\right|^2=2\vec{c}\cdot\vec{b}.$$

これらより，

$$\overrightarrow{\mathrm{OB}}\cdot\overrightarrow{\mathrm{AC}}=\vec{b}\cdot\left(\vec{c}-\vec{a}\right)=\vec{b}\cdot\vec{c}-\vec{a}\cdot\vec{b}=\frac{\left|\vec{b}\right|^2}{2}-\frac{\left|\vec{b}\right|^2}{2}=0.$$

$\overrightarrow{\mathrm{OB}}\neq\vec{0}$, $\overrightarrow{\mathrm{AC}}\neq\vec{0}$ により，OB$\perp$AC が示された． ■

(2) OA$\perp$BC より，

$$\vec{a}\cdot\left(\vec{c}-\vec{b}\right)=0.$$

$$\therefore\quad \vec{a}\cdot\vec{b}=\vec{a}\cdot\vec{c}.$$

(1) での計算から $\vec{a}\cdot\vec{b}=\vec{c}\cdot\vec{b}$ であったので，結局，

$$\vec{a}\cdot\vec{b}=\vec{b}\cdot\vec{c}=\vec{c}\cdot\vec{a}$$

であることがわかる．すると，

$$
\begin{aligned}
&(\mathrm{OA}^2+\mathrm{BC}^2)-(\mathrm{OB}^2+\mathrm{AC}^2)\\
&=\left|\vec{a}\right|^2+\left|\vec{c}-\vec{b}\right|^2-\vec{b}^2-\left|\vec{c}-\vec{a}\right|^2\\
&=\left|\vec{a}\right|^2+\left|\vec{c}\right|^2-2\vec{b}\cdot\vec{c}+\left|\vec{b}\right|^2-\left|\vec{b}\right|^2-\left|\vec{c}\right|^2+2\vec{c}\cdot\vec{a}-\left|\vec{a}\right|^2\\
&=2\left(\vec{c}\cdot\vec{a}-\vec{b}\cdot\vec{c}\right)=0.
\end{aligned}
$$

よって，$\mathrm{OA}^2+\mathrm{BC}^2=\mathrm{OB}^2+\mathrm{AC}^2$ が成り立つ． ■

(3) 条件から，$\mathrm{OA}=\mathrm{AB}=\mathrm{OB}=6$，$\mathrm{BC}=\mathrm{OC}=5$ であり，(2) で示したことにより，$\mathrm{AC}=5$ とわかる．したがって，三角形 ABC は $\mathrm{CA}=\mathrm{CB}$ の二等辺三角形である．M を辺 AB の中点とすると，$\mathrm{AM}=\mathrm{BM}=3$ であり，$\mathrm{CM}=4$ である．

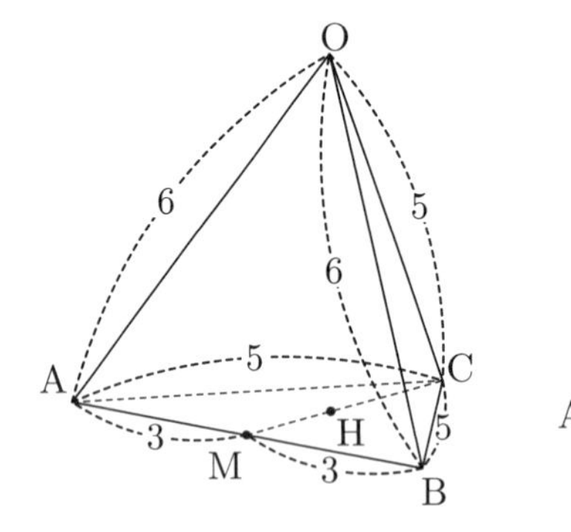

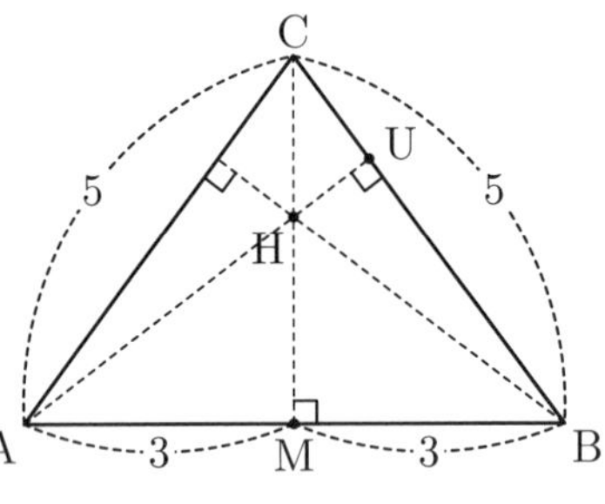

A から BC に下ろした垂線の足を U とすると，

$$\mathrm{BU}=\mathrm{AB}\cos(\angle\mathrm{CBM})=6\times\frac{3}{5}=\frac{18}{5}$$

より，

$$\mathrm{CU}=5-\frac{18}{5}=\frac{7}{5}$$

とわかり，

$$\frac{\mathrm{CU}}{\mathrm{CH}}=\cos(\angle\mathrm{BCM})=\frac{4}{5}$$

ゆえ，

$$\mathrm{CH}=\frac{7}{5}\times\frac{5}{4}=\frac{7}{4}.$$

点 O から平面 ABC に下ろした垂線の足を T とすると，T は直線 CM にある．ここで，

$$\mathrm{OM} = \mathrm{OA}\sin(\angle\mathrm{OAM}) = 6 \times \frac{\sqrt{3}}{2} = 3\sqrt{3}$$

ゆえ，三角形 OMC で余弦定理を用いて，

$$\cos(\angle\mathrm{OCM}) = \frac{5^2 + 4^2 - (3\sqrt{3})^2}{2 \cdot 5 \cdot 4} = \frac{7}{20} > 0$$

なので，T は線分 CM 上にあり，

$$\mathrm{CT} = \mathrm{OC}\cos(\angle\mathrm{OCM}) = 5 \times \frac{7}{20} = \frac{7}{4}.$$

よって，T は H と同一の点であり，直角三角形 OCH で三平方の定理から，

$$\mathrm{OH} = \sqrt{\mathrm{OC}^2 - \mathrm{CH}^2} = \sqrt{5^2 - \left(\frac{7}{4}\right)^2} = \frac{\mathbf{3\sqrt{39}}}{\mathbf{4}}. \qquad \cdots(\textbf{答})$$

注意　(1) は証明をみてもわかるように，OA = AB と BC = OC から従い，OA⊥BC という条件は不要である．この条件は (2) ではじめて効いてくる．(3) で H が点 O から平面 ABC に下ろした垂線の足でもあることを用いずに機械的に OH の長さを計算するなら，

$$\vec{a} \cdot \vec{b} = 6 \times 6 \times \cos 60^\circ = 18 = \vec{b} \cdot \vec{c} = \vec{c} \cdot \vec{a},$$

$$\overrightarrow{\mathrm{OH}} = \frac{7\overrightarrow{\mathrm{OM}} + 9\overrightarrow{\mathrm{OC}}}{16} = \frac{7\vec{a} + 7\vec{b} + 18\vec{c}}{32}$$

により，

$$\left|\overrightarrow{\mathrm{OH}}\right|^2 = \frac{1}{32^2}\left|7\vec{a} + 7\vec{b} + 18\vec{c}\right|^2 = \cdots\cdots\cdots = \frac{351}{16}$$

と計算することになる．

43 **方針**　(1) 内心が内角の二等分線の交点であることに注目し，r と x, y, z を繋げることを考える．内接円と三角形の接点をとれば，内心と接点を結ぶと辺と直交することから，直角三角形が見出せ，図形的な考察ができる．外接円の半径の情報も反映させるために，正弦定理も適用する．

(2) は $\angle A + \angle B + \angle C = 180^\circ$ であることから，$x + y + z = 90^\circ$ であることに注意して，(1) の等式を和積公式で変形する．

解説

(1)

$$\angle A + \angle B + \angle C = 2x + 2y + 2z = 2(x + y + z) = 180^\circ$$

であることから，$x + y + z = 90^\circ$ であり，x，y，z は鋭角である．三角形 ABC の内心を I とし，I から辺 BC，CA，AB に下ろした垂線の足をそれぞれ P，Q，R とする．

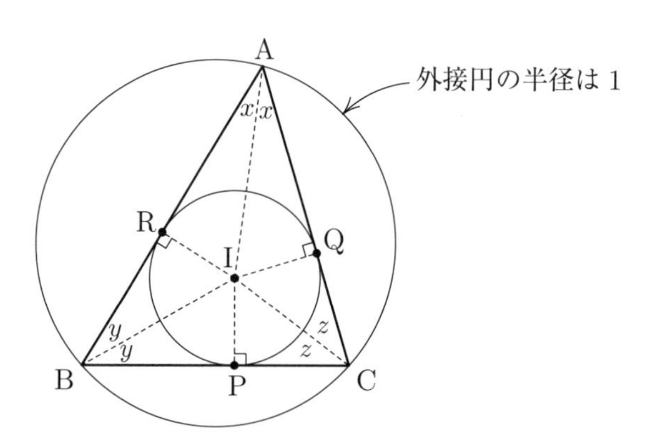

直角三角形 IBP に注目して，

$$BP = \frac{IP}{\tan y} = \frac{r}{\tan y}.$$

同様に，直角三角形 ICP に注目して，

$$CP = \frac{IP}{\tan z} = \frac{r}{\tan z}.$$

これらより,

$$\begin{aligned}\mathrm{BC}&=\mathrm{BP}+\mathrm{CP}\\&=\frac{r}{\tan y}+\frac{r}{\tan z}\\&=r\cdot\frac{\cos y\sin z+\cos z\sin y}{\sin y\sin z}\\&=r\cdot\frac{\sin(y+z)}{\sin y\sin z}\\&=r\cdot\frac{\cos x}{\sin y\sin z}.\end{aligned}$$

加法定理

$y+z=90°-x$

さらに,正弦定理から,

$$\frac{\mathrm{BC}}{\sin 2x}=2\cdot 1 \qquad \text{より} \qquad \mathrm{BC}=2\sin 2x$$

であるので,

$$2\sin 2x=r\cdot\frac{\cos x}{\sin y\sin z}.$$

$$4\sin x\cos x=r\cdot\frac{\cos x}{\sin y\sin z}.$$

これより,

$$r=4\sin x\sin y\sin z$$

が成り立つ. ■

(2) 三角関数の積を和・差に変換する公式

$$\sin y\sin z=\frac{\cos(y-z)-\cos(y+z)}{2}$$

を用いると,(1) より,

$$\begin{aligned}r&=4\sin x\cdot\frac{\cos(y-z)-\cos(y+z)}{2}\\&=2\sin x\{\cos(y-z)-\cos(y+z)\}\\&=2\sin x\{\cos(y-z)-\sin x\}.\end{aligned}$$

x を固定すると，$r = \underbrace{2\sin x}_{\text{正}} \cdot \cos(y-z) - 2\sin^2 x$ は $y = z$ のときに最大となる．なぜなら，$y = z$ のときに $\cos(y-z)$ が最大となるからである．

x を固定するごとに，$y = z$ のとき (つまり，三角形 ABC が $\angle \mathrm{B} = \angle \mathrm{C}$ の二等辺三角形のとき) に r は最大値 $2\sin x(1-\sin x)$ をとるので，次に x を変化させたときにこの最大値を調べよう．

$$2\sin x(1-\sin x) = -2\left(\sin x - \frac{1}{2}\right)^2 + \frac{1}{2}$$

より，$\sin x = \dfrac{1}{2}$ のとき，つまり，$x = 30°$ のときに $2\sin x(1-\sin x)$ は最大値 $\dfrac{1}{2}$ をとる．このとき，$\angle \mathrm{A} = 60°$ である．

したがって，r は $\angle \mathrm{A} = 60°$ かつ $\angle \mathrm{B} = \angle \mathrm{C}$ のとき，すなわち，三角形 ABC が正三角形であるときに，最大値 $\boldsymbol{\dfrac{1}{2}}$ をとる．　…(**答**)

注意　式変形の過程で

$$\alpha + \beta = 90° \quad \Longrightarrow \quad \sin\alpha = \cos\beta$$

を用いた．また，$\tan\alpha$，$\tan\beta$ が存在するとき，

$$\alpha + \beta = 90° \quad \Longrightarrow \quad \tan\alpha\tan\beta = 1$$

が成り立つことも知っておくとよい．これについては，次のパズル的な問題 (同志社大の過去問) で印象に強く残るようにしてもらいたい．

$$\tan 1° \times \tan 2° \times \tan 3° \times \cdots \times \tan 44° \times \tan 45° \times \tan 46° \times \cdots \times \tan 87° \times \tan 88° \times \tan 89°$$

の値はいくらか？

答　1.

参考　一般に，三角形の外接円の半径を R，内接円の半径を r，外心を O，内心を I とするとき，

$$\left|\overrightarrow{\mathrm{OI}}\right|^2 = R(R-2r)$$

が成り立つ．これを**オイラー・チャップルの定理**（Chapple (1746 年)，Euler (1765 年)）という．
このオイラー・チャップルの定理から，$R \geqq 2r$ が成り立つことがわかる．これは**オイラーの不等式**とよばれている．オイラーの不等式での等号成立は，O と I が一致するときであることがわかり，これは三角形が正三角形となるときであることがわかる．本問は，このことを三角関数によって調べる主題の問題であった．

オイラーの不等式については次のような別証が有名である．

証明 1　$\triangle\mathrm{ABC} = S$ とおくと，正弦定理より，$S = \dfrac{abc}{4R}$.
一方，$s = \dfrac{a+b+c}{2}$ とおくと，$S = sr$ であることから，

$$\frac{r}{R} = \frac{\dfrac{S}{s}}{\dfrac{abc}{4S}} = \frac{4S^2}{sabc} = \frac{4(s-a)(s-b)(s-c)}{abc}.$$

また，

$$\begin{cases} a = (s-b)+(s-c) \geqq 2\sqrt{(s-b)\cdot(s-c)}, \\ b = (s-a)+(s-c) \geqq 2\sqrt{(s-a)\cdot(s-c)}, \\ c = (s-a)+(s-b) \geqq 2\sqrt{(s-a)\cdot(s-b)} \end{cases}$$

の辺々をかけて

$$abc \geqq 8\sqrt{(s-a)^2(s-b)^2(s-c)^2}.$$

$$\therefore abc \geqq 8(s-a)(s-b)(s-c).$$

したがって，

$$4\cdot\frac{(s-a)(s-b)(s-c)}{abc} \leqq \frac{1}{2}.$$ ■

証明 2　内心が内角の二等分線であることから，

$$\frac{r}{\tan\dfrac{B}{2}} + \frac{r}{\tan\dfrac{C}{2}} = 2R\sin A.$$

これより，

$$
\begin{aligned}
\frac{r}{R} &= \frac{2\sin A}{\dfrac{1}{\tan\dfrac{B}{2}} + \dfrac{1}{\tan\dfrac{C}{2}}} = \frac{2\sin A}{\dfrac{\cos\dfrac{B}{2}}{\sin\dfrac{B}{2}} + \dfrac{\cos\dfrac{C}{2}}{\sin\dfrac{C}{2}}} \\
&= \frac{2\sin A}{\dfrac{\sin\dfrac{B+C}{2}}{\sin\dfrac{B}{2}\sin\dfrac{C}{2}}} \\
&= 2\sin A \cdot \frac{\sin\dfrac{B}{2} \cdot \sin\dfrac{C}{2}}{\cos\dfrac{A}{2}} \\
&= 4\sin\frac{A}{2} \cdot \sin\frac{B}{2} \cdot \sin\frac{C}{2} \\
&= 2\sin\frac{A}{2}\left(-\sin\frac{A}{2} + \cos\frac{B+C}{2}\right) \\
&\leqq 2\sin\frac{A}{2}\left(1 - \sin\frac{A}{2}\right) = 2\sin\frac{A}{2}\left(1 - \sin\frac{A}{2}\right) \\
&= -2\sin\frac{A}{2}^{2} + 2\sin\frac{A}{2} = -2\left(\sin\frac{A}{2} - \frac{1}{2}\right)^{2} + \frac{1}{2} \leqq \frac{1}{2}.
\end{aligned}
$$

■

44 **方針**　求める自然数を n とすると，$n+1$ が素数の 2 乗の形の平方数であることがわかる．それをもとに絞り込んでいく．

解説　求める自然数を n とすると，$n+1$ の正の約数がちょうど 3 個であることから，$n+1$ はある素数 p を用いて，

$$n+1=p^2$$

と表せる．これより，

$$n=p^2-1=(p-1)(p+1).$$

ここで，$p=2$ とすると，$n=3$ となるが，3 の正の約数は 1 と 3 の 2 つだけなので条件を満たさない．

これより，$p \geqq 3$ であり，1，$p-1$，$p+1$，n の 4 数は少なくとも n の正の約数になっている．

- $p=3$ のとき，$n=8$ であり，8 の正の約数は 1，2，4，8 のちょうど 4 個で条件を満たす．
- $p \geqq 5$ のとき，n は偶数であるから，n は 2 も約数にもち，1，2，$p-1$，$p+1$，n の 5 個は少なくとも n の正の約数となり，条件を満たさない．

よって，求める自然数は

8 のみ．　$\cdots$(**答**)

45 解説

(1) AP : AB = AQ : AC より PQ と BC は平行である．
また，FR : FD = FS : FE より SR と ED は平行である．BC と ED は平行であるので，PQ と SR が平行であることがいえ，それゆえ，4 点 P，Q，R，S は同一平面上にある．■

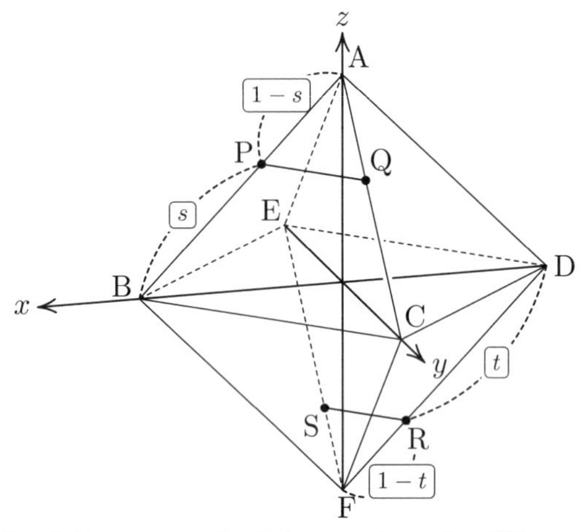

(2) $P(1-s,\ 0,\ s)$，$Q(0,\ 1-s,\ s)$，$R(t-1,\ 0,\ -t)$，$S(0,\ t-1,\ -t)$ であり，$L\left(\dfrac{1-s}{2},\ \dfrac{1-s}{2},\ s\right)$，$M\left(\dfrac{t-1}{2},\ \dfrac{t-1}{2},\ -t\right)$ であるので，$\overrightarrow{LM}=\left(\dfrac{s+t-2}{2},\ \dfrac{s+t-2}{2},\ -s-t\right)$ である．ここで，$s+t=k$ とおくと，k は $0<k<2$ を動き，

$$\left|\overrightarrow{LM}\right|^2=\frac{3}{2}\left(k-\frac{2}{3}\right)^2+\frac{4}{3}$$

により，$k=\dfrac{2}{3}$ のときに LM が最小となる．よって，$s+t=\dfrac{2}{3}$ のときの LM の長さが m であり，

$$m=\boldsymbol{\frac{2}{\sqrt{3}}}. \qquad \cdots\textbf{(答)}$$

(3) 切り口と BE，CD の交点をそれぞれ U，V とする．また，(2) で定めた L，M について，LM と UV との交点を W とする．2 つの四角形

PUVQ，SRVU はともに等脚台形であることから，LM と UV は W で直交することがわかる．直線 PQ は $z=s$ にあり，直線 SR は $z=-t$ にあることに注意すると，W は LM を $s:t$ に内分する位置にあることがわかる．

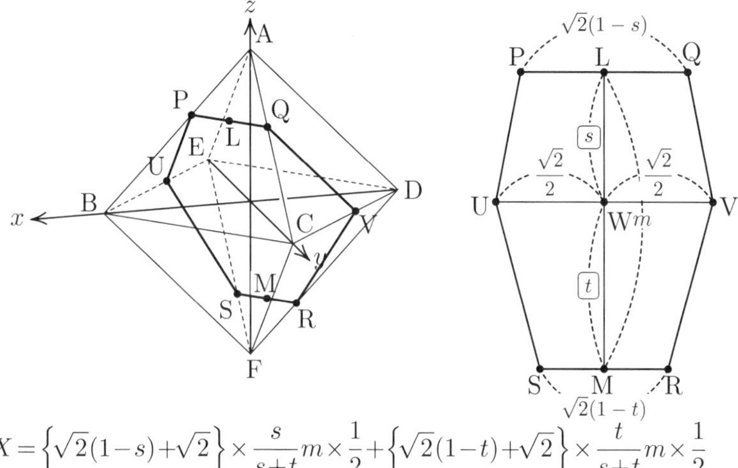

$$X=\underbrace{\left\{\sqrt{2}(1-s)+\sqrt{2}\right\}\times\frac{s}{s+t}m\times\frac{1}{2}}_{\text{等脚台形 PUVQ の面積}}+\underbrace{\left\{\sqrt{2}(1-t)+\sqrt{2}\right\}\times\frac{t}{s+t}m\times\frac{1}{2}}_{\text{等脚台形 USRVの面積}}$$

$$=\left(\left\{\sqrt{2}(1-s)+\sqrt{2}\right\}s+\left\{\sqrt{2}(1-t)+\sqrt{2}\right\}t\right)\times\frac{m}{2(s+t)}$$

$$=\{(2-s)s+(2-t)t\}\times\frac{m}{\sqrt{2}(s+t)}=\left\{2(s+t)-(s+t)^2+2st\right\}\times\frac{m}{\sqrt{2}(s+t)}.$$

ここで，$m=\frac{2}{\sqrt{3}}$，$s+t=\frac{2}{3}$ に注意すると，X が最大となるのは st が最大のときであり，相加平均と相乗平均の大小関係による

$$\left(\frac{s+t}{2}\right)\geqq\left(\sqrt{st}\right)^2 \quad \text{つまり} \quad \frac{1}{9}\geqq st$$

の成立と，この等号が $s=t=\frac{1}{3}$ のときに成立することから，st は最大値 $\frac{1}{9}$ をとる (この議論は $st=s\left(\frac{2}{3}-s\right)$ として s の 2 次関数で考えてもよい) ので，X は $s=t=\boldsymbol{\frac{1}{3}}$ のときに最大値 $\boldsymbol{\frac{5}{9}\sqrt{6}}$ をとる．　$\cdots$(**答**)

46 **方針**　(1) は $\cos(a_n + a_{n+1}) = \cos a_n$, $\sin a_n \neq 0$ から示すことができる.

$\cos(a_n + a_{n+1}) - \cos a_n = 0$ の左辺を和差積公式で変形する. $\{a_n\}$ が等差数列であるという条件は使わない. (2) は (1) と $\{a_n\}$ が等差数列であることを用いる.

解説

(1) 差を積に変換する公式により,

$$\cos(a_n + a_{n+1}) - \cos a_n = -2\sin\left(a_n + \frac{1}{2}a_{n+1}\right)\sin\frac{a_{n+1}}{2}$$

と変形できるので, 条件式から,

$$\sin\left(a_n + \frac{1}{2}a_{n+1}\right)\sin\frac{a_{n+1}}{2}.$$

ここで,

$$\sin a_{n+1} = 2\sin\frac{a_{n+1}}{2}\cos\frac{a_{n+1}}{2} \neq 0$$

により, $\sin\dfrac{a_{n+1}}{2} \neq 0$ であるから,

$$\sin\left(a_n + \frac{1}{2}a_{n+1}\right) = 0$$

であることがわかる. これより, すべての自然数 n に対して, $a_n + \dfrac{1}{2}a_{n+1}$ は π の整数倍であることがいえ, すべての自然数 n に対して, $2a_n + a_{n+1}$ は 2π の整数倍である. ■

(2) $\{a_n\}$ は公差 θ の等差数列であることから,

$$a_n = a_1 + (n-1)\theta.$$

これより,

$$2a_1 + a_2 = 3a_1 + \theta, \qquad 2a_2 + a_3 = 3a_1 + 4\theta$$

であり，$0 < a_1 < \pi$，$0 < \theta < \pi$ より，

$$0 < 2a_1 + a_2 = 3a_1 + \theta < 4\pi$$

であることに注意すると，(1) より，

$$3a_1 + \theta = 2\pi$$

とわかる．これより，

$$2a_2 + a_3 = 3a_1 + 4\theta = 2\pi + 3\theta$$

も 2π の整数倍であり，$0 < \theta < \pi$ であることから，

$$\theta = \frac{2}{3}\pi.$$

ゆえに，

$$a_1 = \frac{2\pi - \theta}{3} = \frac{4}{9}\pi$$

となり，$2a_n + a_{n+1} = 2n\pi$ となり適する．

$$a_1 = \boldsymbol{\frac{4}{9}\pi}, \qquad \theta = \boldsymbol{\frac{2}{3}\pi}. \qquad \cdots\textbf{(答)}$$

47 **方針**　$\tan(\alpha+\beta)$ を $\tan\alpha$，$\tan\beta$ と関連付けるには，加法定理くらいしか思いつかないので，とりあえず加法定理を適用して様子を見てみる．

解説　$\dfrac{1}{\tan\alpha}=x$，$\dfrac{1}{\tan\beta}=y$，$\dfrac{1}{\tan(\alpha+\beta)}=z$ とおく．条件から，x，y は正の整数であり，条件 (ii) から z も正の整数であることがわかり，z，x，y がこの順に等差数列をなすことから，この公差を d とおくと，

$$x-z=y-x=d$$

より

$$x=z+d,\quad y=z+2d \qquad \cdots(*)$$

が成り立つ．また，正接の加法定理から，

$$\begin{aligned}\frac{1}{z}=\tan(\alpha+\beta)&=\frac{\tan\alpha+\tan\beta}{1-\tan\alpha\tan\beta}\\&=\frac{\dfrac{1}{x}+\dfrac{1}{y}}{1-\dfrac{1}{x}\cdot\dfrac{1}{y}}\\&=\frac{x+y}{xy-1}\end{aligned}$$

より，

$$z(x+y)=xy-1.$$

これに $(*)$ を代入して，

$$z(2z+3d)=(z+d)(z+2d)-1.$$

$$2d^2-z^2=1.$$

ここで，条件 (i) により，z は

$$1\leqq z\leqq 10$$

を満たす整数であることから，整数の組 $(z,\ d)$ は

$$(z,\ d)=(1,\ 1),\ (7,\ 5).$$

ゆえに,

$$(\tan\alpha,\ \tan\beta)=\left(\frac{\mathbf{1}}{\mathbf{2}},\ \frac{\mathbf{1}}{\mathbf{3}}\right),\ \left(\frac{\mathbf{1}}{\mathbf{12}},\ \frac{\mathbf{1}}{\mathbf{17}}\right). \quad \cdots(\text{答})$$

参考 不定方程式 $x^2-dy^2=\pm1$ (d は平方数でない自然数) は**ペル方程式**と呼ばれている.

48 **解説**

(1) 与えられた漸化式から,

$$|a_m|+a_{m+1}=m.$$

$a_m \leqq |a_m|$ であるので,

$$a_m+a_{m+1}\leqq m$$

が成り立つ. ■

(2) (1) より,

$$a_{2k-1}+a_{2k}\leqq 2k-1 \quad (k=1,\ 2,\ 3,\ \cdots)$$

が成り立つ. これより,

$$\sum_{n=1}^{100}a_n=\sum_{k=1}^{50}(a_{2k-1}+a_{2k})\leqq\sum_{k=1}^{50}(2k-1)=2500. \quad ■$$

(3) $a_3\geqq 0$ であるとき, $n=3,\ 4,\ 5,\ \cdots$ に対して

$$0\leqq a_n\leqq n-1 \quad \cdots(*)$$

が成り立つことを数学的帰納法によって示す.

(i) $a_3\geqq 0$ と漸化式により

$$a_3=2-|a_2|\leqq 2.$$

ゆえに $0\leqq a_3\leqq 2$ が成り立ち, $(*)$ は $n=3$ のときには成り立つ.

(ii) $0 \leqq a_k \leqq k-1 \ (k \geqq 3)$ の成立を仮定すると

$$a_{k+1} = k - |a_k| = k - a_k.$$

ここで，$0 \leqq a_k \leqq k-1$ であることから，

$$k-(k-1) \leqq k - a_k \leqq k$$

が成り立つ．これより，

$$1 \leqq k - a_k \leqq k.$$

$$\therefore \ 1 \leqq a_{k+1} \leqq (k+1)-1.$$

よって，$n=k+1$ のときにも $(*)$ は成り立つ．

(i)，(ii) により，$a_3 \geqq 0$ ならば $0 \leqq a_n \leqq n-1 \ (n = 3,\ 4,\ 5,\ \cdots)$ が成り立つことが示された．■

(4) (1) で等号が成り立つのは $a_m \geqq 0$ のときなので，(2) の不等式で等号が成り立つのは

$$a_{2k-1} \geqq 0 \quad (k = 1,\ 2,\ \cdots,\ 50)$$

のとき．

よって，$\displaystyle\sum_{n=1}^{100} a_n = 2500$ が成り立つためには，$a_1 \geqq 0$ かつ $a_3 \geqq 0$ が必要だが，(3) により，これは十分でもある．

ゆえに，$a_1 \geqq 0$ が必要で，このとき，

$$a_2 = 1 - |\,a_1\,| = 1 - a_1.$$

よって，

$$a_3 = 2 - |\,a_2\,| = 2 - |1 - a_1| \geqq 0$$

より

$$|1 - a_1| \leqq 2.$$

$a_1 \geqq 0$ より，

$$0 \leqq a_1 \leqq 3.$$

したがって，求める a の条件は

$$\boldsymbol{0 \leqq a \leqq 3}. \qquad \cdots(\textbf{答})$$

49

方針　(1) では a, b, c についての恒等式となる条件を考える．(2) では (1) をうまく活用する．

解説

(1)

$$\int_0^1 f(x)\,dx = \int_0^1 (x^3+ax^2+bx+c)dx = \left[\frac{1}{4}x^4+\frac{a}{3}x^3+\frac{b}{2}x^2+cx\right]_0^1 = \frac{1}{4}+\frac{1}{3}a+\frac{1}{2}b+c.$$

一方,

$$pf(0)+qf(k)+r = pc+q(k^3+ak^2+bk+c)+r = (qk^3+r)+qk^2a+qkb+(p+q)c.$$

a, b, c の値によらず

$$\int_0^1 f(x)\,dx = pf(0)+qf(k)+r$$

つまり

$$\frac{1}{4}+\frac{1}{3}a+\frac{1}{2}b+c = (qk^3+r)+qk^2a+qkb+(p+q)c$$

が成り立つような定数 p, q, r, k の条件は

$$\begin{cases} \dfrac{1}{4} = qk^3+r, & \cdots ① \\ \dfrac{1}{3} = qk^2, & \cdots ② \\ \dfrac{1}{2} = qk, & \cdots ③ \\ 1 = p+q. & \cdots ④ \end{cases}$$

②，③より，

$$k = \frac{2}{3}, \quad q = \frac{3}{4}.$$

これと①，④より，

$$p = \frac{1}{4}, \quad r = \frac{1}{36}.$$

以上により，

$$p = \mathbf{\frac{1}{4}}, \quad q = \mathbf{\frac{3}{4}}, \quad r = \mathbf{\frac{1}{36}}, \quad k = \mathbf{\frac{2}{3}}. \qquad \cdots \textbf{(答)}$$

(2) (1) により，任意の実数 a，b，c に対して

$$\int_0^1 f(x)\,dx = \frac{1}{4}f(0) + \frac{3}{4}f\left(\frac{2}{3}\right) + \frac{1}{36}$$

が成り立つ．

いま考えている $f(x)$ は $0 \leqq x \leqq 1$ でつねに $f(x) \geqq 0$ を満たすことから，$f(0)$ も $\frac{3}{4}f\left(\frac{2}{3}\right)$ も 0 以上の値であるので，$\int_0^1 f(x)\,dx \geqq \frac{1}{36}$ であることをふまえて，$\int_0^1 f(x)\,dx = \frac{1}{36}$ を満たす $f(x)$ があるかどうかを調べよう．

(どうあがいても，$\int_0^1 f(x)\,dx < \frac{1}{36}$ とできないことが (1) からわかるので，$\int_0^1 f(x)\,dx = \frac{1}{36}$ となる場合があるのかを調べ，達成できれば，それを実現した $f(x)$ が $\int_0^1 f(x)\,dx$ の最小値を与える $f(x)$ であり，$\int_0^1 f(x)\,dx$ の最小値は $\frac{1}{36}$ ということになる．)

$\int_0^1 f(x)\,dx = \frac{1}{36}$ となるのは，

$$\frac{1}{4}f(0) + \frac{3}{4}f\left(\frac{2}{3}\right) = 0 \qquad \cdots ⑤$$

が成り立つときである．

$$0 \leqq x \leqq 1 \text{ においてつねに } f(x) \geqq 0 \qquad \cdots (*)$$

ならば,

$$f(0) \geqq 0 \quad \text{かつ} \quad f\left(\frac{2}{3}\right) \geqq 0$$

である.

したがって,⑤が成り立つのは,

$$f(0) = 0 \quad \text{かつ} \quad f\left(\frac{2}{3}\right) = 0$$

のときである.さらに,$(*)$ のもとで $f\left(\frac{2}{3}\right) = 0$ となるなら,$f(x)$ は $x = \frac{2}{3}$ において極小となる (つまり,$\frac{2}{3}$ に十分近い $x \quad \left(\neq \frac{2}{3}\right)$ で $f(x) > 0$,$f\left(\frac{2}{3}\right) = 0$ となる) ので,

$$f(x) = x\left(x - \frac{2}{3}\right)^2 = \boldsymbol{x^3 - \frac{4}{3}x^2 + \frac{4}{9}x}. \qquad \cdots (\textbf{答})$$

注意 (2) は,(1) をもとに次のような $f(x)$ をイメージしてもらいたい.

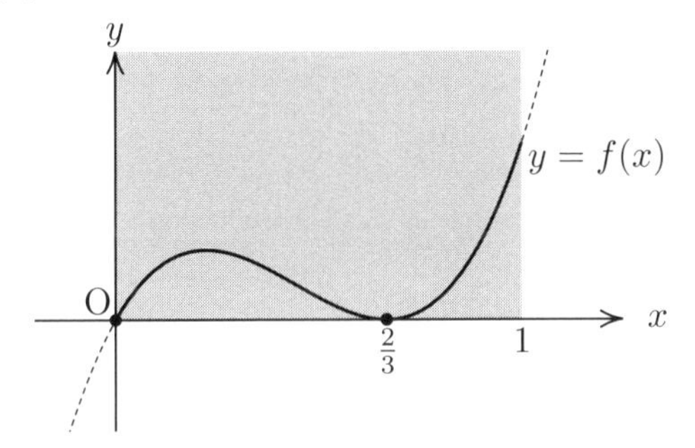

なお,本問の (2) を (1) なしで解こうとするとなかなかの難問であろう.ノーヒント版を問題文として掲載しておく.

問題 (ノーヒント ver.)　最高次の係数が 1 である実数係数の 3 次式 $f(x)$ で

$$0 \leqq x \leqq 1 \text{ においてつねに } f(x) \geqq 0$$

を満たすもののうち，$\displaystyle\int_0^1 f(x)\,dx$ を最小とするものを求めよ．

(1) で求めた k の値は次のように分析することができる．$0 \leqq x \leqq 1$ で常に $f(x) \geqq 0$ であることから，

$$f(0) = c \geqq 0. \tag{†}$$

また，1 以下の任意の正の実数 l に対して

$$f(l) = l^3 + al^2 + bl + c \geqq 0$$

であるが，

$$\int_0^1 f(x)\,dx = \int_0^1 (x^3 + ax^2 + bx + c)dx = \frac{1}{4} + \frac{1}{3}a + \frac{1}{2}b + c$$

と a，b の係数を見比べて，

$$l^2 : l = \frac{1}{3} : \frac{1}{2}$$

となる l を考えると，$l = \dfrac{2}{3}$ であることから，

$$f\left(\frac{2}{3}\right) = \frac{8}{27} + \frac{4}{9}a + \frac{2}{3}b + c = \frac{8}{27} + \frac{4}{3}\left(\frac{1}{3}a + \frac{1}{2}b\right) + c \geqq 0$$

より，

$$\frac{1}{3}a + \frac{1}{2}b \geqq -\frac{2}{9} - \frac{3}{4}c. \tag{‡}$$

(†) および (‡) を用いて $\int_0^1 f(x)\,dx$ を評価すると，

$$\begin{aligned}\int_0^1 f(x)\,dx &= \frac{1}{4}+\frac{1}{3}a+\frac{1}{2}b+c\\ &\geqq \frac{1}{4}-\frac{2}{9}-\frac{3}{4}c+c\\ &= \frac{1}{36}+\frac{1}{4}c\\ &\geqq \frac{1}{36}.\end{aligned}$$

ここで，$\int_0^1 f(x)\,dx=\frac{1}{36}$ となるのは，(†)，(‡) の等号がともに成立するとき，すなわち，

$$f(0)=0 \quad \text{かつ} \quad f\left(\frac{2}{3}\right)=0$$

となるときであり，このときに $\int_0^1 f(x)\,dx$ が最小値 $\frac{1}{36}$ をとることがわかる．

このように (‡) によって，a と b を同時に c で評価することができ，(1) で求めた k の値は (‡) のもとになった a と b を同時に c で評価するための l と等しい値になっている．

参考　参考までに，2 次式での場合を掲載しておこう．

問題 (2 次式でのノーヒント ver.)　最高次の係数が 1 である実数係数の 2 次式 $f(x)$ で

$$0 \leqq x \leqq 1 \text{ においてつねに } f(x) \geqq 0$$

を満たすもののうち，$\int_0^1 f(x)\,dx$ を最小とするものを求めよ．

問題 (2 次式 ver.)　a, b を実数とし，関数 $f(x) = x^2 + ax + b$ とする．

(1) a, b の値に依らず等式

$$\int_0^1 f(x)\,dx = pf(t) + q$$

が成り立つような定数 p, q, t の値を求めよ．

(2) $0 \leqq x \leqq 1$ においてつねに $f(x) \geqq 0$ となる a, b のうち，$\int_0^1 f(x)\,dx$ が最小となる $f(x)$ を求めよ．

解説

(1)

$$\int_0^1 f(x)\,dx = \frac{1}{3} + \frac{a}{2} + b$$

であり，一方，

$$pf(t) + q = p\left(t^2 + at + b\right) + q = pta + pb + pt^2 + q$$

であるから，$\int_0^1 f(x)\,dx = pf(t) + q$ が a, b の値に依らず成立する条件は，

$$\begin{cases} \dfrac{1}{2} = pt, \\ 1 = p, \\ \dfrac{1}{3} = pt^2 + q \end{cases} \quad \text{より} \quad \begin{cases} p = \mathbf{1}, \\ q = \dfrac{\mathbf{1}}{\mathbf{12}}, \\ t = \dfrac{\mathbf{1}}{\mathbf{2}}. \end{cases}$$

つまり，どんな a, b に対しても，

$$\int_0^1 f(x)\,dx = f\left(\frac{1}{2}\right) + \frac{1}{12}$$

が成り立つ．

(2)　条件より，$f\left(\dfrac{1}{2}\right) \geq 0$ であるから，どんな a, b でも，

$$\int_0^1 f(x)\,dx = f\left(\frac{1}{2}\right) + \frac{1}{12} \geqq \frac{1}{12}$$

である．すなわち，$\displaystyle\int_0^1 f(x)\,dx$ は $\dfrac{1}{12}$ 未満の値をとらない．
さらに，$f\left(\dfrac{1}{2}\right) = 0$ となるとき，しかも $0 \leqq x \leqq 1$ でつねに $f(x) \geqq 0$ であることから，$x = \dfrac{1}{2}$ で放物線 $y = f(x)$ が x 軸と接するときに，この“等号”が成立する．
すなわち，$f(x) = \left(x - \dfrac{1}{2}\right)^2$，つまり，$a = -1$，$b = \dfrac{1}{4}$ のときに $\displaystyle\int_0^1 f(x)\,dx$ は最小値 $\dfrac{1}{12}$ をとる．
　ゆえに，求める $f(x)$ は

$$f(x) = \boldsymbol{x^2 - x + \frac{1}{4}}.$$

別解　実数 x に対して，ab 平面上の領域 D_x を $D_x = \left\{(a,\ b) \;\middle|\; f(x) \geqq 0\right\}$ で定める．
すると，条件を満たす (a, b) の存在領域は，$\mathcal{D} = \displaystyle\bigcap_{0 \leqq x \leqq 1} D_x$，すなわち，0 以上 1 以下のすべての x に対する D_x の共通部分である．

　ところで，各実数 x に対して，領域 D_x は ab 平面上で，直線 $b = -xa - x^2$ およびその上側の領域であり，直線 $b = -xa - x^2$ つまり，$b = -\left(\dfrac{a}{2} + x\right)^2 + \dfrac{a^2}{4}$ は放物線 $b = \dfrac{a^2}{4}$ と $a = -2x$ で接する．(直線群 $b = -xa - x^2$ の**包絡線**が放物線 $b = \dfrac{a^2}{4}$ である．)
このことを踏まえると，$\mathcal{D} = \displaystyle\bigcap_{0 \leqq x \leqq 1} D_x$ は次の網目部分であることがわかる．

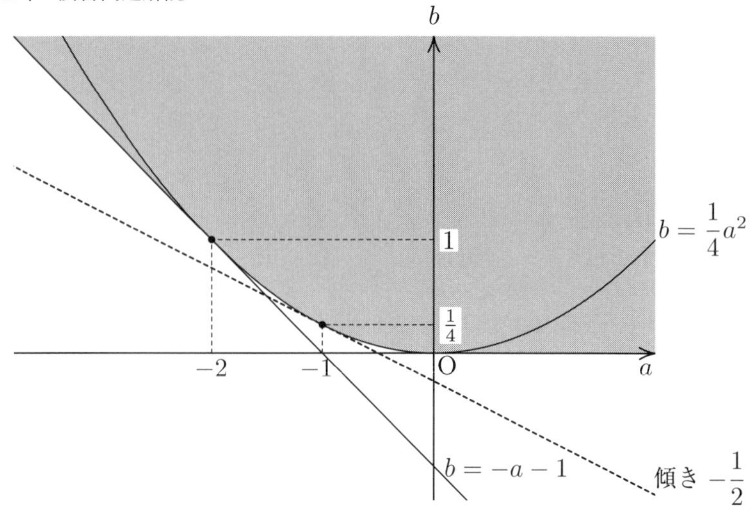

領域 $\mathcal{D}$ 内の点 $(a,\ b)$ に対して，$\displaystyle\int_0^1 f(x)\,dx = \frac{1}{3} + \frac{a}{2} + b$ の最小値を考える．$\dfrac{1}{3} + \dfrac{a}{2} + b = k$ とおいて，この直線 $b = -\dfrac{a}{2} + \left(k - \dfrac{1}{3}\right)$ と領域が共有点をもつような k 条件を図を見ながら考えると，

$$k - \frac{1}{3} \geqq -\frac{1}{4}$$

であり，等号が成り立つのは，$a = -1$ のとき．このとき，$b = \dfrac{1}{4}$.

よって，$a = -1,\ b = \dfrac{1}{4}$ のとき，最小値 $\dfrac{1}{3} - \dfrac{1}{4} = \dfrac{1}{12}$ をとる．

50 **方針** (1) では $f(\alpha)-f(\beta)=0$ を考え，和差積公式を用いる．(2) では $f(\alpha)+f(\beta)=0$ を考え，和差積公式を用いる．(3) では $\tan\dfrac{x}{2}=t$ とおくとき，$\sin x=\dfrac{2t}{1+t^2}$，$\cos x=\dfrac{1-t^2}{1+t^2}$ と表されることに注目し，$\tan\dfrac{\alpha}{2}$，$\tan\dfrac{\beta}{2}$ を 2 解にもつ 2 次方程式を考える．

解説

$$\begin{cases} f(\alpha)=0, \\ f(\beta)=0 \end{cases} \quad \text{つまり} \quad \begin{cases} p\sin\alpha+q\cos\alpha+r=0, & \cdots ① \\ p\sin\beta+q\cos\beta+r=0. & \cdots ② \end{cases}$$

(1) ① − ② により，

$$p(\sin\alpha-\sin\beta)+q(\cos\alpha-\cos\beta)=0.$$

左辺に和差積公式を用いて，

$$p\cdot 2\cos\frac{\alpha+\beta}{2}\sin\frac{\alpha-\beta}{2}-q\cdot 2\sin\frac{\alpha+\beta}{2}\sin\frac{\alpha-\beta}{2}=0.$$

いま，$-\pi<\dfrac{\alpha-\beta}{2}<0$ より，$\sin\dfrac{\alpha-\beta}{2}<0$ であり，特に，$\sin\dfrac{\alpha-\beta}{2}\neq 0$ ゆえ，

$$p\cos\frac{\alpha+\beta}{2}=q\sin\frac{\alpha+\beta}{2}.$$

したがって，

$$\tan\frac{\alpha+\beta}{2}=\boldsymbol{\frac{p}{q}}. \quad \cdots \textbf{(答)}$$

実は，r に依らない!

(2) ① + ② により，

$$p(\sin\alpha+\sin\beta)+q(\cos\alpha+\cos\beta)+2r=0.$$

左辺に和差積公式を用いて，

$$p\cdot 2\cos\frac{\alpha-\beta}{2}\sin\frac{\alpha+\beta}{2}+q\cdot 2\cos\frac{\alpha-\beta}{2}\cos\frac{\alpha+\beta}{2}+2r=0.$$

$$\cos\frac{\alpha-\beta}{2}\left(p\sin\frac{\alpha+\beta}{2}+q\cos\frac{\alpha+\beta}{2}\right)=-r.$$

両辺を2乗して，

$$\cos^2\frac{\alpha-\beta}{2}\left(p\sin\frac{\alpha+\beta}{2}+q\cos\frac{\alpha+\beta}{2}\right)^2=r^2.$$

ここで，(1) より $\tan\dfrac{\alpha+\beta}{2}=\dfrac{p}{q}$ であることから，

$$\left(\cos\frac{\alpha+\beta}{2},\ \sin\frac{\alpha+\beta}{2}\right)=\left(\frac{q}{\sqrt{p^2+q^2}},\ \frac{p}{\sqrt{p^2+q^2}}\right)$$

または

$$\left(\frac{-q}{\sqrt{p^2+q^2}},\ \frac{-p}{\sqrt{p^2+q^2}}\right)$$

であり，いずれの場合でも

$$\left(p\sin\frac{\alpha+\beta}{2}+q\cos\frac{\alpha+\beta}{2}\right)^2=p^2+q^2$$

となるので，

$$\frac{1}{\cos^2\dfrac{\alpha-\beta}{2}}=\frac{p^2+q^2}{r^2}.$$

ゆえに，

$$\tan^2\frac{\alpha-\beta}{2}=\frac{1}{\cos^2\dfrac{\alpha-\beta}{2}}-1=\boldsymbol{\frac{p^2+q^2}{r^2}-1}. \qquad \cdots\textbf{(答)}$$

(3) $\tan\dfrac{x}{2}$ が定義されるとき，$t=\tan\dfrac{x}{2}$ とおくと，

$$\begin{cases}\cos x=\cos\left(2\cdot\dfrac{x}{2}\right)=\dfrac{\cos^2\frac{x}{2}-\sin^2\frac{x}{2}}{\cos^2\frac{x}{2}+\sin^2\frac{x}{2}}=\dfrac{1-t^2}{1+t^2},\\[2ex] \sin x=\sin\left(2\cdot\dfrac{x}{2}\right)=\dfrac{2\sin\frac{x}{2}\cos\frac{x}{2}}{\cos^2\frac{x}{2}+\sin^2\frac{x}{2}}=\dfrac{2t}{1+t^2}\end{cases}$$

と表され，

$$f(x) = 0 \iff p \cdot \frac{2t}{1+t^2} + q \cdot \frac{1-t^2}{1+t^2} + r = 0$$
$$\iff (r-q)t^2 + 2pt + (q+r) = 0$$

となる．$q \neq r$ によりこれは t の 2 次方程式であり，$0 < \frac{\alpha}{2} < \frac{\beta}{2} < \pi$ であるから，$\tan\frac{\alpha}{2}$，$\tan\frac{\beta}{2}$ は相異なる．

$f(\alpha) = f(\beta) = 0$ ということは $t = \tan\frac{\alpha}{2}, \tan\frac{\beta}{2}$ が 2 次方程式

$$(r-q)t^2 + 2pt + (q+r) = 0$$

の相異なる 2 解であることを示しており，解と係数の関係により，

$$\tan\frac{\alpha}{2} + \tan\frac{\beta}{2} = -\boldsymbol{\frac{2p}{r-q}}, \qquad \tan\frac{\alpha}{2}\tan\frac{\beta}{2} = \boldsymbol{\frac{q+r}{r-q}}. \qquad \cdots(\textbf{答})$$

参考　$t = \tan\frac{x}{2}$ とおくとき，

$$\sin x = \frac{2t}{1+t^2}, \qquad \cos x = \frac{1-t^2}{1+t^2}$$

と表される．この置き換えによって，$\sin x$，$\cos x$ を含む式が t の分数式 (分母を払えば多項式) で表せる場合が多くなる．この置き換えを **Weierstrass(ワイエルストラス) 置換**という．

51 **方針**　示したいことは，100 以下の整数 (0 や負の整数もこれには含まれている) n に対して，$f(n)$ の値が 91 になるということである．試しに，$f(100)$，$f(99)$，$f(98)$ を考えてみる．問題文に記載された情報しか手がかりがないので，それを頼りに考えると，

$$f(100)=f(f(100+11))=f(f(111))=f(111-10)=f(101)=101-10=91.$$

また，$f(99)=f(f(99+11))=f(f(110))=f(100)$ となり，この値は 91 であった．

さらに，$f(98)=f(f(98+11))=f(f(109))=f(99)$ となり，この値は 91 であった．

一般の場合の証明は数学的帰納法によるが，どういう構造の帰納法で再帰的となるかを考える必要がある．

解説　$f(n)=91 \quad \cdots(*)$ が 100 以下のすべての整数 n に対して成立することを数学的帰納法で示す．

(I) $n=100$ のとき，

$$f(n)=f(100)=f(f(100+11))=f(f(111))=f(101)=101-10=91$$

となり，$(*)$ は成立している．

(II) k を 100 以下のある勝手な整数とし，$(*)$ が $n=k,\ k+1,\ \cdots,\ 100$ で成り立つと仮定すると，

$$f(k-1)=f(f(k+10)).$$

(i) $k+10 \geqq 101$ のとき，つまり，$k \geqq 91$ のとき．

$$f(k-1)=f(f(k+10))=f(k+10-10)=f(k)=91$$

となり，$n=k-1$ に対しても $(*)$ は成立．

(ii) $k+10 \leqq 100$ のとき，つまり，$k \leqq 90$ のとき．

$$f(k-1)=f(f(k+10))=f(91).$$

(I) と (II) の (i) により，$n = 100,\ 99,\ 98,\ \cdots,\ 90$ に対して (∗) が成り立つことが示される (特に，$f(91) = 91$ である)．これと (II) の (ii) により，$n = 89,\ 88,\ 87,\ \cdots$ に対しても (∗) が成り立つことが示され，結局，100 以下のすべての整数 n に対して (∗) が成り立つことが示された． ■

参考　この関数 f は**マッカーシーの 91 関数**と呼ばれている．

52　(1) は隣接 3 項間漸化式，(2) は隣接 4 項間漸化式を解く問題である．様々な解法があるが，出題意図としては (2) の $\{b_n\}$ の階差数列をとることで (1) に帰着させて解くことを想定しているのであろう．隣接 3 項間漸化式のアナロジーで隣接 4 項間漸化式を考えることも可能である．

解説

(1) 漸化式は

$$\begin{cases} a_{n+2} - \dfrac{1}{2}a_{n+1} = 2\left(a_{n+1} - \dfrac{1}{2}a_n\right), \\ a_{n+2} - 2a_{n+1} = \dfrac{1}{2}(a_{n+1} - 2a_n) \end{cases}$$

と変形ができる．これより，数列 $\left\{a_{n+1} - \dfrac{1}{2}a_n\right\}$ は公比 2 の等比数列をなし，数列 $\{a_{n+1} - 2a_n\}$ は公比 $\dfrac{1}{2}$ の等比数列をなすことがわかる．ゆえに，

$$\begin{cases} a_{n+1} - \dfrac{1}{2}a_n = \left(a_2 - \dfrac{1}{2}a_1\right) \cdot 2^{n-1} = \dfrac{3}{2} \cdot 2^{n-1}, & \cdots ① \\ a_{n+1} - 2a_n = (a_2 - 2a_1) \cdot \left(\dfrac{1}{2}\right)^{n-1} = \dfrac{3}{4} \cdot \dfrac{1}{2^{n-1}}. & \cdots ② \end{cases}$$

$(① - ②) \times \dfrac{2}{3}$ より，

$$a_n = 2^{n-1} - \frac{1}{2} \cdot \frac{1}{2^{n-1}} = \mathbf{2^{n-1} - \frac{1}{2^n}} \quad (n = 1,\ 2,\ 3,\ \cdots). \quad \cdots\textbf{(答)}$$

(2) 漸化式より，

$$b_{n+3}-b_{n+2}=\frac{5}{2}b_{n+2}-\frac{7}{2}b_{n+1}+b_n$$
$$=\frac{5}{2}(b_{n+2}-b_{n+1})-(b_{n+1}-b_n).$$

ここで，数列 $\{b_n\}$ の階差数列を $\{c_n\}$ とする，つまり，

$$c_n=b_{n+1}-b_n \quad (n=1,\ 2,\ 3,\ \cdots)$$

とすると，

$$c_1=b_2-b_1=\frac{1}{2},\quad c_2=b_3-b_2=\frac{7}{4},\quad c_{n+2}=\frac{5}{2}c_{n+1}-c_n\ (n=1,\ 2,\ 3,\ \cdots)$$

を満たすことから，数列 $\{c_n\}$ は (1) の数列 $\{a_n\}$ と同じ数列であることがわかる．

ゆえに，$n \geqq 2$ のとき，

$$b_n=b_1+\sum_{k=1}^{n-1}\left(2^{k-1}-\frac{1}{2^k}\right)$$
$$=2+\frac{2^{n-1}-1}{2-1}-\frac{1}{2}\cdot\frac{1-\left(\dfrac{1}{2}\right)^{n-1}}{1-\dfrac{1}{2}}$$
$$=2^{n-1}+\frac{1}{2^{n-1}}.$$

$b_1=2$ より，この結果は $n=1$ のときにも成り立っており，

$$b_n=\mathbf{2^{n-1}+\frac{1}{2^{n-1}}} \quad (n=1,\ 2,\ 3,\ \cdots). \qquad \cdots\textbf{(答)}$$

参考　一般に，隣接 3 項間漸化式 $x_{n+2}+px_{n+1}+qx_n=0$ は

$$x_{n+2}-\alpha x_{n+1}=\beta(x_{n+1}-\alpha x_n)$$

と変形することで，2 項間漸化式の問題に帰着される．

この α, β は 2 次方程式 $x^2+px+q=0$ の 2 解でとれ，この方程式が重解をもたない場合には，これら 2 解を公比とする等比数列の和 (差) で一般項が表される (重ね合わせの原理).

(1) の場合には，$x^2-\frac{5}{2}x+1=0$ を解いて，$x=2,\ \frac{1}{2}$ であるから，公比 2 の等比数列と公比 $\frac{1}{2}$ の等比数列の和 (差) で一般項 a_n が表されることにより，

$$a_n=A\cdot 2^{n-1}+B\cdot\left(\frac{1}{2}\right)^{n-1}$$

の形でかけ，$a_1=\frac{1}{2}$，$a_2=\frac{7}{4}$ であることから，A，B の連立方程式

$$\begin{cases}A+B=\dfrac{1}{2},\\ 2A+\dfrac{1}{2}B=\dfrac{7}{4}\end{cases}\qquad \text{を解いて，}\qquad \begin{cases}A=1,\\ B=-\dfrac{1}{2}\end{cases}$$

とわかり，一般項が

$$a_n=1\cdot 2^{n-1}+\left(-\frac{1}{2}\right)\cdot\left(\frac{1}{2}\right)^{n-1}=2^{n-1}-\frac{1}{2^n}$$

と求まる.

また，一般に，隣接 4 項間漸化式 $x_{n+3}+px_{n+2}+qx_{n+1}+rx_n=0$ は

$$x_{n+3}-(\alpha+\beta)x_{n+2}+\alpha\beta x_{n+1}=\gamma\{x_{n+2}-(\alpha+\beta)x_{n+1}+\alpha\beta x_n\}$$

と変形することで，3 項間漸化式の問題に帰着される.

この α, β, γ は 3 次方程式 $x^3+px^2+qx+r=0$ の 3 解でとれ，この方程式が重解をもたない場合には，これら 3 解を公比とする等比数列の和 (差) で一般項が表される (重ね合わせの原理).

(2) の場合には，$x^3-\frac{7}{2}x^2+\frac{7}{2}x-1=0$ を解いて，$x=1,\ 2,\ \frac{1}{2}$ であるから，$\alpha=2,\ \beta=\frac{1}{2}$，$\gamma=1$ として，漸化式は

$$b_{n+3}-\frac{5}{2}b_{n+2}+b_{n+1}=b_{n+2}-\frac{5}{2}b_{n+1}+b_n$$

と変形でき，これより，数列 $\left\{b_{n+2}-\dfrac{5}{2}b_{n+1}+b_n\right\}$ が公比 1 の等比数列，すなわち，定数列をなすことがわかる．

$$b_3-\frac{5}{2}b_2+b_1=\frac{17}{4}-\frac{5}{2}\cdot\frac{5}{2}+2=0$$

より，

$$b_{n+2}-\frac{5}{2}b_{n+1}+b_n=0.$$

(1) の $\{a_n\}$ と同様，

$$b_n=C\cdot 2^{n-1}+D\cdot\left(\frac{1}{2}\right)^{n-1}$$

の形でかけ，$b_1=2$，$b_2=\dfrac{5}{2}$ であることから，C，D の連立方程式

$$\begin{cases}C+D=2,\\ 2C+\dfrac{1}{2}D=\dfrac{5}{2}\end{cases}\quad\text{を解いて，}\quad\begin{cases}C=1,\\ D=1\end{cases}$$

とわかり，一般項が

$$b_n=1\cdot 2^{n-1}+1\cdot\left(\frac{1}{2}\right)^{n-1}=2^{n-1}+\frac{1}{2^{n-1}}$$

と求まる．直接，4 項間漸化式の一般論によると，公比 1 の等比数列と公比 2 の等比数列と公比 $\dfrac{1}{2}$ の等比数列の和 (差) で一般項 b_n が表されることにより，

$$b_n=u\cdot 1^{n-1}+v\cdot 2^{n-1}+w\cdot\left(\frac{1}{2}\right)^{n-1}$$

の形でかけ，$b_1=2$，$b_2=\dfrac{5}{2}$，$b_3=\dfrac{17}{4}$ であることから，u，v，w の連立方程式

$$\begin{cases}u+v+w=2,\\ u+2v+\dfrac{1}{2}w=\dfrac{5}{2},\\ u+4v+\dfrac{1}{4}w=\dfrac{17}{4}\end{cases}\quad\text{を解いて，}\quad\begin{cases}u=0,\\ v=1,\\ w=1\end{cases}$$

とわかり，一般項が

$$b_n = 0 \cdot 1^{n-1} + 1 \cdot 2^{n-1} + 1 \cdot \left(\frac{1}{2}\right)^{n-1} = 2^{n-1} + \frac{1}{2^{n-1}}$$

と求まる．

一般論として次のことが知られている．

隣接 3 項間漸化式 $a_{n+2} + pa_{n+1} + qa_n = 0$ $(q \neq 0)$ に対して，2 次方程式 $x^2 + px + q = 0$ の 2 解を α, β とすると，

$$\begin{cases} \bullet\ \alpha \neq \beta \text{ のとき，} a_n = A \cdot \alpha^{n-1} + B \cdot \beta^{n-1} \text{ の形,} \\ \bullet\ \alpha = \beta \text{ のとき，} a_n = A \cdot \alpha^{n-1} + B \cdot n\beta^{n-1} \text{ の形} \end{cases}$$

で表される．また，隣接 4 項間漸化式 $a_{n+3}+pa_{n+2}+qa_{n+1}+ra_n = 0$ $(r \neq 0)$ に対して，3 次方程式 $x^3 + px^2 + qx + r = 0$ の 3 解を α, β, γ とすると，

$$\begin{cases} \bullet\ \alpha,\ \beta,\ \gamma \text{ が相異なるとき，} a_n = A \cdot \alpha^{n-1} + B \cdot \beta^{n-1} + C \cdot \gamma^{n-1} \text{ の形,} \\ \bullet\ \alpha \neq \beta = \gamma \text{ のとき，} a_n = A \cdot \alpha^{n-1} + B \cdot \beta^{n-1} + C \cdot n\beta^{n-1} \text{ の形,} \\ \bullet\ \alpha = \beta = \gamma \text{ のとき，} a_n = A \cdot \alpha^{n-1} + B \cdot n\alpha^{n-1} + C \cdot n^2\alpha^{n-1} \text{ の形} \end{cases}$$

で表される．

53 **方針** (1) $\tan(\angle\mathrm{APO} + \angle\mathrm{AQO}) = \tan\left(\frac{\pi}{4} - \angle\mathrm{ARO}\right)$ を加法定理で展開し，p，q，r の関係式に書き換える．(2) 角の条件などから p が絞れるので，各 p の値に対して，q と r についての 2 次不定方程式を解く．

解説

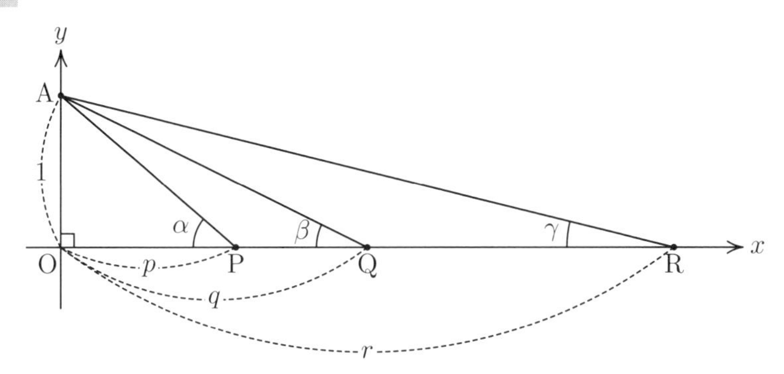

(1) $\angle\mathrm{APO}=\alpha$, $\angle\mathrm{AQO}=\beta$, $\angle\mathrm{ARO}=\gamma$ とおく．$0<\gamma\leqq\beta\leqq\alpha<\dfrac{\pi}{4}$ である．$\alpha+\beta+\gamma=\dfrac{\pi}{4}$ により，$\alpha+\beta=\dfrac{\pi}{4}-\gamma$ であるので，

$$\tan(\alpha+\beta)=\tan\left(\frac{\pi}{4}-\gamma\right).$$

$$\frac{\tan\alpha+\tan\beta}{1-\tan\alpha\tan\beta}=\frac{1-\tan\gamma}{1+\tan\gamma}.$$

$\tan\alpha=\dfrac{1}{p}$, $\tan\beta=\dfrac{1}{q}$, $\tan\gamma=\dfrac{1}{r}$ より，

$$\frac{\frac{1}{p}+\frac{1}{q}}{1-\frac{1}{p}\cdot\frac{1}{q}}=\frac{1-\frac{1}{r}}{1+\frac{1}{r}}.$$

$$\frac{q+p}{pq-1}=\frac{r-1}{r+1}.$$

$$\therefore\ \boldsymbol{p+q+r+pq+qr+rp=pqr+1}. \qquad \cdots(\textbf{答})$$

(2) $\alpha+\beta+\gamma=\dfrac{\pi}{4}$ と $0<\gamma\leqq\beta\leqq\alpha$ により，

$$\frac{\pi}{4}=\alpha+\beta+\gamma\leqq 3\alpha.$$

よって，

$$\alpha\geqq\frac{\pi}{12}.$$

$\tan\alpha\geqq\alpha$ であるから，

$$\frac{1}{p}=\tan\alpha\geqq\frac{\pi}{12}$$

より，

$$p\leqq\frac{12}{\pi}.$$

これと $\alpha < \dfrac{\pi}{4}$ により，

$$p = 2 \quad \text{または} \quad p = 3.$$

(I) $p = 2$ のとき．　(1) で得た関係式から

$$qr + 3(q + r) + 2 = 2qr + 1.$$

$$(q - 3)(r - 3) = 10.$$

$1 \leqq q \leqq r$ により，

$$(q - 3,\ r - 3) = (1,\ 10) \ \text{または}\ (2,\ 5).$$

$$(q,\ r) = (4,\ 13) \ \text{または}\ (5,\ 8).$$

(II) $p = 3$ のとき．　(1) で得た関係式から

$$qr + 4(q + r) + 3 = 3qr + 1.$$

$$(q - 2)(r - 2) = 5.$$

$1 \leqq q \leqq r$ により，

$$(q - 2,\ r - 2) = (1,\ 5).$$

$$(q,\ r) = (3,\ 7).$$

(I)，(II) により，求める組は

$$(p,\ q,\ r) = \mathbf{(2,\ 4,\ 13)},\quad \mathbf{(2,\ 5,\ 8)},\quad \mathbf{(2,\ 3,\ 7)}. \qquad \cdots \textbf{(答)}$$

参考　不定方程式の処理は次の方針で行うこともできる．$1 < p \leqq q \leqq r$ より，$pq \leqq rp \leqq qr$ だから

$$pqr = pq + qr + rp + p + q + r - 1 \leqq 3qr + 3r - 1 \leq 3qr + 3qr - 1 < 6qr.$$

$$\therefore\ p < 6.$$

あとは，$p = 2,\ 3,\ 4,\ 5,\ 6$ の各値に対して，q と r についての 2 次不定方程式を解けばよい．

54 **方針**　(1), (2) はともに有名な式変形ですぐに示すことができる．(3) が主題である．ここで，k と x, y, z の文字の役割を差別化して捉える．x, y, z は任意の実数であるが，これらを一旦固定し，k だけを変化させてみる．つまり，

$$f(k) = (xy + yz + zx)k + (x^2 + y^2 + z^2)$$

という k の関数を考えるのである．すると，(1) や (2) が両端となりうまく (3) と繋がる．

解説

(1) $k = 2$ のとき，

$$\begin{aligned} x^2 + y^2 + z^2 + k(xy + yz + zx) &= x^2 + y^2 + z^2 + 2(xy + yz + zx) \\ &= (x + y + z)^2 \geqq 0 \end{aligned}$$

となる．ここで等号が成り立つのは，$x + y + z = 0$ のときでありそのときに限る．■

(2) $k = -1$ のとき，

$$\begin{aligned} x^2+y^2+z^2+k(xy+yz+zx) &= x^2+y^2+z^2-(xy+yz+zx) \\ &= \frac{1}{2}\left\{(x-y)^2+(y-z)^2+(z-x)^2\right\} \geqq 0 \end{aligned}$$

となる．ここで等号が成り立つのは，$x - y = 0$ かつ $y - z = 0$ かつ $z - x = 0$ のとき，つまり，$x = y = z$ のときでありそのときに限る．■

(3) $-1 < k < 2$ のとき，実数 x, y, z を固定し，k だけを変化させて考え，

$$f(k) = (xy + yz + zx)k + (x^2 + y^2 + z^2)$$

とおく．

Case(i)　$xy + yz + zx > 0$ のとき，$f(k)$ は傾きが正の 1 次関数であるので，

$$f(-1) < f(k) < f(2) \quad (-1 < k < 2)$$

が成り立つ．ここで，(2) により，$f(-1)$ は必ず 0 以上の値であることがいえているので，

$$0 < f(k) \quad (-1 < k < 2)$$

が成り立つ．特に，$0 \leqq f(k)$ である．

Case(ii) $xy + yz + zx < 0$ のとき，$f(k)$ は傾きが負の 1 次関数であるので，

$$f(-1) > f(k) > f(2) \quad (-1 < k < 2)$$

が成り立つ．ここで，(1) により，$f(2)$ は必ず 0 以上の値であることがいえているので，

$$f(k) > 0 \quad (-1 < k < 2)$$

が成り立つ．特に，$f(k) \geqq 0$ である．

Case(iii) $xy+yz+zx = 0$ のとき, $f(k)$ は k によらず常に値 $x^2+y^2+z^2$ をとり，これは必ず 0 以上の値であるので，$f(k) \geqq 0$ が成り立つ．

(i)，(ii)，(iii) により，$-1 < k < 2$ のとき，$f(k) \geqq 0$ が成り立つことが示された．ここで，等号が成り立つのは，(iii) での $x^2 + y^2 + z^2 = 0$ となる場合，すなわち，

$$xy+yz+zx = 0 \text{ かつ } x^2+y^2+z^2 = 0 \qquad \text{すなわち} \qquad x = y = z = 0$$

のときでありそのときに限る． ■

参考 (2) で扱った 2 次式は，次の有名な 3 次の因数分解でも登場する．

$$a^3 + b^3 + c^3 - 3abc = (a+b+c)\underbrace{(a^2 + b^2 + c^2 - ab - bc - ca)}_{\text{この 2 次式!}}.$$

この因数分解の上手い導出を紹介しておく．

$(x-a)(x-b)(x-c)=f(x)$ とすると，$f(a)=f(b)=f(c)=0$ より，$x=a,\ b,\ c$ は x の 3 次方程式 $f(x)=0$ つまり，

$$x^3-abc=(a+b+c)x^2-(ab+bc+ca)x$$

の解である．すなわち，

$$\begin{cases} a^3-abc=(a+b+c)a^2-(ab+bc+ca)a, \\ b^3-abc=(a+b+c)b^2-(ab+bc+ca)b, \\ c^3-abc=(a+b+c)c^2-(ab+bc+ca)c \end{cases}$$

が成り立つ．これらを辺々加えて，

$$a^3+b^3+c^3-3abc=(a+b+c)(a^2+b^2+c^2)-(a+b+c)(ab+bc+ca).$$

これより，

$$a^3+b^3+c^3-3abc=(a+b+c)(a^2+b^2+c^2-ab-bc-ca)$$

が得られる．

55 **方針** 三角形 ABC について，BC $=7$ の対角が $A=60^\circ$ である．正三角形 PQR の 1 辺の長さの最大を調べるにあたり，**変数をどう設定するか**を考える．

解説 三角形 ABC で余弦定理により，

$$\cos A=\frac{5^2+8^2-7^2}{2\cdot5\cdot8}=\frac{1}{2}\qquad \text{ゆえ}\qquad A=60^\circ$$

であり，

$$\cos B=\frac{5^2+7^2-8^2}{2\cdot5\cdot7}=\frac{1}{7}.$$

$B+C=120^\circ$ であり，$\angle\text{PAC}=\theta$ とすると，他の角は次図のようになる．

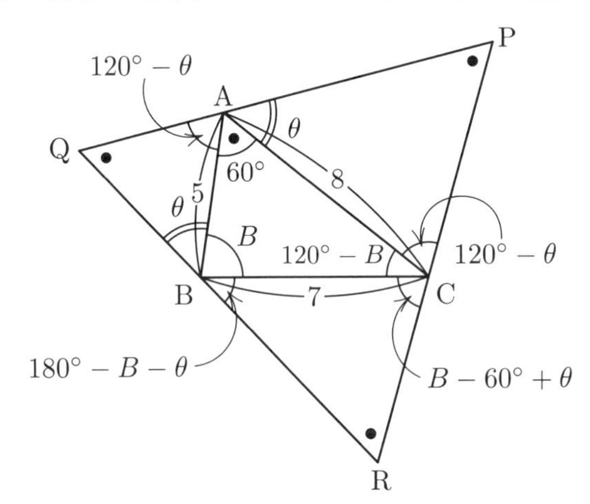

登場する角がすべて正であることから，θ の変域は

$$0<\theta<\underbrace{180^\circ-B}_{\text{鈍角}}.$$

このもとで，三角形 ACP で正弦定理を用いて，

$$\frac{\text{AP}}{\sin(120^\circ-\theta)}=\frac{8}{\sin60^\circ}\qquad \text{より}\qquad \text{AP}=\frac{16}{\sqrt{3}}\sin(120^\circ-\theta).$$

さらに，三角形 AQB で正弦定理を用いて，

$$\frac{\text{AQ}}{\sin\theta}=\frac{5}{\sin60^\circ}\qquad \text{より}\qquad \text{AQ}=\frac{10}{\sqrt{3}}\sin\theta.$$

これらにより，正三角形PQRの1辺の長さは

$$\begin{aligned}\mathrm{PQ}=\mathrm{AP}+\mathrm{AQ}&=\frac{16}{\sqrt{3}}\sin(120^\circ-\theta)+\frac{10}{\sqrt{3}}\sin\theta\\&=\frac{2}{\sqrt{3}}\left\{8\left(\frac{\sqrt{3}}{2}\cos\theta+\frac{1}{2}\sin\theta\right)+5\sin\theta\right\}=2(4\cos\theta+3\sqrt{3}\sin\theta)\end{aligned}$$

と表される．ここで，$\overrightarrow{u}=(4,\ 3\sqrt{3})$，$\overrightarrow{v}=(\cos\theta,\ \sin\theta)$ とおくと，内積は

$$\overrightarrow{u}\cdot\overrightarrow{v}=4\cos\theta+3\sqrt{3}\sin\theta$$

であることから，

$$\mathrm{PQ}=2\overrightarrow{u}\cdot\overrightarrow{v}$$

と表せる．一方，$\overrightarrow{u}$ と $\overrightarrow{v}$ のなす角を φ とすると，

$$\overrightarrow{u}\cdot\overrightarrow{v}=\left|\overrightarrow{u}\right|\left|\overrightarrow{v}\right|\cos\varphi=\sqrt{4^2+(3\sqrt{3})^2}\cdot1\cdot\cos\varphi=\sqrt{43}\cos\varphi$$

であり，φ は0をとれることから，$\overrightarrow{u}\cdot\overrightarrow{v}=\sqrt{43}\cos\varphi$ は最大値 $\sqrt{43}$ をとる．

したがって，$\mathrm{PQ}=2\overrightarrow{u}\cdot\overrightarrow{v}$ の最大値は

$$\mathbf{2\sqrt{43}}.\qquad\cdots(\textbf{答})$$

参考　一般の三角形で同じ問題が1925年に東大で出題されている．一般の場合の最大値は

$$\sqrt{\frac{2}{3}(a^2+b^2+c^2)+\frac{8}{\sqrt{3}}\times\triangle\mathrm{ABC}}$$

となる．(詳細は，鈴木一郎 著『高等数学選要』1948年，培風館 の p.142 にある問題27を参照．)

60° や 120° を内角にもつ三角形としては，$\begin{cases}8,7,3\ (\text{花見})\\8,7,5\ (\text{花子})\end{cases}\longrightarrow$ 長さ7の辺の対角が 60°，$7,5,3$ (七五三) $\longrightarrow$ 長さ7の辺の対角が 120° となっている．次で示す構図 (2006年センター試験 (追試)) で覚えておくとよい．

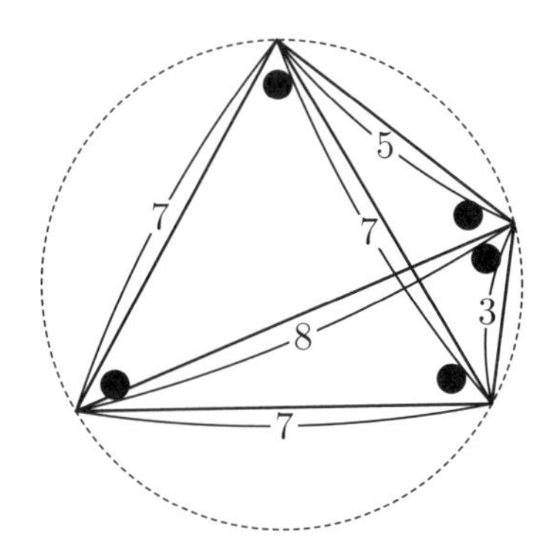

注意　本問は，次のように上手い補助線を活用することで，幾何的に解くことができる．

三角形 AQB の外心を X，三角形 ACP の外心を Y とする．

三角形 AQB で正弦定理を適用すると，$\mathrm{AX} = \dfrac{5}{\sqrt{3}}$ であることが，また，三角形 ACP で正弦定理を適用すると，$\mathrm{AY} = \dfrac{8}{\sqrt{3}}$ であることがわかる．

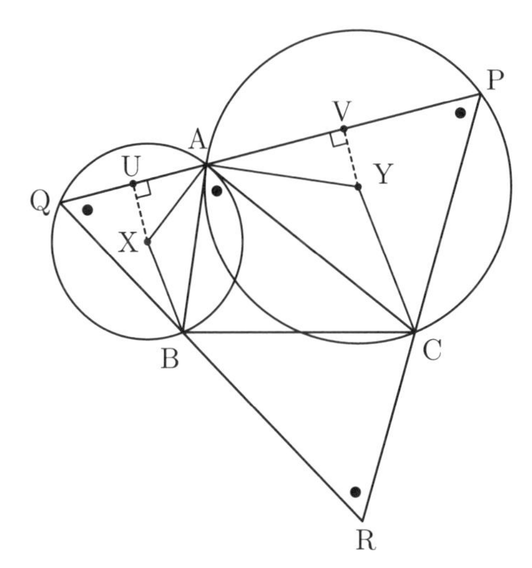

円周角の定理から，

$$\angle \mathrm{BXA} = 2 \times \angle \mathrm{BQA} = 120^\circ, \qquad \angle \mathrm{AYC} = 2 \times \angle \mathrm{APC} = 120^\circ$$

であり，三角形 XBA，三角形 YAC はともに二等辺三角形なので，

$$\angle \mathrm{XAB} = 30^\circ, \qquad \angle \mathrm{CAY} = 30^\circ$$

である．したがって，

$$\angle \mathrm{XAY} = 120^\circ.$$

すると，三角形 AXY で余弦定理を用いることで，$\mathrm{XY} = \sqrt{43}$ であることがわかる．

X，Y から PQ に下ろした垂線の足をそれぞれ U，V とすると，

$$\mathrm{UV} \leqq \mathrm{XY} = \sqrt{43}$$

であり，XY と QP が平行のときに $\mathrm{UV} = \sqrt{43}$ となる．U，V はそれぞれ線分 AQ，線分 AP の中点であるから，$\mathrm{PQ} = 2\mathrm{UV}$ であり，XY と QP が平行のときに PQ は最大値

$$2\sqrt{43}$$

をとることがわかる (この状況は図のように起こり得る)．

56 **方針**　$f(x) = a_1x^3 + b_1x^2 + c_1x + d_1$，$g(x) = a_2x^3 + b_2x^2 + c_2x + d_2$ とおいて，極値点が等しい条件から

$$a_1 = a_2, \quad b_1 = b_2, \quad c_1 = c_2, \quad d_1 = d_2$$

であることを示せばよい．しかし，極値の条件を少しでも反映させておいた方が楽であろうから，$f'(x)$，$g'(x)$ に対して文字設定をして考えていくのが得策である．

解説　$\alpha < \beta$ として考えてよく，3 次関数 $f(x)$，$g(x)$ はともに相異なる 2 つの x の値 α, β で極値をとることから，

$$f'(x) = a(x-\alpha)(x-\beta), \qquad g'(x) = b(x-\alpha)(x-\beta)$$

とおくことができる．ここで，極値の差に注目すると，

$$f(\beta) - f(\alpha) = \int_\alpha^\beta f'(x)\,dx = \int_\alpha^\beta a(x-\alpha)(x-\beta)\,dx = -\frac{a}{6}(\beta-\alpha)^3,$$

$$g(\beta)-g(\alpha)=\int_\alpha^\beta g'(x)\,dx=\int_\alpha^\beta b(x-\alpha)(x-\beta)\,dx=-\frac{b}{6}(\beta-\alpha)^3$$

であり，これらも互いに等しいことから，

$$a=b$$

であることがわかる．これより，

$$f'(x)=g'(x)$$

であることがわかる．すると，

$$f(x)=f(\alpha)+\int_\alpha^x f'(t)\,dt=g(\alpha)+\int_\alpha^x g'(t)\,dt=g(x)$$

となるので，$f(x)$ と $g(x)$ は同じ多項式といえる． ■

注意 3 次関数の極値の差の計算では，いわゆる“6 分の 1 公式”が適用できることを知っておこう．

参考 $h(x)=f(x)-g(x)$ とおいて，$h(x)$ が恒等的に 0 となることを示してもよい．

$h(\alpha)=h(\beta)=0$ であることから，Rolle の定理から，

$$h'(\gamma)=0,\quad \alpha<\gamma<\beta$$

を満たす γ が存在する．また，$h'(x)=f'(x)-g'(x)$ は

$$h'(\alpha)=h'(\beta)=0$$

であるので，$x=\alpha,\ \gamma,\ \beta$ はすべて $h'(x)=0$ を満たす．$h'(x)$ は x の高々 2 次の多項式であるので，$h'(x)$ は恒等的に 0 であることがわかる．これより，

$$h(x)=h(\alpha)+\int_\alpha^x h'(t)dt=0+\int_\alpha^x 0\,dt=0.$$

よって，$f(x)$ と $g(x)$ は恒等的に等しい．

57 **方針**　背理法が有効である.「和が無理数となるうまい選び方がある」ことを示したいので，どのように選んでも無理 (不可能)，つまり，和が有理数となると仮定して矛盾を見出す.

解説　背理法によって示す. n 個の異なる無理数 a_1, a_2, $\cdots$, a_n から重複を許さないどのような $(n-1)$ 個についても，それらの和が有理数であるとする. $S=\sum_{k=1}^{n} a_k$ とおくと，

$$S-a_1,\ S-a_2,\ \cdots,\ S-a_n$$

はすべて有理数であるから，これらの和 $(n-1)S$ も有理数である. ゆえに，S は有理数であり，すると，$a_1=S-(S-a_1)$ も有理数となり，a_1 が無理数であることに矛盾する. ■

58 **方針**　(右辺) − (左辺) $\geqq 0$ を示す.

解説

$$3\left(\frac{a+b+c}{3}-\sqrt[3]{abc}\right)-2\left(\frac{a+b}{2}-\sqrt{ab}\right)=c+2\sqrt{ab}-3\sqrt[3]{abc}.$$

3つの正の数の相加平均と相乗平均との不等式から，

$$\frac{c+\sqrt{ab}+\sqrt{ab}}{3} \geqq \sqrt[3]{c\cdot\sqrt{ab}\cdot\sqrt{ab}} \qquad \cdots(*)$$

が成り立ち，等号は $c=\sqrt{ab}$ のときにのみ成り立つ.

$$(*) \iff c+2\sqrt{ab} \geqq 3\sqrt[3]{abc}$$
$$\iff c+2\sqrt{ab}-3\sqrt[3]{abc} \geqq 0.$$

よって，

$$2\left(\frac{a+b}{2}-\sqrt{ab}\right) \leqq 3\left(\frac{a+b+c}{3}-\sqrt[3]{abc}\right)$$

が成り立ち，等号は，$c=\sqrt{ab}$ つまり $ab=c^2$ のときにのみ成り立つ. ■

注意 上と同じだが，まとめて記述すると次のようになる．

$$
\begin{aligned}
3\left(\frac{a+b+c}{3}-\sqrt[3]{abc}\right)-2\left(\frac{a+b}{2}-\sqrt{ab}\right)&=c+2\sqrt{ab}-3\sqrt[3]{abc}\\
&=c+\sqrt{ab}+\sqrt{ab}-3\sqrt[3]{abc}\\
&\geqq 3\sqrt[3]{c\left(\sqrt{ab}\right)\cdot\left(\sqrt{ab}\right)}-3\sqrt[3]{abc}=0.
\end{aligned}
$$

等号成立は，$c=\sqrt{ab}$ つまり $ab=c^2$ のときにのみ限る．

別解 1

$$3\left(\frac{a+b+c}{3}-\sqrt[3]{abc}\right)-2\left(\frac{a+b}{2}-\sqrt{ab}\right)=c+2\sqrt{ab}-3\sqrt[3]{abc}.$$

ここで，$\sqrt[6]{ab}=p$，$\sqrt[3]{c}=q$ とおくと，

$$
\begin{aligned}
c+2\sqrt{ab}-3\sqrt[3]{abc}&=q^3+2p^3-3p^2q\\
&=(p-q)(2p^2-pq-q^2)\\
&=(p-q)^2(2p+q)\geqq 0.
\end{aligned}
$$

また，等号が成立するのは，$p=q$ つまり $\sqrt[6]{ab}=\sqrt[3]{c}$ つまり $ab=c^2$ のときに限る． ■

別解 2

$$3\left(\frac{a+b+c}{3}-\sqrt[3]{abc}\right)-2\left(\frac{a+b}{2}-\sqrt{ab}\right)=c+2\sqrt{ab}-3\sqrt[3]{abc}.$$

正の実数定数 a, b に対して，

$$f(x)=x+2\sqrt{ab}-3\sqrt[3]{abx}\quad(x>0)$$

とおく．

$$f'(x)=1-3\sqrt[3]{ab}\cdot\frac{1}{3}x^{-\frac{2}{3}}=1-\sqrt[3]{\frac{ab}{x^2}}$$

x	(0)	$\cdots$	$\sqrt{ab}$	$\cdots$
$f'(x)$		$-$	0	$+$
$f(x)$		$\searrow$	0	$\nearrow$

$$最小値\ f\left(\sqrt{ab}\right)=\sqrt{ab}+2\sqrt{ab}-3\sqrt[3]{ab\sqrt{ab}}=3\sqrt{ab}-3\sqrt{ab}=0.$$

したがって，任意の正の実数 c に対して，

$$f(c)\geqq 0 \quad すなわち \quad c+2\sqrt{ab}-3\sqrt[3]{abc}\geqq 0$$

が成り立つ．等号は，$f(c)=0$ つまり $c=\sqrt{ab}$ のときにのみ成り立つ．■

参考　本問の一般化は次のようになり，これは**ヤコブスタールの不等式**と呼ばれている．

ヤコブスタールの不等式

a_i $(i=1,\ 2,\ \cdots,\ n+1)$ を正の数とするとき，不等式

$$n\left(\frac{a_1+\cdots+a_n}{n}-\sqrt[n]{a_1\cdots a_n}\right)\leqq(n+1)\left(\frac{a_1+\cdots+a_{n+1}}{n+1}-\sqrt[n+1]{a_1\cdots a_{n+1}}\right)$$

が成り立つ．等号成立は $a_{n+1}=\sqrt[n]{a_1\cdots a_n}$ のときであり，この場合に限る．

証明　不等式は次と同値である．

$$a_{n+1}-(n+1)\sqrt[n+1]{a_1\cdots a_{n+1}}+n\sqrt[n]{a_1\cdots a_n}\geqq 0. \qquad \cdots(*)$$

$\sqrt[n+1]{a_{n+1}}=x,\quad \sqrt[n(n+1)]{a_1\cdots a_n}=y$ とおくと，

$$\left((*)\text{の左辺}\right)=x^{n+1}-(n+1)y^nx+ny^{n+1}=(x-y)^2(x^{n-1}+2x^{n-2}y+3x^{n-3}y^2+\cdots+ny^{n-1})\geqq 0.$$

微分法で示すなら，$f(x)=x^{n+1}-(n+1)y^nx+ny^{n+1}$ の導関数が

$$f'(x)=(n+1)(x^n-y^n)=(n+1)(x-y)(x^{n-1}+x^{n-2}y+\cdots+y^{n-1})$$

とかけることに注意すればよい．

59 **方針** (1) では余角の tangent が逆数の関係にあることを利用する．(2) では図形的な意味を考えることで，問題をすり替えることができる．

解説

(1)

$$\tan 1^\circ \times \tan 89^\circ = 1,\ \tan 2^\circ \times \tan 88^\circ = 1,\ \cdots,\ \tan 44^\circ \times \tan 46^\circ = 1$$

および $\tan 45^\circ = 1$ に注意すると，

$$a_1 a_2 a_3 \cdots a_{89} = 1^{45} = \mathbf{1}. \qquad \cdots(\text{答})$$

(2) xy 座標平面上に，点 $\mathrm{A}_n(1,\ \tan n^\circ)$ $(n = 0,\ 1,\ \cdots,\ 60)$ をとると，角の二等分線の性質から，

$$\begin{aligned}\frac{(a_2-a_1)(a_4-a_3)\cdots(a_{60}-a_{59})}{(a_1-a_0)(a_3-a_2)\cdots(a_{59}-a_{58})} &= \frac{(a_2-a_1)}{(a_1-a_0)}\cdot\frac{(a_4-a_3)}{(a_3-a_2)}\cdots\frac{(a_{60}-a_{59})}{(a_{59}-a_{58})} \\ &= \frac{\mathrm{OA}_2}{\mathrm{OA}_0}\cdot\frac{\mathrm{OA}_4}{\mathrm{OA}_2}\cdots\frac{\mathrm{OA}_{60}}{\mathrm{OA}_{58}} = \frac{\mathrm{OA}_{60}}{\mathrm{OA}_0} \\ &= \frac{1}{\cos 60^\circ} = \mathbf{2}. \qquad \cdots(\text{答})\end{aligned}$$

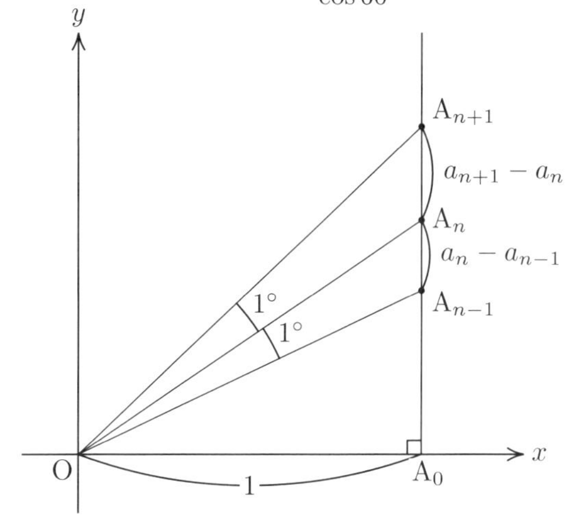

60 **方針**　(1) $4\sin\theta\sin(60^\circ+\theta)\sin(60^\circ-\theta)$ を加法定理で変形し，3 倍角公式を用いる．(2) (i) では三角形 ABC と三角形 AEC で正弦定理を適用する．(ii) 3 つの内角が α，$60^\circ+\beta$，$60^\circ+\gamma$ である三角形で直径の長さが 1 であるものを考え，正弦定理，余弦定理を用いる．(iii) では (i)，(ii) をふまえて，三角形 AFE で余弦定理を用いて EF を R，α，β，γ で表す．同様に，DE，FE の表示を得る．

解説

(1)
$$\begin{aligned}
&4\sin\theta\sin(60^\circ+\theta)\sin(60^\circ-\theta)\\
&=4\sin\theta(\sin 60^\circ\cos\theta+\cos 60^\circ\sin\theta)(\sin 60^\circ\cos\theta-\cos 60^\circ\sin\theta)\\
&=4\sin\theta\left(\frac{\sqrt{3}}{2}\cos\theta+\frac{1}{2}\sin\theta\right)\left(\frac{\sqrt{3}}{2}\cos\theta-\frac{1}{2}\sin\theta\right)\\
&=4\sin\theta\left(\frac{3}{4}\cos^2\theta-\frac{1}{4}\sin^2\theta\right)\\
&=\sin\theta(3\cos^2\theta-\sin^2\theta)=\sin\theta\{3(1-\sin^2\theta)-\sin^2\theta\}\\
&=3\sin\theta-4\sin^3\theta=\sin 3\theta.
\end{aligned}$$
■

(2) $3\alpha+3\beta+3\gamma=180^\circ$ より，$\alpha+\beta+\gamma=60^\circ$ である．

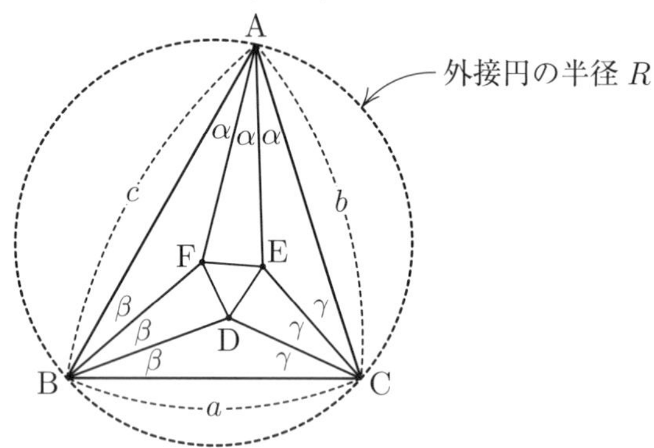

(i) 三角形 ABC で正弦定理を用いて，

$$\frac{b}{\sin 3\beta}=2R \qquad \text{より} \qquad b=2R\sin 3\beta.$$

三角形 AEC で正弦定理を用いて，

$$\frac{\mathrm{AE}}{\sin\gamma}=\frac{b}{\sin\angle\mathrm{AEC}}=\frac{b}{\sin\{180^\circ-(\alpha+\gamma)\}}=\frac{b}{\sin(\alpha+\gamma)}=\frac{b}{\sin(60^\circ-\beta)}.$$

これらにより，

$$\mathrm{AE}=\frac{b\sin\gamma}{\sin(60^\circ-\beta)}=\frac{2R\sin\gamma\sin3\beta}{\sin(60^\circ-\beta)}$$

であり，(1) により，

$$\begin{aligned}\mathrm{AE}&=\frac{2R\sin\gamma\cdot4\sin\beta\sin(60^\circ+\beta)\sin(60^\circ-\beta)}{\sin(60^\circ-\beta)}\\&=8R\sin\beta\sin\gamma\sin(60^\circ+\beta).\end{aligned}$$

■

(ii) $\alpha+\beta+\gamma=60^\circ$ より $\alpha+(60^\circ+\beta)+(60^\circ+\gamma)$ に注目して，次図のように 3 つの内角が α，$60^\circ+\beta$，$60^\circ+\gamma$ である三角形で直径の長さが 1 であるものを考える．

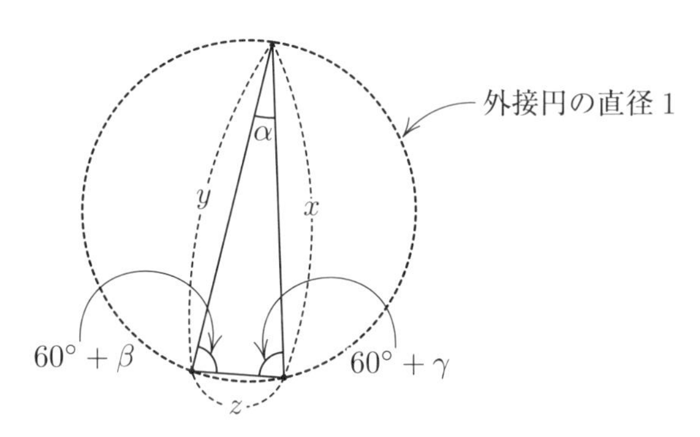

余弦定理により，

$$z^2=y^2+x^2-2yx\cos\alpha$$

であり，正弦定理により，

$$\frac{x}{\sin(60^\circ+\beta)}=\frac{y}{\sin(60^\circ+\gamma)}=\frac{z}{\sin\alpha}=1$$

ゆえ，

$$x = \sin(60^\circ + \beta), \quad y = \sin(60^\circ + \gamma), \quad z = \sin\alpha$$

が成り立つことから，

$$\sin^2(60^\circ+\gamma)+\sin^2(60^\circ+\beta)-2\sin(60^\circ+\gamma)\sin(60^\circ+\beta)\cos\alpha=\sin^2\alpha$$

が成り立つことを示された．■

(iii) (i) で β と γ を入れ替えると，B と C が入れ替わり，E と F が入れ替わるので，

$$\mathrm{AF} = 8R\sin\gamma\sin\beta\sin(60^\circ + \gamma).$$

三角形 AFE で余弦定理を用いて，

$$\begin{aligned}\mathrm{FE}^2 &= \mathrm{AF}^2 + \mathrm{AE}^2 - 2\mathrm{AF}\cdot\mathrm{AE}\cos\alpha \\ &= (8R\sin\gamma\sin\beta)^2\left\{\sin^2(60^\circ+\gamma)+\sin^2(60^\circ+\beta)-2\sin(60^\circ+\gamma)\sin(60^\circ+\beta)\cos\alpha\right\}\end{aligned}$$

が得られるが，(ii) により，

$$\mathrm{FE}^2 = (8R\sin\gamma\sin\beta)^2\sin^2\alpha$$

つまり

$$\mathrm{FE} = 8R\sin\alpha\sin\beta\sin\gamma$$

とわかる．同様にして，

$$\mathrm{AE} = 8R\sin\alpha\sin\beta\sin\gamma, \qquad \mathrm{AF} = 8R\sin\alpha\sin\beta\sin\gamma$$

となるので，三角形 DEF は正三角形である．■

注意　(2) の (ii) で考えた三角形は，実は三角形 AFE と相似である．また，(i) の等式は次のように一般化できる．

x, y, z を $x+y+z=\pi$ を満たす実数とするとき,

$$\sin^2 x = \sin^2 y + \sin^2 z - 2\sin y \sin z \cos x \qquad \cdots (*)$$

が成り立つ.

(*) の証明

$$\begin{aligned}\sin^2 y + \sin^2 z &= \frac{1-\cos 2y}{2} + \frac{1-\cos 2z}{2}\\ &= 1 - \frac{1}{2}(\cos 2y + \cos 2z)\\ &= 1 - \cos(y+z)\cos(y-z)\\ &= 1 + \cos x \cos(y-z)\end{aligned}$$

と変形できるので,

$$\begin{aligned}\sin^2 y+\sin^2 z-2\sin y\sin z\cos x &= 1+\cos x\,\{\cos(y-z)-2\sin y\sin z\}\\ &= 1+\cos x\,\{\cos y\cos z+\sin y\sin z-2\sin y\sin z\}\\ &= 1+\cos x\,\{\cos y\cos z-\sin y\sin z\}\\ &= 1+\cos x\cos(y+z)\\ &= 1-\cos^2 x = \sin^2 x.\end{aligned}$$

■

参考 (2) の (iii) では, 三角形 ABC の形状に関わらず三角形 DEF は正三角形になることを示した. これは**モーレー (Frank Morley, 1860～1937) の定理** (1899 年) と呼ばれている. この Morley の定理には非常に多くの証明が知られている. 論文をいくつか紹介しておく.

1. 補助線による証明には次の Mehmet Kolic による証明がある.
“A New Geometric Proof for Morley's Theorem” (*The American Mathematical Monthly*, Vol.122, No.4, pp.373 - 376)

[2] 計算による証明には次の Clarence Lubin による証明がある．
"A Proof of Morley's Theorem" (*The American Mathematical Monthly*, Vol.62, No.2, pp.110 - 112)

[3] 独特で個性的な証明として John Conway による証明は有名である．
"On Morley's trisector theorem" (*The Mathematical Intelligencer*, Vol.36, 2014, p.3)

なお，本問の証明方法に近い証明としては
"A Simple Proof of the Theorem of Morley" (*The American Mathematical Monthly*, Vol.37, No.9, pp.493 - 494)
などが挙げられる．また，モーレーの定理の歴史については，『数学 100 の定理』1999 年，日本評論社での清宮俊雄先生の解説が参考になる．

61 **方針**　(3) では二項係数の和に着目する.

解説

(1)

$$A_9 = \left\{ {}_9\mathrm{C}_1,\ {}_9\mathrm{C}_2,\ {}_9\mathrm{C}_3,\ {}_9\mathrm{C}_4 \right\} = \left\{ \mathbf{9,\ 36,\ 84,\ 126} \right\}. \qquad \cdots(\text{答})$$

A_9 のすべての要素の和は,

$$9 + 36 + 84 + 126 = \mathbf{255}. \qquad \cdots(\text{答})$$

(2) 自然数 k を用いて, 3 以上の奇数 n を $n = 2k + 1$ と表しておく. このとき, $\dfrac{n-1}{2} = k$ となるので,

$$A_n = \left\{ {}_n\mathrm{C}_1,\ {}_n\mathrm{C}_2,\ \cdots,\ {}_n\mathrm{C}_{\frac{n-1}{2}} \right\} = \left\{ {}_{2k+1}\mathrm{C}_1,\ {}_{2k+1}\mathrm{C}_2,\ \cdots,\ {}_{2k+1}\mathrm{C}_k \right\}.$$

$n = 3$ のとき, $A_3 = \left\{ {}_3\mathrm{C}_1 \right\}$ は 1 つの元 (要素) からなる集合であり, A_3 内の最大の数は ${}_3\mathrm{C}_1 = {}_n\mathrm{C}_{\frac{n-1}{2}}$ である.
$n \geqq 5$ のとき, $i = 1, 2, \cdots, k-1$ に対して,

$$\begin{aligned}
{}_{2k+1}\mathrm{C}_{i+1} - {}_{2k+1}\mathrm{C}_i &= \frac{(2k+1)!}{(i+1)!(2k-i)!} - \frac{(2k+1)!}{i!(2k+1-i)!} \\
&= \frac{(2k+1)!}{(i+1)!(2k+1-i)!}\Big((2k+1-i) - (i+1)\Big) \\
&= \frac{(2k+1)!\,2(k-i)}{(i+1)!(2k+1-i)!} > 0
\end{aligned}$$

が成り立つ. したがって,

$${}_{2k+1}\mathrm{C}_1 < {}_{2k+1}\mathrm{C}_2 < \cdots\cdots < {}_{2k+1}\mathrm{C}_{k-1} < {}_{2k+1}\mathrm{C}_k$$

であるから, ${}_{2k+1}\mathrm{C}_k = {}_n\mathrm{C}_{\frac{n-1}{2}}$ が A_n 内の最大の数である. ■

(3) 自然数 k を用いて, 3 以上の奇数 n を $n = 2k + 1$ と表す.

$$
\begin{aligned}
2^n = 2^{2k+1} &= (1+1)^{2k+1} \\
&= \sum_{j=0}^{2k+1} {}_{2k+1}\mathrm{C}_j \\
&= \sum_{j=0}^{k} {}_{2k+1}\mathrm{C}_j + \sum_{j=k+1}^{2k+1} {}_{2k+1}\mathrm{C}_j \\
&= \sum_{j=0}^{k} {}_{2k+1}\mathrm{C}_j + \sum_{j=k+1}^{2k+1} {}_{2k+1}\mathrm{C}_{2k+1-j} \\
&= \sum_{j=0}^{k} {}_{2k+1}\mathrm{C}_j + \sum_{j=0}^{k} {}_{2k+1}\mathrm{C}_j \\
&= 2\sum_{j=0}^{k} {}_{2k+1}\mathrm{C}_j .
\end{aligned}
$$

よって,

$$
{}_{2k+1}\mathrm{C}_1 + {}_{2k+1}\mathrm{C}_2 + \cdots + {}_{2k+1}\mathrm{C}_k = 2^{2k} - {}_{2k+1}\mathrm{C}_0 = 2^{2k} - 1.
$$

したがって，A_n の元 (要素) の総和は奇数である.
ここで，A_n 内の奇数の個数 m が仮に偶数であるとすると，A_n の元の総和が奇数であることに矛盾する．ゆえに，m は奇数である.　■

62 **方針** 幾何的な背景をイメージする．具体的には，座標平面上の格子点の個数として解釈してみる．

解説 xy 座標平面上で原点と点 $(m,\ n)$ とを結ぶ線分を考える．m と n が互いに素であるので，この線分上に格子点は $(0,\ 0)$ と $(m,\ n)$ 以外にはない．

A$(m,\ 0)$，B$(m,\ n)$，C$(0,\ n)$ とすると，$j=1,\ 2,\ \cdots,\ m-1$ に対して，

$$(j,\ 1),\quad (j,\ 2),\quad \cdots\cdots,\quad \left(j,\ \left[\frac{n}{m}j\right]\right)$$

の $\left[\dfrac{n}{m}j\right]$ 個の格子点が三角形 OAB の内部の $x=j$ 上の格子点であり，対称性から，

$$\left[\frac{n}{m}\right]+\left[\frac{2n}{m}\right]+\cdots+\left[\frac{(m-1)n}{m}\right]=\frac{(m-1)(n-1)}{2}.$$

この右辺が m と n について対称であるから，

$$\left[\frac{m}{n}\right]+\left[\frac{2m}{n}\right]+\cdots+\left[\frac{(n-1)m}{n}\right]=\frac{(m-1)(n-1)}{2}$$

も成り立つ．したがって，

$$\left[\frac{n}{m}\right]+\left[\frac{2n}{m}\right]+\cdots+\left[\frac{(m-1)n}{m}\right]=\frac{(m-1)(n-1)}{2}=\left[\frac{m}{n}\right]+\left[\frac{2m}{n}\right]+\cdots+\left[\frac{(n-1)m}{n}\right]$$

が得られる． ■

63 **方針**　(i)$\Longrightarrow$(ii) と (ii)$\Longrightarrow$(i) に分けて示す．具体的な数で様子をみて，その状況を一般的に記述する．たとえば，a が有理数 $\dfrac{43}{30}$ であれば，

$$a_2 = f(a_1) = \frac{30}{43} - \left[\frac{30}{43}\right] = \frac{30}{43} - 0 = \frac{30}{43},$$
$$a_3 = f(a_2) = \frac{43}{30} - \left[\frac{43}{30}\right] = \frac{43}{30} - 1 = \frac{13}{30},$$
$$a_4 = f(a_3) = \frac{30}{13} - \left[\frac{30}{13}\right] = \frac{30}{13} - 2 = \frac{4}{13},$$
$$a_5 = f(a_4) = \frac{13}{4} - \left[\frac{13}{4}\right] = \frac{13}{4} - 3 = \frac{1}{4},$$
$$a_6 = f(a_5) = 4 - [\,4\,] = 4 - 4 = 0,$$
$$a_7 = f(a_6) = 0 = a_8 = a_9 = a_{10} = \cdots\cdots$$

となる (a_6 以降はすべて 0).

解説

(i) $\Longrightarrow$ (ii)　a は正の有理数であるから，

$$a = \frac{b_2}{b_1} \quad (b_1,\ b_2 \text{は互いに素な正の整数})$$

とおける．

b_1 を b_2 で割った商を q_1，余りを b_3 とし，$b_{k+1} \neq 0$ (k : 自然数) である限り順次，b_k を b_{k+1} で割った商を q_k，余りを b_{k+2} と定めていく．このとき，$b_m = 0$ となる自然数 m が存在する．

なぜなら，もし，$b_m = 0$ となる自然数 m が存在しないとすると，

$$b_2 > b_3 > b_4 > \cdots\cdots > 0$$

を満たす自然数の無限減少列が存在することになり矛盾するからである．

$b_m = 0$ を満たす最小の自然数 m を M とおくと，$M \geqq 3$ であり，

$$b_2 > b_3 > \cdots\cdots > b_{M-1} > b_M = 0.$$

このとき，$k=1,\ 2,\ \cdots,\ M-2$ に対して，

$$a_{k+1}=f(a_k)=\frac{b_k}{b_{k+1}}-\left[\frac{b_k}{b_{k+1}}\right]=\frac{b_k}{b_{k+1}}-q_k=\frac{b_k-b_{k+1}q_k}{b_{k+1}}=\frac{b_{k+2}}{b_{k+1}}$$

が成り立ち，$a_1,\ a_2,\ \ldots,\ a_{M-2}$ は正の有理数であり，

$$a_{M-1}=\frac{b_M}{b_{M-1}}=0.$$

これより，漸化式から，

$$a_{M-1}=0=a_M=a_{M+1}=\cdots\cdots.$$

以上より，

$$a_k=\begin{cases}\dfrac{b_{k+1}}{b_k}\ (>0) & (k=1,\ 2,\ \cdots,\ M-2),\\ \dfrac{b_M}{b_{M-1}}=0 & (k=M-1),\\ \quad 0 & (k=M,\ M+1,\ \cdots).\end{cases}$$

したがって，$a_n=0$ を満たす自然数 n として，

$$n=M-1,\ M,\ M+1,\ \cdots\cdots$$

が存在する． ■

(ii) $\Longrightarrow$ (i)　背理法で示す．正の数 a が有理数でないと仮定すると，漸化式より帰納的に，a_n は無理数となるが，これは仮定 (ii) に反する (矛盾).

ゆえに，a は有理数である． ■

参考　本問は連分数展開 (あるいは Euclid(ユークリッド)の互除法) のアルゴリズムを与えている．

$$\frac{43}{30}=1+\frac{13}{30}=1+\frac{1}{\dfrac{30}{13}}=1+\frac{1}{2+\dfrac{4}{13}}=1+\frac{1}{2+\dfrac{1}{\dfrac{13}{4}}}=1+\frac{1}{2+\dfrac{1}{3+\dfrac{1}{4}}}.$$

この連分数展開には様々な応用があるが，その一つに 1 次不定方程式の特殊解の発見が挙げられる．この例の場合，$43x-30y=1$ を満たす自然数として，最後から 2 番目の近似分数である

$$1+\cfrac{1}{2+\cfrac{1}{3}}=\frac{10}{7}$$

から，特殊解 $(x,y)=(7,10)$ が得られる．一般に $\dfrac{a}{b}=q_1+\cfrac{1}{q_2+\cfrac{1}{q_3+\ddots+\cfrac{1}{q_n}}}$

の近似分数 δ_i は，$\delta_1=q_1$，$\delta_2=q_1+\dfrac{1}{q_2}$，$\delta_3=q_1+\cfrac{1}{q_2+\cfrac{1}{q_3}}$，$\cdots$ であり，

$\delta_i\ (i>1)$ は文字による δ_{i-1} の表現式において q_{i-1} を $q_{i-1}+\dfrac{1}{q_i}$ でおきかえることによって δ_{i-1} から得られる．実際，表示を統一的にするために $P_0=1$，$Q_0=0$ とおけば，

$$\delta_1=q_1=\frac{q_1}{1}=\frac{P_1}{Q_1},\quad \delta_2=\frac{q_1+\frac{1}{q_2}}{1}=\frac{q_2q_1+1}{q_2\cdot 1+0}=\frac{q_2P_1+P_0}{q_2Q_1+Q_0}=\frac{P_2}{Q_2},$$

$$\delta_3=\frac{\left(q_2+\frac{1}{q_3}\right)P_1+P_0}{\left(q_2+\frac{1}{q_3}\right)Q_1+Q_0}=\frac{q_3P_2+P_1}{q_3Q_2+Q_1}=\frac{P_3}{Q_3}.$$

一般には，

$$\boldsymbol{\delta_i=\frac{q_iP_{i-1}+P_{i-2}}{q_iQ_{i-2}+Q_{i-2}}}.$$

このように，近似分数の分母・分子は $\begin{cases}P_i=q_iP_{i-1}+P_{i-2},\\ Q_i=q_iQ_{i-1}+Q_{i-2}\end{cases}$ によって順次計算される．

例　$2+\cfrac{1}{3+\cfrac{1}{4+\cfrac{1}{5+\cfrac{1}{6}}}}.$

$$
\begin{aligned}
\delta_1 &= 2 = \frac{2}{1}, \\
\delta_2 &= \frac{2+\frac{1}{3}}{1} = \frac{3\cdot 2+1}{3\cdot 1+0} = \frac{7}{3}, \\
\delta_3 &= \frac{\left(3+\frac{1}{4}\right)\cdot 2+1}{\left(3+\frac{1}{4}\right)\cdot 1+0} = \frac{4\cdot 7+2}{4\cdot 3+1} = \frac{30}{13}, \\
\delta_4 &= \frac{\left(4+\frac{1}{5}\right)\cdot 7+2}{\left(4+\frac{1}{5}\right)\cdot 3+1} = \frac{5\cdot 30+7}{5\cdot 13+3} = \frac{157}{68}, \\
\delta_5 &= \frac{\left(5+\frac{1}{6}\right)\cdot 30+7}{\left(5+\frac{1}{6}\right)\cdot 13+3} = \frac{6\cdot 157+30}{6\cdot 68+13} = \frac{972}{421}.
\end{aligned}
$$

また，a が無理数 $\sqrt{3}$ であれば，

$$
\begin{aligned}
a_2 &= f(a_1) = \frac{1}{\sqrt{3}} - \left[\frac{1}{\sqrt{3}}\right] = \frac{1}{\sqrt{3}} - 0 = \frac{1}{\sqrt{3}}, \\
a_3 &= f(a_2) = \sqrt{3} - \left[\sqrt{3}\right] = \sqrt{3} - 1 = \frac{2}{\sqrt{3}+1}, \\
a_4 &= f(a_3) = \frac{\sqrt{3}+1}{2} - \left[\frac{\sqrt{3}+1}{2}\right] = \frac{\sqrt{3}+1}{2} - 1 = \frac{\sqrt{3}-1}{2} = \frac{1}{\sqrt{3}+1}, \\
a_5 &= f(a_4) = \sqrt{3}+1 - \left[\sqrt{3}+1\right] = \sqrt{3}+1-2 = \sqrt{3}-1 = a_3, \\
a_6 &= f(a_5) = f(a_3) = a_4, \\
a_7 &= f(a_6) = f(a_4) = a_5 = a_3, \\
a_8 &= f(a_7) = f(a_3) = a_4, \\
&\ \vdots
\end{aligned}
$$

となる (a_5 以降は a_3，a_4 が交互に繰り返される)．それに対応し，$\sqrt{3}$ の連分数展開は次のように周期性がある．

$$
\begin{aligned}
\sqrt{3} &= 1+\boxed{(\sqrt{3}-1)} = 1+\cfrac{1}{\cfrac{1}{\sqrt{3}-1}} = 1+\cfrac{1}{\cfrac{\sqrt{3}+1}{2}} = 1+\cfrac{1}{1+\cfrac{\sqrt{3}-1}{2}} \\
&= 1+\cfrac{1}{1+\cfrac{1}{\cfrac{2}{\sqrt{3}-1}}} = 1+\cfrac{1}{1+\cfrac{1}{\sqrt{3}+1}} = 1+\boxed{\cfrac{1}{1+\cfrac{1}{2+\boxed{(\sqrt{3}-1)}}}} \\
&= 1+\cfrac{1}{1+\cfrac{1}{2+\cfrac{1}{1+\cfrac{1}{2+\cfrac{1}{1+\cfrac{1}{2+\cfrac{1}{\ddots}}}}}}}.
\end{aligned}
$$

$\sqrt{2}$ や $\sqrt{3}$ などは整数係数 2 次方程式の解になっており，このような無理数を **2 次の無理数**という．2 次の無理数は小数表記では循環しないが，実は連分数表記では循環し，逆に，循環する連分数で表される数は 2 次無理数であることが知られている (Lagrange の定理).

参考文献を挙げておく.

- 塩川宇賢 著『無理数と超越数』 1999 年，森北出版
- 小林昭七 著 『なっとくするオイラーとフェルマー』 2003 年，講談社

64 **方針** $\displaystyle\sum_{k=1}^{50} \sin 1^\circ \sin(2k-1)^\circ = \sin^2 50^\circ$ を示せばよい.

解説

積を差に変換する公式

$$\sin A \sin B = -\frac{1}{2}\Big\{\cos(A+B) - \cos(A-B)\Big\}$$

より,

$$\sin 1^\circ \sin(2k-1)^\circ = -\frac{1}{2}\Big\{\cos(2k)^\circ - \cos\{2(k-1)\}^\circ\Big\}.$$

これより,

$$\begin{aligned}\sum_{k=1}^{50} \sin 1^\circ \sin(2k-1)^\circ &= -\frac{1}{2}\sum_{k=1}^{50}\Big\{\cos(2k)^\circ - \cos\{2(k-1)\}^\circ\Big\} \\ &= -\frac{1}{2}\left\{\sum_{k=1}^{50}\cos(2k)^\circ - \sum_{k=1}^{50}\cos\{2(k-1)\}^\circ\right\} \\ &= -\frac{1}{2}\left\{\sum_{k=1}^{50}\cos(2k)^\circ - \sum_{k=0}^{49}\cos(2k)^\circ\right\} \\ &= -\frac{1}{2}\left(\cos 100^\circ - \cos 0^\circ\right) \\ &= \frac{1-\cos 100^\circ}{2} \\ &= \sin^2 50^\circ. \end{aligned}$$

■

最後の等号は, 半角公式 $\sin^2\theta = \dfrac{1-\cos 2\theta}{2}$ による.

注意 一般に, 正の整数 n について,

$$\boldsymbol{\sin 1^\circ + \sin 3^\circ + \sin 5^\circ + \cdots + \sin(2n-1)^\circ = \frac{\sin^2 n^\circ}{\sin 1^\circ}}.$$

が成り立つことが同様にわかる. 特に, $n=45$ として,

$$\boldsymbol{\sin 1^\circ + \sin 3^\circ + \sin 5^\circ + \cdots + \sin 89^\circ = \frac{\sin^2 45^\circ}{\sin 1^\circ} = \frac{1}{2\sin 1^\circ}}.$$

三角関数の積和差公式 (prosthaphaeretic rules)

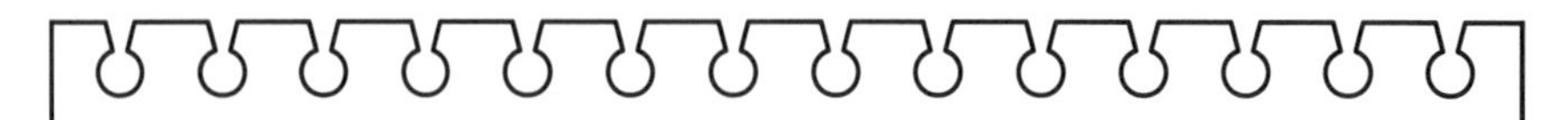

積を和または差の形で表す公式

$$\sin\alpha\cos\beta = \frac{1}{2}\Big\{\sin(\alpha+\beta)+\sin(\alpha-\beta)\Big\}.$$

$$\cos\alpha\sin\beta = \frac{1}{2}\Big\{\sin(\alpha+\beta)-\sin(\alpha-\beta)\Big\}.$$

$$\cos\alpha\cos\beta = \frac{1}{2}\Big\{\cos(\alpha+\beta)+\cos(\alpha-\beta)\Big\}.$$

$$\sin\alpha\sin\beta = -\frac{1}{2}\Big\{\cos(\alpha+\beta)-\cos(\alpha-\beta)\Big\}.$$

和・差を積の形で表す公式

$$\sin A+\sin B = 2\sin\frac{A+B}{2}\cos\frac{A-B}{2}.$$

$$\sin A-\sin B = 2\sin\frac{A-B}{2}\cos\frac{A+B}{2}.$$

$$\cos A+\cos B = 2\cos\frac{A+B}{2}\cos\frac{A-B}{2}.$$

$$\cos A-\cos B = -2\sin\frac{A+B}{2}\sin\frac{A-B}{2}.$$

参考 サインとコサインの和積公式を同時に導く幾何による方法を紹介する．

$|z|=|w|=1$ を満たす複素数 z，w に対して，

$$\frac{\dfrac{\boldsymbol{z^2+w^2}}{\boldsymbol{2}}+\dfrac{\boldsymbol{z^2-w^2}}{\boldsymbol{2}}}{\boldsymbol{zw}}=\frac{\boldsymbol{z}}{\boldsymbol{w}}. \qquad \cdots(*)$$

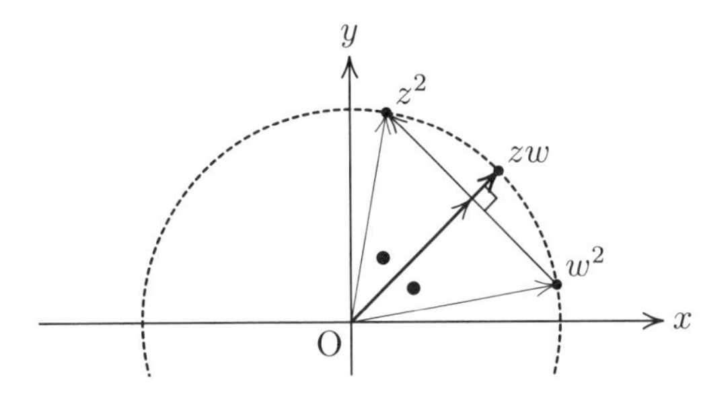

$$z^2=\cos\alpha+i\sin\alpha, \quad w^2=\cos\beta+i\sin\beta$$

とおいて，$(*)$ の実部を比較して，

$$\frac{\dfrac{1}{2}(\cos\alpha+\cos\beta)}{\cos\dfrac{\alpha+\beta}{2}}=\cos\frac{\alpha-\beta}{2}$$

より，

$$\mathbf{cos+cos=2\,cos}\,\frac{\boldsymbol{\alpha+\beta}}{\boldsymbol{2}}\,\mathbf{cos}\,\frac{\boldsymbol{\alpha-\beta}}{\boldsymbol{2}}.$$

また，$(*)$ の虚部を比較して，

$$\frac{\dfrac{1}{2}(\sin\alpha-\sin\beta)}{\sin\dfrac{\alpha+\beta}{2}}=\sin\frac{\alpha-\beta}{2}$$

より，

$$\mathbf{sin-sin=2\,sin}\,\frac{\boldsymbol{\alpha+\beta}}{\boldsymbol{2}}\,\mathbf{sin}\,\frac{\boldsymbol{\alpha-\beta}}{\boldsymbol{2}}.$$

65 **方針**　計算の仕組みを観察して，一般的に記述する．

いくつかの数値例

n	r	${}_{2n}\mathrm{C}_{2i-1}$ たち	2^{r+1}
2	1	${}_4\mathrm{C}_1=4$，${}_4\mathrm{C}_3=4$	$2^2=4$
3	0	${}_6\mathrm{C}_1=6$，${}_6\mathrm{C}_3=20$，${}_6\mathrm{C}_5=6$	$2^1=2$
4	2	${}_8\mathrm{C}_1=8$，${}_8\mathrm{C}_3=56$，${}_8\mathrm{C}_5=56$，${}_8\mathrm{C}_7=8$	$2^3=8$
5	0	${}_{10}\mathrm{C}_1=10$，${}_{10}\mathrm{C}_3=120$，${}_{10}\mathrm{C}_5=252$，${}_{10}\mathrm{C}_7=120$，${}_{10}\mathrm{C}_9=10$	$2^1=2$

解説　与えられた条件より，$n=2^r\cdot k$ (k は奇数) と表せる．

(1) 1 以上 n 以下の任意の整数 i に対して，

$$
\begin{aligned}
{}_{2n}\mathrm{C}_{2i-1} &= \frac{(2n)!}{(2i-1)!(2n-2i+1)!} \\
&= \frac{(2n)\cdot(2n-1)!}{(2i-1)\cdot(2i-2)!\cdot(2n-2i+1)!} \\
&= \frac{2n}{2i-1}\cdot{}_{2n-1}\mathrm{C}_{2i-2}
\end{aligned}
$$

が成り立つ．

よって，

$$(2i-1)\cdot{}_{2n}\mathrm{C}_{2i-1}=2n\cdot{}_{2n-1}\mathrm{C}_{2i-2}.$$

$$(2i-1)\cdot{}_{2n}\mathrm{C}_{2i-1}=2^{r+1}k\cdot{}_{2n-1}\mathrm{C}_{2i-2}.$$

ここで，奇数 $2i-1$ と 2^{r+1} は互いに素であるから，${}_{2n}\mathrm{C}_{2i-1}$ は 2^{r+1} で割り切れる．■

(2) n 個の 2 項係数 ${}_{2n}\mathrm{C}_{2i-1}$ $(i=1,2,\cdots,n)$ の最大公約数を g とおく．

まず，(1) より，${}_{2n}\mathrm{C}_{2i-1}$ $(i=1,\ 2,\ \cdots,n)$ はすべて 2 で $(r+1)$ 回以上割れる．

さらに，${}_{2n}\mathrm{C}_1=2n$ が 2 でちょうど $(r+1)$ 回割れることから，g はちょうど 2 で $(r+1)$ 回割れる．

また，n 個の 2 項係数 ${}_{2n}\mathrm{C}_{2i-1}$ $(i=1,2,\cdots,n)$ の和を S とすると，

$$2^{2n}=(1+1)^{2n}=\sum_{k=0}^{2n}{}_{2n}\mathrm{C}_k,$$

$$0^{2n}=(1-1)^{2n}=\sum_{k=0}^{2n}(-1)^k{}_{2n}\mathrm{C}_k$$

の辺々を引いて，

$$2^{2n}-0=2\sum_{i=1}^{n}{}_{2n}\mathrm{C}_{2i-1}\quad \text{つまり}\quad S=2^{2n-1}.$$

ここで，g が奇数の素因数 d をもつとすると，各 ${}_{2n}\mathrm{C}_{2i-1}$ $(i=1,2,\cdots,n)$ が d で割り切れることから，その和である S も d で割り切れることになるが，$S=2^{2n-1}$ は奇数の素因数を持たないので，矛盾が生じる．

したがって，g は素因数 2 をちょうど $(r+1)$ 個もち，奇数の素因数をもたないので，$g=2^{r+1}$ である． ■

注意 次のような表現でもよい．

(1) 1 以上 n 以下の任意の整数 i に対して，2 項係数 ${}_{2n}\mathrm{C}_{2i-1}$ は

$${}_{2n}\mathrm{C}_{2i-1}=\frac{(2n)\overbrace{(2n-1)(2n-2)\cdots\cdots(2n-2i+2)}^{(2i-2)\text{ 連続整数の積は }(2i-2)\text{ の倍数}}}{\underbrace{(2i-1)}_{\text{奇数}}\underbrace{(1)(2)\cdots\cdots(2i-2)}_{(2i-2)\text{ 連続整数の積}}}=\frac{2n}{2i-1}\cdot(\text{整数})$$

は，2^{r+1} で割り切れる． ■

(2) n 個の 2 項係数 ${}_{2n}\mathrm{C}_{2i-1}$ $(i=1,2,\ldots,n)$ のうちの $i=1,2$ に対応する ${}_{2n}\mathrm{C}_1=2n$ と ${}_{2n}\mathrm{C}_3=\dfrac{(2n)(2n-1)(2n-2)}{3\cdot2\cdot1}=\dfrac{(2n)(2n-1)(n-1)}{3}$ に着目する．

$$2n=2\cdot2^r\cdot k\quad (k\text{ は奇数})$$

と表すと，$2n$ と $2n-1$ は互いに素であり，$n-1=2^r\cdot k-1$ と k が互いに素であるから，${}_{2n}\mathrm{C}_1$ と ${}_{2n}\mathrm{C}_3$ の最大公約数は 2^{r+1} であるから，n 個の 2 項係数 ${}_{2n}\mathrm{C}_{2i-1}$ $(i=1,2,\cdots,n)$ の最大公約数は 2^{r+1} である． ■

66　(3) での $\{c_n\}$ を考える際に，(1)，(2) での $\{a_n\}$，$\{b_n\}$ が役立つ．その関連を考える．

解説

(1) 条件より，

$$\begin{aligned} a_3 &= 4a_2 - a_1 = 4\cdot 1 - 1 = 3, \\ a_4 &= 4a_3 - a_2 = 4\cdot 3 - 1 = 11, \\ b_3 &= 4b_2 - b_1 = 4\cdot 2 - 1 = 7, \\ b_4 &= 4b_3 - b_2 = 4\cdot 7 - 2 = 26. \end{aligned}$$

したがって，

$$\begin{cases} a_3b_3 = 3\cdot 7 = \mathbf{21}, \\ a_4b_3 = 11\cdot 7 = \mathbf{77}, \\ a_4b_4 = 11\cdot 26 = \mathbf{286}. \end{cases} \qquad \cdots (\textbf{答})$$

(2) まず，すべての自然数 n に対して，

$$a_nb_{n+1} = a_{n+1}b_n + 1 \qquad \cdots ①$$

が成り立つことを数学的帰納法によって示す．

(i) $n=1$ のとき，

$$a_1b_2 = 1\cdot 2 = 2 = 1\cdot 1 + 1 = a_2b_1 + 1$$

であるから，① は成り立つ．

(ii) $n=k$ のとき，① が成り立つと仮定する．

このとき，

$$\begin{aligned} a_{k+1}b_{k+2} &= a_{k+1}(4b_{k+1} - b_k) \\ &= 4a_{k+1}b_{k+1} - a_{k+1}b_k \\ &= 4a_{k+1}b_{k+1} - (a_kb_{k+1} - 1) \\ &= (4a_{k+1} - a_k)\,b_{k+1} + 1 \\ &= a_{k+2}b_{k+1} + 1 \end{aligned}$$

より，$n=k+1$ のときにも ① が成り立つ．

(i), (ii) より，すべての自然数 n に対して，① が成り立つ． ■

次に，すべての自然数 n に対して，

$$a_{n+2}b_n = a_{n+1}b_{n+1} + 1 \qquad \cdots ②$$

が成り立つことを数学的帰納法によって示す．

(i) $n = 1$ のとき，

$$a_3b_1 = 3 \cdot 1 = 3 = 1 \cdot 2 + 1 = a_2b_2 + 1$$

であるから，② は成り立つ．

(ii) $n = k$ のとき，② が成り立つと仮定する．

このとき，

$$\begin{aligned} a_{k+3}b_{k+1} &= (4a_{k+2} - a_{k+1}) \cdot b_{k+1} \\ &= 4a_{k+2}b_{k+1} - a_{k+1}b_{k+1} \\ &= 4a_{k+2}b_{k+1} - (a_{k+2}b_k - 1) \\ &= a_{k+2}(4b_{k+1} - b_k) + 1 \\ &= a_{k+2}b_{k+2} + 1 \end{aligned}$$

より，$n = k + 1$ のときにも ② が成り立つ．

(i), (ii) より，すべての自然数 n に対して，② が成り立つ． ■

(3) すべての自然数 n に対して，

$$c_{2n-1} = a_nb_n \quad \cdots ③ \qquad \text{および} \qquad c_{2n} = a_{n+1}b_n \quad \cdots ④$$

が成り立つことを数学的帰納法によって示す．

(i) $n = 1$ のとき，

$$c_1 = 1 = 1 \cdot 1 = a_1b_1,\ c_2 = 1 = 1 \cdot 1 = a_2b_1$$

であるから，③ および ④ は成り立つ．

(ii) $n = k$ のとき，③, ④ が成り立つと仮定する．

このとき，

$$
\begin{aligned}
c_{2k+1} &= \frac{c_{2k}(c_{2k}+1)}{c_{2k-1}} \\
&= \frac{(a_{k+1}b_k)(a_{k+1}b_k+1)}{a_k b_k} \\
&= \frac{a_{k+1}a_k b_{k+1}}{a_k} = a_{k+1}b_{k+1},
\end{aligned}
$$

$$
\begin{aligned}
c_{2k+2} &= \frac{c_{2k+1}(c_{2k+1}+1)}{c_{2k}} \\
&= \frac{(a_{k+1}b_{k+1})(a_{k+1}b_{k+1}+1)}{a_{k+1}b_k} \\
&= \frac{b_{k+1}}{b_k} \cdot a_{k+2}b_k = a_{k+2}b_{k+1}
\end{aligned}
$$

より，$n = k+1$ のときも ③，④ が成り立つ．

(i)，(ii) より，すべての自然数 n に対して，③ および ④ が成り立つ．数列 $\{a_n\}$，$\{b_n\}$ はすべての項が整数値であることが，条件より帰納的にわかるので，すべての自然数 n に対して c_n は整数であるから，題意は示された．■

参考　本問には**ローラン** (Laurent) **現象**と呼ばれる**クラスター代数**の理論が背景にある．

なお，本問の (3) を (2) なしで解こうとするとなかなかの難問であろう．ノーヒント版を問題文として掲載しておく．

問題 (ノーヒント ver.)

$$x_1 = 1,\quad x_2 = 1,\quad x_{n+2} = \frac{x_{n+1}(x_{n+1}+1)}{x_n}\ (n = 1,\ 2,\ 3,\ \cdots)$$

で定められる数列 $\{x_n\}$ について，任意の正の整数 n に対して x_n は整数であることを示せ.

67 **解説**

(1)

$$\cos 3\theta = \mathbf{4\cos^3\theta - 3\cos\theta}. \qquad \cdots(\textbf{答})$$

$$\begin{aligned}\cos 4\theta &= 2\cos^2 2\theta - 1\\ &= 2(2\cos^2\theta - 1)^2 - 1\\ &= \mathbf{8\cos^4\theta - 8\cos^2\theta + 1}. \qquad \cdots(\textbf{答})\end{aligned}$$

(2) まず，次の事実 $(*)$ を示しておこう.

$(*)$ 「自然数 n に対して，$\cos n\theta = f_n(\cos\theta)$ となる最高次の係数が 2^{n-1} である整数係数の n 次多項式 $f_n(x)$ が存在する.」

この証明は n に関する数学的帰納法で行う.

(i) $n = 1$ のときには $f_1(x) = x$，$n = 2$ のときには $f_2(x) = 2x^2 - 1$ であり，$n = 1,\ 2$ に対しては確かに $f_n(x)$ は存在している.

(ii) $n = k,\ k+1$ での $(*)$ の成立を仮定し，そのもとで，和積公式から得られる

$$\cos(k+2)\theta + \cos k\theta = 2\cos(k+1)\theta\cos\theta$$

に着目すると，

$$\cos(k+2)\theta = 2\cos(k+1)\theta\cos\theta - \cos k\theta$$

であり，数学的帰納法の仮定により，$\cos(k+1)\theta = f_{k+1}(\cos\theta)$, $\cos k\theta = f_k(\cos\theta)$ とかけることから，

$$\cos(k+2)\theta = 2\cos\theta \times f_{k+1}(\cos\theta) - f_k(\cos\theta)$$

の右辺は，$\cos\theta$ の $(k+2)$ 次式になり，さらに，最高次の係数は $2^k \times 2 = 2^{k+1}$ であることから，$n = k+2$ に対しても $(*)$ が成り立つことがわかる．

(i)，(ii) により，すべての自然数 n に対して $(*)$ が成り立つことが示された．

さて，$\cos\theta = \dfrac{1}{p}$ のとき，$\theta = \dfrac{m}{n} \cdot \pi$ となるような正の整数 m，n が存在すると仮定する．
すなわち，ある自然数 M，N に対して，$\theta = \dfrac{M}{N} \cdot \pi$，$\cos\theta = \dfrac{1}{p}$ であるとする．$N \geqq 1$ のはずである．
このとき，$N\theta = M\pi$ より，

$$|\cos N\theta| = |\cos M\pi| = 1$$

となる．ここで，$(*)$ により，ある整数 a_0，a_1，$\cdots$，a_{N-1} が存在して

$$\cos N\theta = 2^{N-1}(\cos\theta)^N + a_{N-1}(\cos\theta)^{N-1} + \cdots + a_1\cos\theta + a_0$$

が成り立つことから，

$$1 = |\cos N\theta| = \left|2^{N-1}\left(\frac{1}{p}\right)^N + a_{N-1}\left(\frac{1}{p}\right)^{N-1} + \cdots + a_1 \cdot \frac{1}{p} + a_0\right|.$$

この両辺に p^{N-1} をかけると，

$$p^{N-1} = \left|\frac{2^{N-1}}{p} + a_{N-1} + (\text{整数})\right|$$

が得られるが，p が 3 以上の素数であることから，$\dfrac{2^{N-1}}{p}$ は整数となり得ないので，この等式は不合理である．■

参考　$f_n(x)$ は**第 1 種チェビシェフ多項式**と呼ばれる多項式である．

68 解説

(1) 求める場合の数は，4 種類のものから 10 個を選ぶ重複組合せの総数として，

$$ {}_4\mathrm{H}_{10} = {}_{13}\mathrm{C}_{10} = {}_{13}\mathrm{C}_3 = \frac{13\cdot 12\cdot 11}{3\cdot 2\cdot 1} = \mathbf{286}. \qquad \cdots(\text{答}) $$

(2) $a = A+1$，$b = B+1$，$c = C+1$，$d = D+1$ とおくと，(1) の等式を満たす正の整数解の組 $(a,\ b,\ c,\ d)$ は $A+B+C+D=6$ を満たす負でない整数解の組 $(A,\ B,\ C,\ D)$ と一対一に対応し，その総数は，4 種類のものから 6 個を選ぶ重複組合せの総数として，

$$ {}_4\mathrm{H}_6 = {}_9\mathrm{C}_6 = {}_9\mathrm{C}_3 = \frac{9\cdot 8\cdot 7}{3\cdot 2\cdot 1} = \mathbf{84}. \qquad \cdots(\text{答}) $$

別解 ○|○|○|○|○|○|○|○|○|○ の 9 個の | から 3 個を選ぶ組合せと一対一に対応するので，その総数は ${}_9\mathrm{C}_3 = 84$.

(3) (2) のうち，$a > b$ となる組の総数と $a < b$ となる組の総数は等しい．そこで，$a = b$ となる組の総数を調べよう．(2) のうち，$a = b$ となる組は $a = A+1$，$b = B+1$，$c = C+1$，$d = D+1$ とおくと，

$$ A = B, \quad A+B+C+D = 6 $$

を満たす負でない整数解の組 $(A,\ B,\ C,\ D)$ と一対一に対応し，

$A = B = 0$ であるものは ${}_2\mathrm{H}_6 = {}_7\mathrm{C}_6 = {}_7\mathrm{C}_1 = 7$ 個あり，

$A = B = 1$ であるものは ${}_2\mathrm{H}_4 = {}_5\mathrm{C}_4 = {}_5\mathrm{C}_1 = 5$ 個あり，

$A = B = 2$ であるものは ${}_2\mathrm{H}_2 = {}_3\mathrm{C}_2 = {}_3\mathrm{C}_1 = 3$ 個あり，

$A = B = 3$ であるものは $C = D = 0$ の 1 個あり，

$A = B \geqq 4$ であるものは存在しない

ので，全部で $7+5+3+1 = 16$ 個ある．したがって，求める総数は，

$$ \frac{84-16}{2} = \mathbf{34}. \qquad \cdots(\text{答}) $$

(4) $a=A+1,\ b=B+1,\ c=C+1,\ d=D+1$ とおくと，$a+b+c+d\leqq 10$ を満たす正の整数解の組 $(a,\ b,\ c,\ d)$ は $A+B+C+D\leqq 6$ を満たす負でない整数解の組 $(A,\ B,\ C,\ D)$ と一対一に対応し，さらに，$E=6-(A+B+C+D)$ とおくことで，$A+B+C+D+E=6$ を満たす負でない整数解の組 $(A,\ B,\ C,\ D,\ E)$ と一対一に対応するので，その総数は5種類のものから6個を選ぶ重複組合せの総数として，

$$ {}_5\mathrm{H}_6={}_{10}\mathrm{C}_6={}_{10}\mathrm{C}_4=\frac{10\cdot 9\cdot 8\cdot 7}{4\cdot 3\cdot 2\cdot 1}=\mathbf{210}. \qquad \cdots(\text{答}) $$

69

解説　$a-b-8$ と $b-c-8$ が素数となるためには，$a-b-8>0$ かつ $b-c-8>0$ が必要であり，$a>b>c$ でなければならない．

偶数の素数が2しかないことに着目し，$a-b-8$ と $b-c-8$ が素数となるような素数 $a,\ b,\ c$ を求めるために，$a,\ b,\ c$ の偶奇で次の2つの場合 (i)，(ii) に分けて調べる．

(i) $a,\ b,\ c$ がすべて奇数の素数である場合．
$a-b-8$ と $b-c-8$ はともに偶数の素数であることから，

$$ a-b-8=2, \qquad b-c-8=2 $$

つまり

$$ a=b+10, \qquad b=c+10 $$

である．これらより，$a=c+20$ である．ここで，

$$ b\equiv c+1 \quad (\mathrm{mod.}\ 3), \qquad a\equiv c+2\ \ (\mathrm{mod.}\ 3) $$

であることに注意すると，$c\equiv 0\ \ (\mathrm{mod.}\ 3)$ のとき，

- $c=3$ の場合，$a=23,\ b=13$ ですべて素数となり，条件を満たす．
- $c>3$ の場合，c は3より大きな3の倍数ゆえ素数ではないので，条件を満たさない．

また，$c \equiv 1 \pmod{3}$ のとき，a は 3 より大きな 3 の倍数ゆえ素数ではないので，条件を満たさない．

$c \equiv 2 \pmod{3}$ のとき，b は 3 より大きな 3 の倍数ゆえ素数ではないので，条件を満たさない．

ゆえに，このケース (i) で適する組は $(a,\ b,\ c) = (23,\ 13,\ 3)$ のみである．

(ii) a，b が奇数の素数で $c = 2$ の場合．

$a-b-8$ は偶数の素数であることから，$a-b-8=2$ つまり $a=b+10$ である．また，

$$b - c - 8 = b - 10 = p$$

とおくと，

$$b = p + 10, \qquad a = p + 20$$

より，素数 p，b，a は (i) と同じ議論により，

$$p = 3, \qquad b = 13, \qquad a = 23$$

のみである．

ゆえに，このケース (ii) で適する組は

$$(a,\ b,\ c) = (23,\ 13,\ 2) \text{ のみ}$$

である．

(i)，(ii) より，求める素数の組 $(a,\ b,\ c)$ は

$$(a,\ b,\ c) = \mathbf{(23,\ 13,\ 3)}, \quad \mathbf{(23,\ 13,\ 2)}. \qquad \cdots(\textbf{答})$$

70 解説

(1) $\begin{cases} x = 8m + n, \\ y = 5m + 2n \end{cases}$ を m, n について解くと, $\begin{cases} m = \dfrac{2x - y}{11}, \\ n = \dfrac{-5x + 8y}{11} \end{cases}$ であることから,

$$2x - y = 11m, \qquad -5x + 8y = 11n.$$

ここで, $x = dX$, $y = dY$ とおくと, d が x と y の最大公約数であることから, X と Y は互いに素であり,

$$d(2X - Y) = 11m, \qquad d(-5X + 8Y) = 11n$$

より, d は $11m$ と $11n$ をともに割り切る, つまり, d は $11m$ と $11n$ の公約数であることがわかる.

ゆえに, m, n が互いに素ならば, d は 11 の約数ゆえ, $d = 1$ または $d = 11$ である. ■

(2) $m = 2$ のとき,

$$x = n + 16, \qquad y = 2n + 10.$$

x が 11 の倍数となるような自然数 n は

$$n = 6,\ 17,\ 28,\ \cdots$$

であるが,

$n = 6$ の場合, $(x,\ y) = (22,\ 22)$ であり, $d = 22 \neq 11$ より条件を満たさない.

$n = 17$ の場合, $(x,\ y) = (33,\ 44)$ であり, $d = 11$ より条件を満たす.

ゆえに, $d = 11$ となる最小の自然数 n は

$$n = \mathbf{17}. \qquad \cdots(\textbf{答})$$

第3章

テーマ別講義

1 Rational Root Theorem

Rational Root Theorem (有理数解定理)

$f(x)$ を整数係数 n 次多項式とし，有理数 $\alpha = \dfrac{p}{q}$ (p は整数，q は正の整数，p と q は互いに素) が $f(\alpha) = 0$ を満たすとする．このとき，p は $f(x)$ の定数項の約数であり，q は $f(x)$ の最高次の項の係数の約数である．

特に，$f(x)$ の最高次の項の係数が 1 の場合には，$q = 1$ となるので，$f(x) = 0$ の有理数解は整数解であり，その整数は $f(x)$ の定数項の約数である (Integral Root Theorem).

証明　a_n，a_{n-1}，$\cdots$，a_1，a_0 を整数，$a_n \neq 0$ とし，

$$f(x) = a_n x^n + a_{n-1} x^{n-1} + \cdots + a_1 x + a_0$$

とする．$f(x)$ は整数係数 n 次多項式である．α は n 次方程式 $f(x) = 0$ の解であるから，

$$f(\alpha) = a_n \left(\frac{p}{q}\right)^n + a_{n-1} \left(\frac{p}{q}\right)^{n-1} + \cdots + a_1 \left(\frac{p}{q}\right) + a_0 = 0.$$

分母を払って，

$$a_n p^n + a_{n-1} p^{n-1} q + \cdots + a_1 p q^{n-1} + a_0 q^n = 0. \qquad \cdots (*)$$

$(*)$ について，左辺の左端の項だけを右辺に移項すると，

$$\underbrace{a_{n-1}p^{n-1}q + \cdots + a_1pq^{n-1} + a_0q^n}_{q\text{ でくくれる．}q\text{ の倍数!}} = -a_np^n.$$

左辺は q の倍数であるから，右辺の $-a_np^n$ も q の倍数である．p と q が互いに素であるから，a_n が q の倍数である．すなわち，q は a_n の約数である．

また，$(*)$ について，左辺の右端の項だけを右辺に移項すると，

$$\underbrace{a_np^n + a_{n-1}p^{n-1}q + \cdots + a_1pq^{n-1}}_{p\text{ でくくれる．}p\text{ の倍数!}} = -a_0q^n.$$

左辺は p の倍数であるから，右辺の $-a_0q^n$ も p の倍数である．p と q が互いに素なので，a_0 が p の倍数，すなわち，p は a_0 の約数である．■

注意1　この rational root theorem は，整数係数の n 次方程式

$$\boldsymbol{a_n}x^n + a_{n-1}x^{n-1} + \cdots + a_1x + \boldsymbol{a_0} = 0$$

の有理数解が $\dfrac{a_0\text{の約数}}{a_n\text{の約数}}$ の形に限られることを主張しており，有理数解を探すときのヒントを与えている．

注意2　最高次の項の係数が1である多項式は**monic**（モニック）と形容される．monic な整数係数多項式 $f(x)$ について，$f(x)=0$ の有理数解は整数解であるといえる．これは，Integral Root Theorem と呼ばれることがある．

注意3　「整数係数の多項式が整数係数の多項式の積に因数分解できないことと有理数係数の多項式の積に因数分解できないことは同値である」という定理がある．これを“**Gaussの補題**（ガウス）”という．“ガウスの補題”からみた rational root theorem の意味は，次のように納得しておくとよい．整数係数 n 次多項式 $f(x) = a_nx^n + a_{n-1}x^{n-1} + \cdots + a_1x + a_0$ について，$f(x)=0$ が $x=\dfrac{p}{q}$ を解にもつとき，因数定理から，$f(x)$ は $qx-p$ を因数にもつことがわかる．したがって，$f(x)$ は $qx-p$ で割り切れるはずであるが，このとき，その商は整数係数の多項式とは限らないように思われる．(商の多項式の係数は整数でない有理数がくるかもしれないと心配になる．) しかし，“ガウスの補題”によ

ると，有理数係数の多項式の積に分解できるということは整数係数の多項式の積に分解できるということであるから，

$$f(x) = (qx - p) \times (\text{整数係数の多項式})$$

とかけることがわかる．そこで，両辺の最高次の項の係数を比較することで $\boldsymbol{a_n = q \times}$ **(整数)** であることがわかり，定数項を比較することで $\boldsymbol{a_0 = p \times}$ **(整数)** であることがわかる．

【2001 神戸大学】

(1) $a,\ b,\ c$ を整数とする．x に関する 3 次方程式 $x^3+ax^2+bx+c=0$ が有理数の解をもつならば，その解は整数であることを示せ．

(2) 方程式 $x^3+2x^2+2=0$ は，有理数の解をもたないことを示せ．

解説

(1) $x^3+ax^2+bx+c=0$ の有理数解を

$$x = \frac{p}{q} \quad (p \text{ は整数, } q \text{ は正の整数, } p \text{ と } q \text{ は互いに素})$$

とすると，

$$\left(\frac{p}{q}\right)^3 + a\left(\frac{p}{q}\right)^2 + b\cdot\frac{p}{q} + c = 0.$$

左辺の左端の項だけを右辺に移項し，q^2 をかけると，

$$ap^2 + bpq + cq^2 = -\frac{p^3}{q}.$$

この左辺は整数であるから，右辺の $-\dfrac{p^3}{q}$ も整数であるが，p と q が互いに素であることから，正の整数 q は $q=1$ である．つまり，有理数解 $\dfrac{p}{q}$ は整数 p である． ■

(2) $f(x) = x^3+2x^2+2$ とおく．「方程式 $f(x)=0$ は有理数の解をもたない」ことを背理法で示す．仮に，有理数解があったとすると，(1) よ

り，その有理数解は整数解であり，その整数は 2 の約数である．さらに，$f(x)=0 \iff x^3=-2(x^2+1)$ であるから，その整数解は負の偶数であることから，$f(-2)=0$ のはずである．しかし，$f(-2)=2 \neq 0$ であり，矛盾が生じる．■

【2017 岡山県立大学】

n は正の整数とする．3 次方程式 $x^3-nx^2+(n+3)x-2=0$ が正の整数解をもつとき，その整数解と残りの解を求めよ．

解説　$f(x)=x^3-nx^2+(n+3)x-2$ とおく．$f(x)=0$ が正の整数解をもつとき，その整数解は 2 の約数である．なぜなら，正の整数 k が解とすると，

$$k^3-nk^2+(n+3)k-2=0 \qquad \text{つまり} \qquad k\left\{k^2-nk+(n+3)\right\}=2$$

が成り立つからである．よって，整数解は $x=1$ または $x=2$ である (1，2 以外の正の整数が解になることはない)．

$$f(1)=1-n+n+3-2=2$$

より，$x=1$ は $f(x)=0$ の解にはなり得ない．したがって，$f(x)=0$ の正の整数解は $x=2$ のはずであり，$f(x)=0$ が正の整数解をもつ条件は

$$f(2)=8-4n+2n+6-2=12-2n=0 \qquad \text{より} \qquad n=6.$$

したがって，$f(x)=x^3-6x^2+9x-2=(x-2)(x^2-4x+1)$ より，

$$f(x)=0 \qquad \iff \qquad x=\mathbf{2},\ \mathbf{2}\pm\sqrt{\mathbf{3}}.$$

【1996 京都大学 (後期)】

n は 2 以上の整数，p は素数，a_0，a_1，$\cdots$，a_{n-1} は整数とし，n 次式

$$f(x) = x^n + pa_{n-1}x^{n-1} + \cdots + pa_i x^i + \cdots + pa_0$$

を考える．

(1) 方程式 $f(x) = 0$ が整数解 α をもてば，α は p で割り切れることを示せ．

(2) a_0 が p で割り切れなければ，方程式 $f(x) = 0$ は整数解をもたないことを示せ．

解説

(1) 方程式 $f(x) = 0$ が整数解 α をもつとき，

$$\alpha^n + \underbrace{pa_{n-1}\alpha^{n-1} + \cdots + pa_i\alpha^i + \cdots + pa_1\alpha + pa_0}_{p\text{ でくくれる．}p\text{ の倍数!}} = 0.$$

これより，α^n は素数 p の倍数であり，α は p で割り切れることを示された． ■

(2) 背理法で示す．a_0 が p で割り切れないとし，方程式 $f(x) = 0$ が整数解 $x = \alpha$ をもつとする．(1) より，整数解 α は p の倍数であるから，$\alpha = pm$ (m は整数) とおくと，

$$f(\alpha) = f(pm) = \underbrace{(pm)^n + \cdots + pa_i(pm)^i + \cdots + pa_1 \cdot pm}_{p^2\text{ でくくれる．}p^2\text{ の倍数}} + pa_0 = 0.$$

ゆえに，pa_0 が p^2 の倍数であることになり，a_0 が p の倍数であることになるが，これは仮定に反する． ■

注意 本問は次のEisenstein(アイゼンシュタイン)の (既約) 判定法を背景としたものである．

Eisenstein の (既約) 判定法

$f(x) = A_n x^n + A_{n-1} x^{n-1} + \cdots + A_1 x + A_0$ を整数係数の n 次式とする．素数 p で次の (1) ～ (3) のすべてを満たすものが存在するとき，$f(x)$ は整数係数の多項式の積に因数分解できない．

(1) p は A_{n-1}，A_{n-2}，$\cdots$，A_1，A_0 の公約数である．

(2) p は A_n の約数ではない．

(3) p^2 は A_0 の約数ではない．

さらに，有理数解定理の拡張として次が成り立つ．

整数解を探すテクニック

$f(x)$ を整数係数多項式とし，α が $f(x) = 0$ の整数解とする．このとき，任意の整数 m に対して，$\alpha - m$ は $f(m)$ の約数である．

(注意)　$f(x)$ は monic である必要はない．

練習　この“整数解を探すテクニック”を用いて，次の方程式の整数解を求めよ．

(1) $x^4 - 2x^3 - 8x^2 + 13x - 24 = 0$.

(2) $4x^4 - 20x^3 - 51x^2 - 25x - 70 = 0$.

答　(1) $x = \mathbf{-3}$.　　(2) $x = \mathbf{-2,\ 7}$.

因数分解に関する小噺を紹介しておく．いわゆる“たすきがけ”に関する話題である．たとえば，2 次式 $6x^2+17x+12$ を 1 次式の積に分解するとき，

のようにかいて，かけて 6，かけて 12 になる組をうまく組み合わせて，ナナメの積の合計が 1 次の係数 17 になるものを見つけ，

$$6x^2+17x+12=(2x+3)(3x+4)$$

とする．この方法を“たすきがけ”という．係数の数値によってはなかなか組が見つからないこともある．数のセンスが試される．“たすきがけ”の練習を積むことで，最初はなかなか上手く組を見つけられなくても，次第に見つけるコツがつかめ，はやく因数分解できるようになってくる．

ここでは，“たすきがけ”に代わる因数分解の方法を紹介しよう．それは，1 次項の上手い分割を見つけるテクニックである．上の例で説明しよう．$6x^2+17x+12$ の場合，1 次の項はそのままにし，2 次の係数は 1 に，定数項は $6\times 12=72$ とした

$$x^2+17x+72$$

を考え，これを因数分解する．これは 2 次の係数が 1 であるから簡単で，足して 17，かけて 72 となる 2 数を見つけることに帰着される．$\{8,\ 9\}$ が和を 17 とし積を 72 とする 2 数として見つかる．いま見つけた 17 の分割 $(17=8+9)$ をもとに，元の 2 次式 $6x^2+17x+12$ に戻って，1 次の項 $17x$ を $8x+9x$ に分割する．

$$6x^2+17x+12=6x^2+8x+9x+12.$$

すると，前半の 2 項で共通因数 $2x$ が見出せ，後半の 2 項で共通因数 3 が見出せることから，

$$\underbrace{6x^2+8x}+\underbrace{9x+12}=\underbrace{2x(3x+4)}+\underbrace{3(3x+4)}$$

となり，共通因数 $(3x+4)$ でくくることで，

$$6x^2+17x+12=(2x+3)(3x+4)$$

が得られる．$17x$ を $8x+9x$ とみたが，$9x+8x$ としても上手くいく．実際，

$$\begin{aligned} 6x^2+17x+12 &= \underbrace{6x^2+9x}+\underbrace{8x+12} \\ &= \underbrace{3x(2x+3)}+\underbrace{4(2x+3)} \\ &= (3x+4)(2x+3). \end{aligned}$$

さて，この方法で因数分解が上手くできているのはなぜであろうか? “たすきがけ” でもそうだが，展開公式

$$(ax+b)(cx+d)=acx^2+(ad+bc)x+bd$$

をイメージしている．要するに，

$$ac=6, \quad bd=12, \quad 17=ad+bc$$

となる a，b，c，d を見つけたいわけであるが，一度に見つけようとする “たすきがけ” に比べて，この方法は

$$ac\times bd=ad\times bc=6\times 12, \quad ad+bc=17$$

をもとに，まずは ad と bc をかけて 72，たして 17 となる 2 数として見つけ，さらに分解するという 2 段階での分解を行なっている．一般的に書くと，

$$acx^2+(ad+bc)x+bd=acx^2+adx+bcx+bd=ax(cx+d)+b(cx+d)=(ax+b)(cx+d)$$

あるいは

$$acx^2+(ad+bc)x+bd=acx^2+bcx+adx+bd=cx(ax+b)+d(ax+b)=(ax+b)(cx+d)$$

となっている．このような現象の解析は数学の楽しみの一つである．手品のように見えても解明すれば当たり前と思えることも多い．予備校講師は上手く手品のように見せる．そこが腕の見せ所である．

2 無限降下法

無限降下法 (infinite descent) は，17 世紀フランスの数学者ピエール・ド・フェルマーが用いたことで有名になった証明方法であり，自然数に関する命題の証明において威力を発する論法である．不定方程式に自然数解が存在しないことを示す際，自然数解が存在すると仮定して，ある一つの解からある意味でより小さい別の自然数解が構成できることを示す． その構成法により，小さい解を次々に得ることができるはずであるが，自然数の (空集合でない) 部分集合には最小の元があることから矛盾が見出せ，自然数解の非存在が示されたことになる．“小さい解” を次々に得る様子が “無限に降下” していくように感じられることから「無限降下法」と呼ばれる．

フェルマーは無限降下法をしばしば「私の方法」と呼び，この方法によって数々の命題を証明したと主張した．彼は詳しい証明をほとんど残していないが，『算術』への 45 番目の書き込みにおいて，唯一完全に近い証明を残している．ここで彼が証明したことは，「三辺の長さが有理数である直角三角形の面積は平方数にならない」という定理である．この証明中で，不定方程式 $x^4 + y^4 = z^2$ が非自明な整数解を持たないこと (これよりフェルマーの最終定理の $n = 4$ の場合が導かれる) を無限降下法によって示している．

【2023 東京慈恵会医科大学】

O を原点とする座標平面において，第 1 象限に属する点 $\mathrm{P}\left(\sqrt{2}\,r,\ \sqrt{3}\,s\right)$ (r, s は有理数) をとるとき，線分 OP の長さは無理数となることを示せ．

解説 背理法で示す．$\mathrm{OP} = \dfrac{p}{q}$ (p, q は正の整数) と表せたとする．

$$\mathrm{OP} = \sqrt{\left(\sqrt{2}\,r\right)^2 + \left(\sqrt{3}\,s\right)^2} = \sqrt{2r^2 + 3s^2}$$

より，

$$2r^2 + 3s^2 = \frac{p^2}{q^2}.$$

r, s および右辺の分母を払うように両辺にある数をかけることで,

$$2R^2 + 3S^2 = P^2 \quad (R,\ S,\ P \text{ は正の整数}) \qquad \cdots(*)$$

となる.

すると, P は 3 の倍数となるはずである. というのも, P が 3 の倍数でなければ, R も 3 の倍数ではなく, すると, $2R^2 + 3S^2 \equiv 2 \pmod{3}$ に対して, $P^2 \equiv 1 \pmod{3}$ から矛盾が生じてしまうからである.

P が 3 の倍数であることから, R も 3 の倍数である. $P = 3P_1$, $R = 3R_1$ とおくと, P_1 も R_1 も自然数であり, $(*)$ により,

$$2 \cdot 9{R_1}^2 + 3S^2 = 9{P_1}^2.$$

$$\therefore\ 2 \cdot 3{R_1}^2 + S^2 = 3{P_1}^2.$$

これより, S^2 は 3 の倍数であることがわかり, それゆえ S も 3 の倍数とわかる. そこで, $S = 3S_1$ とおくと, S_1 は自然数で,

$$2 \cdot 3{R_1}^2 + 9{S_1}^2 = 3{P_1}^2.$$

これより,

$$2 \cdot {R_1}^2 + 3{S_1}^2 = {P_1}^2.$$

すると, 正の整数 P, Q, R は **3 でいくらでも割れることになる**が, このような正の整数は存在しないので矛盾. ■

注意　$2x^2 + 3y^2 = z^2$ を満たす整数の組 $(x,\ y,\ z)$ は $(x,\ y,\ z) = (0,\ 0,\ 0)$ に限ることがわかる.

別解　$(*)$ の後の議論は次のように, mod. 2 に着目してもよい.

まず, P は偶数のはずである. というのも, P が奇数なら, S も奇数であるから, $P = 2P_1 - 1$, $S = 2S_1 - 1$ とおくと, $(*)$ により,

$$\begin{aligned} 2R^2 &= (2P_1 - 1)^2 - 3(2S_1 - 1)^2 \\ &= 4{P_1}^2 - 4P_1 - 12{S_1}^2 + 12S_1 - 2 \end{aligned}$$

なので，

$$R^2 = \underbrace{2{P_1}^2 - 2P_1 - 6{S_1}^2 + 6S_1}_{\text{偶数}} - 1.$$

これより，R も奇数となる．そこで，$R = 2R_1 - 1$ とおくと，

$$4{R_1}^2 - 4R_1 + 1 = 2{P_1}^2 - 2P_1 - 6{S_1}^2 + 6S_1 - 1.$$

$$\underbrace{2{R_1}^2 - 2R_1}_{\text{偶数}} = \underbrace{(P_1 - 1)P_1}_{\text{偶数}} - 3\underbrace{(S_1 - 1)S_1}_{\text{偶数}} - 1.$$

両辺の偶奇が食い違っているので，これは不合理!

P は偶数のはずであるから，S も偶数となり，$P = 2P_1$，$S = 2S_1$ とおくと，$(*)$ により，

$$\begin{aligned} 2R^2 &= (2P_1)^2 - 3(2S_1)^2 \\ &= 4{P_1}^2 - 12{S_1}^2 \end{aligned}$$

より，

$$R^2 = 2{P_1}^2 - 6{S_1}^2.$$

これより，R も偶数とわかる．そこで，$R = 2R_1$ とおくと，

$$4{R_1}^2 = 2{P_1}^2 - 6{S_1}^2.$$

$$2{R_1}^2 + 3{S_1}^2 = {P_1}^2.$$

すると，正の整数 P，Q，R は **2 でいくらでも割れることになる**が，このような正の整数は存在しないので矛盾． ■

【2014 東京海洋大学】

$x^3 + 4y^3 = 9z^3$ を満たす自然数 x，y，z は存在しないことを示せ．

解説 一般に，n を整数として，$N = 3n \pm 1$ のとき，

$$N^3 = (3n \pm 1)^3 = 27n^3 \pm 27n^2 + 9n \pm 1 = 9n' \pm 1 \quad (n' \text{は整数})$$

であるので，自然数 x，y が 3 の倍数でないとき，

$$\begin{aligned} x^3 + 4y^3 &= (9x' \pm 1) + 4(9y' \pm 1) \\ &= 9(x' + y') \pm 1 \pm 4 \\ &= 9(x' + y') \begin{cases} +5 \\ -3 \\ +3 \\ -5 \end{cases} \end{aligned}$$

となるので，$x^3 + 4y^3$ が 9 の倍数となることはない．

x，y の一方のみが 3 の倍数のときにも，$x^3 + 4y^3$ が 9 の倍数となることはない．

このことに注意して，$x^3 + 4y^3 = 9z^3$ を満たす自然数 x, y, z は存在しないことを背理法で示そう．仮に，自然数 X, Y, Z が $X^3 + 4Y^3 = 9Z^3$ を満たしたとすると，X，Y は 3 の倍数のはずである．そこで，

$$X = 3X_1, \quad Y = 3Y_1 \quad (X_1,\ Y_1 : \text{整数})$$

とおくと，

$$(3X_1)^3 + 4 \cdot (3Y_1)^3 = 9Z^3$$

つまり

$$3\left({X_1}^3 + 4{Y_1}^3\right) = Z^3.$$

これより，Z が 3 の倍数となり，$Z = 3Z_1$ (Z_1 : 整数) とおくと，

$$3\left({X_1}^3 + 4{Y_1}^3\right) = 27{Z_1}^3$$

より

$${X_1}^3 + 4{Y_1}^3 = 9{Z_1}^3$$

が成り立つ．

ここでの議論を要約すると，次のようになる．

議論の要約

自然数 $X,\ Y,\ Z$ が $X^3+4Y^3=9Z^3$ を満たす	$\Longrightarrow$	$X_1=\dfrac{X}{3},\ Y_1=\dfrac{Y}{3},\ Z_1=\dfrac{Z}{3}$ も自然数で，$X_1{}^3+4Y_1{}^3=9Z_1{}^3$ を満たす

そうすると，この $X_1,\ Y_1,\ Z_1$ もすべて 3 の倍数のはずで，

$$\left(\frac{X_1}{3}\right)^3+4\left(\frac{Y_1}{3}\right)^3=9\left(\frac{Z_1}{3}\right)^3$$

つまり

$$\left(\frac{X}{3^2}\right)^3+4\left(\frac{Y}{3^2}\right)^3=9\left(\frac{Z}{3^2}\right)^3$$

を満たすことになる．この議論は何回でも繰り返すことができてしまい，任意の自然数 m に対して，$\dfrac{X}{3^m},\ \dfrac{Y}{3^m},\ \dfrac{Z}{3^m}$ は自然数ということになる．

しかし，3 で何回でも割れるような自然数は存在しないので，これは不合理である．

ゆえに，$x^3+4y^3=9z^3$ を満たす自然数 $x,\ y,\ z$ は存在しない． ■

注意 $x^3+4y^3=9z^3$ を満たす整数 $x,\ y,\ z$ は

$$(x,\ y,\ z)=(0,\ 0,\ 0)$$

のみであることもこの議論からわかる．

【2020 熊本大学】

(1) x が自然数のとき，x^2 を 5 で割ったときの余りは 0，1，4 のいずれかであることを示せ．

(2) $x^2+5y^2=2z^2$ を満たす自然数 $x,\ y,\ z$ の組は存在しないことを示せ．

解説 (1) mod. 5 で，

x	0	±1	±2
x^2	0	1	4

(2) 背理法で示す．仮に，ある自然数 x，y，z で $x^2+5y^2=2z^2$ が成り立つとする．mod. 5 で，$x^2+5y^2 \equiv 0, 1, 4$ である一方，$2z^2 \equiv 0, 2, 3$ であることを踏まえると，x も z も 5 の倍数であることがわかる．$x=5x_1$，$z=5z_1$ とおくと，

$$25{x_1}^2+5\cdot y^2=2\cdot 25{z_1}^2.$$

$$\therefore\ 5{x_1}^2+y^2=2\cdot 5{z_1}^2.$$

これより，y も 5 の倍数であることがわかり，$y=5y_1$ とおくと，

$${x_1}^2+5{y_1}^2=2{z_1}^2$$

が成り立つ．すると，自然数 x，y，z は **5 でいくらでも割れることになる**が，このような自然数は存在しないので矛盾．■

【2014 九州大学 (理系)】

(1) 任意の自然数 a に対し，a^2 を 3 で割った余りは 0 か 1 であることを証明せよ．

(2) 自然数 a，b，c が $a^2+b^2=3c^2$ を満たすと仮定すると，a，b，c はすべて 3 で割り切れなければならないことを証明せよ．

(3) $a^2+b^2=3c^2$ を満たす自然数 a，b，c は存在しないことを証明せよ．

解説　(1) mod. 3 で，

a	0	± 1
a^2	0	1

(2) ある自然数 a，b，c で $a^2+b^2=3c^2$ が成り立つとする．mod. 3 で，$x^2+b^2 \equiv 0, 1, 2$ である一方，$3c^2 \equiv 0$ であることを踏まえると，a も b も 3 の倍数であることがわかる．$a=3a_1$，$b=3b_1$ とおくと，

$$9{a_1}^2+9{b_1}^2=3\cdot c^2.$$

$$\therefore\ 3{a_1}^2+3{b_1}^2=c^2.$$

これより，c^2 が 3 の倍数であることがわかり，c も 3 の倍数であることがわかる． ■

(3) 仮に，ある自然数 a，b，c で $a^2+b^2=3c^2$ が成り立つとすると，(2) より a，b，c はすべて 3 の倍数ということになるので，

$$a=3a_1,\quad b=3b_1,\quad c=3c_1$$

とおくと，

$$a_1{}^2+b_1{}^2=3c_1{}^2$$

が成り立つ．すると，自然数 a，b，c は **3 でいくらでも割れることになる**が，このような自然数は存在しないので矛盾． ■

さて，締めくくりに，有名な Fermat の最終定理の $n=4$ の場合の証明を述べておく．ここで示す事柄は次である．

主張

$x^4+y^4=z^4$ を満たす自然数 x，y，z は存在しない．

これを証明するにあたり，これよりも強い主張である

強い主張

$x^4+y^4=z^2$ を満たす自然数 x，y，z は存在しない．

を示す．というのも，$\left(z^2\right)^2=z^4$ であるから，この強い主張が証明できればフェルマーの最終定理の $n=4$ の場合も示せたことになるのである．

そこで，強い主張を示そう．

強い主張の証明　仮にそのような組が存在したとし，その組のうち z が最小なもの (の一つ) を $(X,\ Y,\ Z)$ とする．このとき，X と Y は互いに素のはずである．というのも，もし X と Y がともにある素数 p の倍数で割り切れたと

すると，Z^2 は p^4 で割り切れることになり，Z は p^2 で割り切れることになる．すると，$X = pX'$，$Y = pY'$，$Z = p^2Z'$ とおくと，X'，Y'，Z' は自然数であり，

$$X^4 + Y^4 = Z^2 \qquad \cdots (*)$$

は

$$(pX')^4 + (pY')^4 = (p^2Z')^2.$$

と表せ，この p^4 で割って，

$$(X')^4 + (Y')^4 = (Z')^2$$

を得る．しかし，$Z' < Z$ であるから，これは Z の最小性に矛盾する．
これより，X と Y と Z はどの対も互いに素であることから，X^2 と Y^2 と Z^2 はどの対も互いに素である．$(*)$ を $(X^2)^2 + (Y^2)^2 = Z^2$ と表すと，$(X^2,\ Y^2,\ Z)$ は原始ピタゴラス数をなすことがわかる．

ここで，原始ピタゴラス数についての次の有名結果を利用する．

補題 (原始ピタゴラス数の一般形)

どの対も互いに素な自然数 x，y，z が

$$x^2 + y^2 = z^2$$

を満たすとき，互いに素な自然数 m，n を用いて，

$$\{x,\ y\} = \{2mn,\ m^2 - n^2\}, \quad z = m^2 + n^2$$

とかける．

以下，X と Y の"対称性"により，X が偶数，Y を奇数として議論するが，それによって一般性が失われることはない．

補題により，

$$X^2 = 2mn, \quad \boldsymbol{Y^2 = m^2 - n^2}, \quad Z = m^2 + n^2$$

を満たす互いに素な自然数 m, n がとれる．すると，$Y^2 = m^2 - n^2$ に着目して，これを

$$n^2 + Y^2 = m^2$$

と変形すると，m と n が互いに素であることから，m, n, Y はどの対も互いに素であるはずで，(n, Y, m) も原始ピタゴラス数である．そこで，Y が奇数であることに注意して，再び補題により，

$$n = 2uv, \quad Y = u^2 - v^2, \quad m = u^2 + v^2$$

を満たす互いに素な自然数 u, v がとれる．すると，

$$X^2 = 2mn = 2(u^2 + v^2) \cdot 2uv = 2^2uv(u^2 + v^2). \qquad \cdots(\dagger)$$

ここで，u と v が互いに素であることから，u と v と $u^2 + v^2$ はどの対も互いに素である．というのも，もしいずれか 2 つが共通の素因数 p をもてば，残りの 1 つも素因数 p で割れてしまい，u と v が互いに素であることに反する．

$(\dagger)$ により，$uv(u^2 + v^2)$ は平方数であるが，u と v と $u^2 + v^2$ はどの対も互いに素であることから，u と v と $u^2 + v^2$ はすべて平方数でなければならない．すなわち，ある自然数 r, s, t が存在し，

$$u = r^2, \quad v = s^2, \quad u^2 + v^2 = t^2$$

とかける．これらより，

$$\left(r^2\right)^2 + \left(s^2\right)^2 = t^2 \qquad \text{すなわち} \qquad r^4 + s^4 = t^2$$

が成り立つことになる．ところが，r, s, t は自然数で

$$0 < t \leqq t^2 = u^2 + v^2 = m < Z$$

であることから，これは最初に定義した Z についての最小性に矛盾する． ■

補題 (原始ピタゴラス数の一般形) の証明　まず，z は奇数であることに注意する．(というのも，z が偶数だとすると，x, y がともに偶数かともに奇数かであるが，x, y がともに偶数なら，互いに素であることに反するし，x, y が

ともに奇数なら $x^2+y^2 \equiv 2 \pmod{4}$ となるが，4で割って2余る平方数は存在しないことから矛盾が生じる．)

z が奇数であることから，x と y の偶奇が異なることがわかる．

以下では，x が奇数，y が偶数であるとして，互いに素な自然数 m，n を用いて，

$$x = m^2 - n^2, \quad y = 2mn, \quad z = m^2 + n^2$$

とかけることを示す．

$$y^2 = z^2 - x^2 \qquad \text{つまり} \qquad y^2 = (z+x)(z-x)$$

と変形すると，x と z が奇数であることから，$z+x$，$z-x$ はともに奇数である．また，$z+x$ と $z-x$ の公約数は

$$(z+x)+(z-x) = 2z \qquad \text{および} \qquad (z+x)-(z-x) = 2x$$

も割り切るので，$\gcd(z+x,\ z-x) = 2$ である．さらに，$(z+x)(z-x) = \underbrace{y^2}_{\text{平方数}}$ であることから，

$$z + x = 2u^2, \quad z - x = 2v^2 \qquad \cdots (\bigstar)$$

を満たす自然数 m，n がとれる．ここで，m と n が互いに素でなければ，$\gcd(z+x,\ z-x) > 2$ となり矛盾が生じる．したがって，m と n は互いに素であり，$(\bigstar)$ より，

$$x = m^2 - n^2, \qquad z = m^2 + n^2.$$

さらに，

$$y = \sqrt{(z+y)(z-y)} = 2mn. \qquad \blacksquare$$

参考　上の m，n に対して，$X = \dfrac{x}{z}$，$Y = \dfrac{y}{z}$ とおくと，点 $(X,\ Y)$ は $(-1,\ 0)$ を通る傾き $\dfrac{n}{m}$ の直線と単位円の交点となっている．

$(m,\ n)$	$(2,\ 1)$	$(3,\ 2)$	$(4,\ 1)$	$(4,\ 3)$
$(x,\ y,\ z)$	$(3,\ 4,\ 5)$	$(5,\ 12,\ 13)$	$(15,\ 8,\ 17)$	$(7,\ 24,\ 25)$

3 包絡線

次の問題を考えてみよう.

【2005 京都大学】

xy 平面上の原点と点 $(1,\ 2)$ を結ぶ線分を L とする.
曲線 $y = x^2 + ax + b$ が L と共有点をもつような実数の組 $(a,\ b)$ の集合を ab 平面上に図示せよ.

解説 $L : y = 2x\ \ (0 \leqq x \leqq 1)$ であるから, a, b の満たす条件は,

$$x^2 + ax + b = 2x \quad \text{つまり} \quad \underbrace{x^2 + (a-2)x + b}_{f(x)\ \text{とおく}} = 0$$

が $0 \leqq x \leqq 1$ に少なくとも 1 つの実数解をもつことである.

Case(I) $f(0)f(1) \leqq 0$ のとき, (連続関数についての中間値の定理により) 条件を満たす. このときの a, b は,

$$f(0)f(1) = b(a+b-1) \leqq 0. \qquad \text{(図での斜線部分)}$$

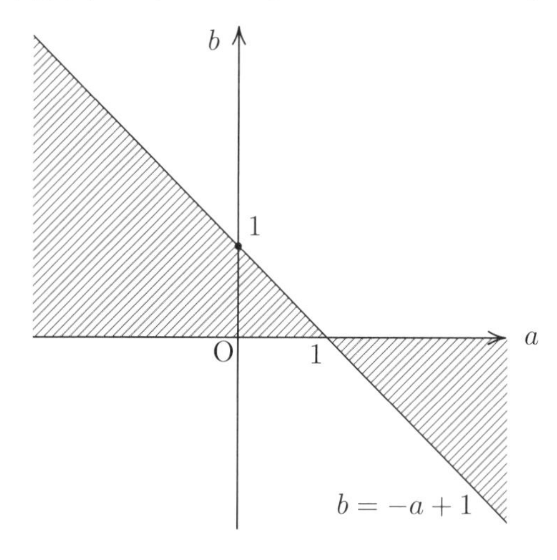

<u>**Case(II)**</u>　$f(0)f(1) > 0$ のとき，a, b の条件は，

$$\begin{cases} f(x)=0 \text{ の判別式 } D \geqq 0, \\ 0 < \left(y=f(x) \text{ の軸} \right) < 1, \\ f(0) > 0, \\ f(1) > 0 \end{cases} \quad \text{つまり} \quad \begin{cases} D=(a-2)^2-4b \geqq 0, \\ 0 < -\dfrac{a-2}{2} < 1, \\ f(0)=b>0, \\ f(1)=a+b-1>0. \end{cases}$$

$$b \leqq \frac{(a-2)^2}{4}, \quad 0 < a < 2, \quad b > 0, \quad b > -a+1. \qquad \text{(図での灰色部分)}$$

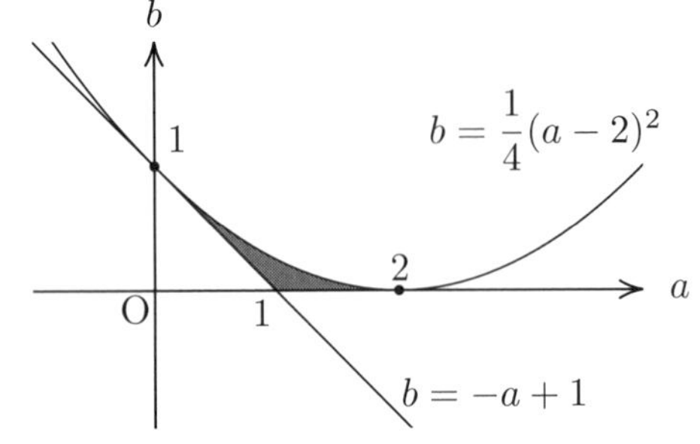

よって，図示すべき領域は次の斜線部分と灰色部分をあわせた領域である．

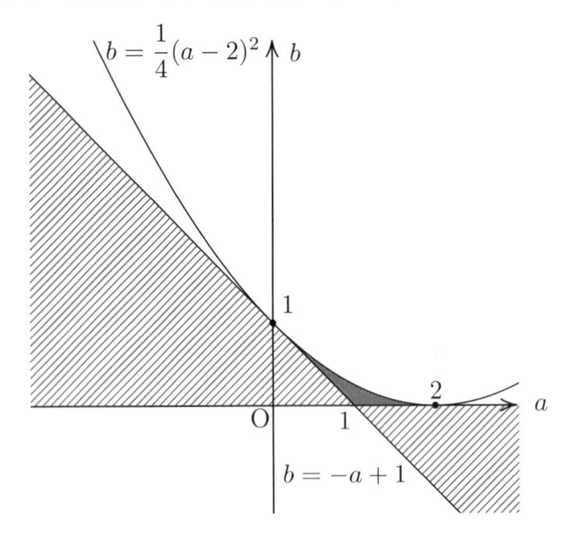

ここで，ab 平面上の直線 $b=-a+1$ や直線 $b=0$ は放物線 $b=\dfrac{1}{4}(a-2)^2$

と接していることに注目したい．(I) と (II) で議論した境界が滑らかに接続されているのである．この現象を解明するために，別の方法でも解いてみる．

その解法は，a, b から考えるのではなく解 x から考える方法，いわば，立場を逆転させる方法である．まずは，解をピンポイントで指定してみよう．

例 1　$f(x)=0$ が $x=\mathbf{\frac{1}{2}}$ を解にもつとき．

$$x=\mathbf{\frac{1}{2}} \text{ が } f(x)=0 \text{ の解} \iff f\left(\mathbf{\frac{1}{2}}\right)=0$$

$$\iff \left(\mathbf{\frac{1}{2}}\right)^2+(a-2)\cdot\mathbf{\frac{1}{2}}+b=0 \iff b=-\frac{1}{2}a+\frac{3}{4}.$$

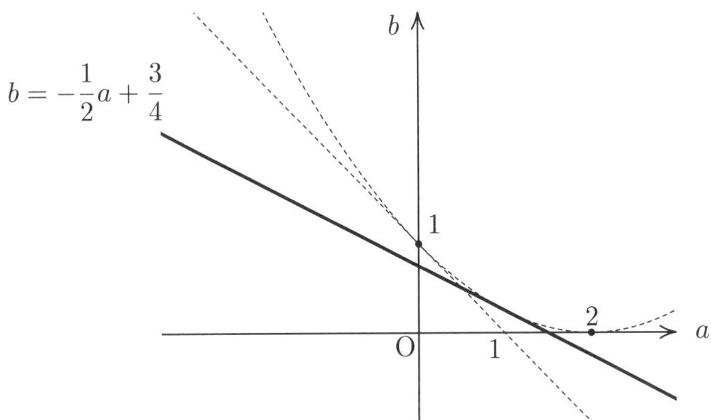

直線 $b=-\frac{1}{2}a+\frac{3}{4}$ 上の点の座標に対応する $f(x)=0$ は必ず $x=\mathbf{\frac{1}{2}}$ を解にもつ．

例 2　$f(x)=0$ が $x=\mathbf{\frac{1}{3}}$ を解にもつとき．

$$x=\mathbf{\frac{1}{3}} \text{ が } f(x)=0 \text{ の解} \iff f\left(\mathbf{\frac{1}{3}}\right)=0$$

$$\iff \left(\mathbf{\frac{1}{3}}\right)^2+(a-2)\cdot\mathbf{\frac{1}{3}}+b=0 \iff b=-\frac{1}{3}a+\frac{5}{9}.$$

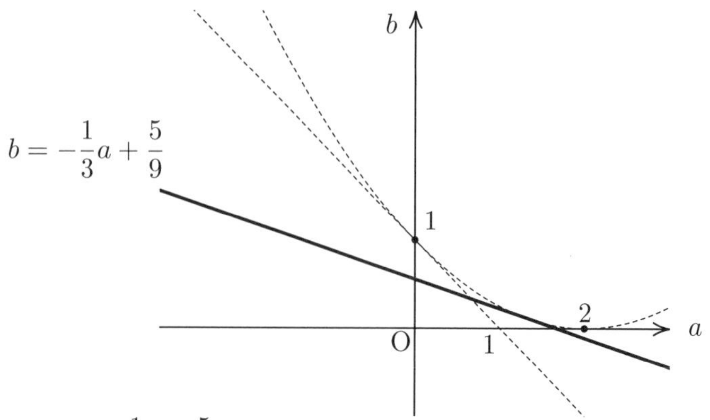

直線 $b=-\frac{1}{3}a+\frac{5}{9}$ 上の点の座標に対応する $f(x)=0$ は必ず $x=\mathbf{\frac{1}{3}}$ を解にもつ.

このような作業を解が $x=0.00001$ や $x=0.99999$ など 0 以上 1 以下のあらゆる実数に対して行い，その直線をすべて描けば，その合併として求める領域が得られるのである．つまり，「直線を引きまくれ!!」という問題なのである.

0 以上 1 以下の実数は数えられないほどたくさんあるので，無限本の直線を引くことは実際は不可能である．そこで，引きたい直線たちがどのような直線なのかを研究しよう.

$$x=\boldsymbol{X} \text{ が } f(x)=0 \text{ の解} \iff f(\boldsymbol{X})=0$$
$$\iff \boldsymbol{X}^2+(a-2)\cdot\boldsymbol{X}+b=0 \iff b=-\boldsymbol{X}a+2\boldsymbol{X}-\boldsymbol{X}^2.$$

$\boldsymbol{X}$ が 0 以上 1 以下の範囲を動くときの，直線 $L_{\boldsymbol{X}}$: $\underbrace{b=-\boldsymbol{X}a+2\boldsymbol{X}-\boldsymbol{X}^2}_{ab\text{ 平面上のある直線}}$

たちの集まりを図示すればよい.

ちなみに，上の例 1 の直線 $L_{\frac{1}{2}}$: $b=-\frac{1}{2}a+\frac{3}{4}$ と例 2 の直線 $L_{\frac{1}{3}}$: $b=-\frac{1}{3}a+\frac{5}{9}$ の交点 $\left(\frac{7}{6},\ \frac{1}{6}\right)$ は対応する $f(x)=0$ が $x=\frac{1}{2},\ \frac{1}{3}$ を解にもつ，すなわち，放物線 $y=x^2+\frac{7}{6}+\frac{1}{6}$ が L の中点と $1:2$ の内分点を通る状況に対応している.

図示すべき領域は，ab 平面上の図形群

$$\left\{x^2+(a-2)x+b=0 \;\middle|\; 0 \leqq x \leqq 1\right\}$$

すなわち

$$\left\{b=-xa+(2x-x^2) \;\middle|\; 0 \leqq x \leqq 1\right\}$$

である．よって，直線群 $\left\{L_x : b=-xa+(2x-x^2)\right\}_{0 \leqq x \leqq 1}$ によって 1 度でも通過される点の集合である．そして，どうやら x を連続的に変化させると，直線 L_x は放物線に沿って動いていくようである．この現象を次に解明しよう．それには，式をうまく見ることがポイントとなる．

解析したい直線 $L_x : b=-xa+(2x-x^2)$ の式の右辺を x について平方完成する (平方完成は 2 か所に入っている変数を 1 か所に集める技法).

$$\begin{aligned}
L_x : b &= -xa+(2x-x^2) \\
&= -x^2+(2-a)x \\
&= -\left(x-\frac{2-a}{2}\right)^2+\underbrace{\left(\frac{2-a}{2}\right)^2}_{x\text{ を含まない式!}} \\
&= -\frac{1}{4}\left\{a-2(1-x)\right\}^2+\underbrace{\left(\frac{2-a}{2}\right)^2}_{x\text{ を含まない式!}}
\end{aligned}$$

この式から，ab 平面上の放物線 $b=\left(\dfrac{2-a}{2}\right)^2$ つまり $b=\dfrac{1}{4}(a-2)^2$ と直線 L_x は $a-2(1-x)=0$ を満たす a すなわち $a=2(1-x)$ における点で接することがわかる．

これより，直線 L_x の正体が，放物線 $b=\dfrac{1}{4}(a-2)^2$ の a 座標が $2(1-x)$ である点における接線であることがわかった!!

実際，$\left(\dfrac{1}{4}(a-2)^2\right)'=\dfrac{1}{2}(a-2)$ より，放物線 $b=\dfrac{1}{4}(a-2)^2$ の $a=2(1-x)$ における接線が，$b=-x(a-2+2x)+\dfrac{1}{4}(-2x)^2$ つまり $b=-xa+(2x-x^2)$ であることが微分法により確認できる．

これで，x の変化に伴う直線 L_x の動きが把握でき，x が 0 から 1 に単調に増加するに伴い，接点の a 座標 $2(1-x)$ は 2 から 0 に単調に減少し，L_x は放物線 $b=\dfrac{1}{4}(a-2)^2$ に沿って，接点を $(2,\ 0)$ から $(0,\ 1)$ へ放物線に沿って左上方向に動いていく．

これで，斜線部分領域と灰色部分領域の境界が滑らかに接続されていることの真相が解明できた．

直線群 L_x が沿って動く曲線である放物線 $b=\dfrac{1}{4}(a-2)^2$ のことを直線群 L_x の**包絡線**という．

parameter (いまの場合では x) が 2 次のときは，parameter について平方完成すれば包絡線がわかる．

より一般には，parameter を少し変させたときの直線の動きの変化をみることで，包絡線を知ることができる．具体的には，直線 L_t と L_s の交点を計算し，その交点の $s\to t$ とした極限点を調べ (これが包絡線との接点になる)，その極限点の軌跡として包絡線が求まる (2004 年のセンター試験ではこのアイデアで包絡線を求めさせる問題が出題されている)．

今回の場合でその計算をしてみよう．

$t\neq s$ として，$L_t: b=-ta+(2t-t^2)$ と $L_s: b=-sa+(2s-s^2)$ との共有点について，b を消去して，

$$-ta+(2t-t^2)=-sa+(2s-s^2).$$

$$(t-s)a=2(t-s)-(t^2-s^2).$$

$$a=2-(t+s).$$

L_t と L_s の交点は，

$$\bigl(2-(t+s),\ ts\bigr).$$

この極限点は，

$$\lim_{s\to t}\bigl(2-(t+s),\ ts\bigr)=\bigl(2-2t,\ t^2\bigr). \qquad \cdots(接点!)$$

$a = 2 - 2t$ より，$t = \dfrac{2-a}{2}$ から，接点の軌跡は，

$$b = \left(\frac{2-a}{2}\right)^2 \qquad \text{つまり} \qquad \underbrace{b = \frac{1}{4}(a-2)^2}_{\text{放物線}}. \qquad \cdots(\text{包絡線!})$$

t を少し変化させて交点を作り，その極限で接点を特定し，接点の軌跡として包絡線を見つけるという発想は，**ライプニッツ**による．

これは，微分法によって定式化できる．具体的には，次のようにする．

$A(t)$，$B(t)$ は以下の議論が問題なく遂行できる関数とし，xy 平面上で t を parameter とする直線群 $L_t : y = \underbrace{A(t)}_{\text{傾き}} x + \underbrace{B(t)}_{y\text{ 切片}}$ の包絡線を調べたいとき，

$L_t : y = A(t)x + B(t)$ と $L_s : y = A(s)x + B(s)$ との共有点について，y を消去して，

$$A(t)x + B(t) = A(s)x + B(s).$$

$$\bigl\{A(t) - A(s)\bigr\}x = -\bigl\{B(t) - B(s)\bigr\}.$$

$$x = -\frac{B(t) - B(s)}{A(t) - A(s)}.$$

よって，極限点の x 座標は，

$$\lim_{s \to t}\left\{-\frac{B(t) - B(s)}{A(t) - A(s)}\right\} = -\frac{B'(t)}{A'(t)} \qquad \cdots(\bigstar)$$

であるので，接点が

$$\left(-\frac{B'(t)}{A'(t)},\ A(t) \cdot \left\{-\frac{B'(t)}{A'(t)}\right\} + B(t)\right)$$

と parameter 表示され，この点の軌跡として包絡線が得られる．

直線について，t に微小変化を施しても，交点の極限点では y 座標の変化は 0 であることから，L_t の式を t で微分した

$$0 = A'(t)x + B'(t)$$

から，$x = -\dfrac{B'(t)}{A'(t)}$ すなわち (★) が得られる．接点の x 座標は t の微小変化に対し y 座標が不変である場所として特定され，さらに直線上の点であることから，y 座標もわかるから，接点の座標は

(L_tの式を t で微分した式)　かつ　(L_tの式)

を満たすことがわかる．

では，今度は不等式の問題を扱ってみる．

【1987 京都大学 (改)】

> 不等式 $2\sqrt{2}\,a\cos\theta - b\cos 2\theta < 3$ がすべての実数 θ について成り立つような点 $(a,\ b)$ の存在範囲を ab 平面上に図示せよ．

解説　$x = \cos\theta$ とおくと，$\cos 2\theta = 2x^2 - 1$ と表されることから，$2\sqrt{2}\,a\cos\theta - b\cos 2\theta < 3$ がすべての実数 θ で成り立つような a，b の条件は

$$\underbrace{2\sqrt{2}\,ax - b(2x^2-1) < 3}_{(*)} \text{ が } -1 \leqq x \leqq 1 \text{ でつねに成り立つこと}$$

である．

$$(*) \quad \Longleftrightarrow \quad \underbrace{2bx^2 - 2\sqrt{2}\,ax + 3 - b}_{f(x)\text{ とおく}} > 0$$

より，a，b の条件は

$-1 \leqq x \leqq 1$ でつねに $f(x) > 0$ が成り立つ

つまり

$f(x)$ の $-1 \leqq x \leqq 1$ における最小値が正であること

である．(実は，$f(x) = f_{a,b}(x)$ とかくとき，$f_{a,b}(x) = f_{-a,b}(-x)$ であるから，求める領域は b 軸に関して対称であることがわかるので，以下の議論を $a \geqq 0$ に限定して考えてもよい．)

- $b \leqq 0$ のとき，$y = f(x)$ のグラフは xy 平面上で，$\underbrace{\text{直線}}_{b=0}$ または $\underbrace{\text{上に凸の放物線}}_{b<0}$ であることから，条件は

$$\underbrace{f(-1)}_{b+2\sqrt{2}\,a+3} > 0 \quad \text{かつ} \quad \underbrace{f(1)}_{b-2\sqrt{2}\,a+3} > 0.$$

- $b > 0$ のとき，

$$f(x) = 2b\left(x - \frac{a}{\sqrt{2}\,b}\right)^2 - \frac{a^2+b^2-3b}{b}$$

であり，$y = f(x)$ のグラフは xy 平面上で，直線 または 上に凸の放物線であることから，条件は

$$\begin{cases} 1 \leqq \dfrac{a}{\sqrt{2}\,b} \text{のとき，} f(1) > 0, \\ -1 \leqq \dfrac{a}{\sqrt{2}\,b} \leqq 1 \text{ のとき，} f\left(\dfrac{a}{\sqrt{2}\,b}\right) > 0, \\ \dfrac{a}{\sqrt{2}\,b} \leqq -1 \text{ のとき，} f(-1) > 0. \end{cases}$$

まとめると，a，b の条件は

$$\begin{cases} b \leqq 0 \text{ のとき，} b > -2\sqrt{2}\,a - 3 \text{ かつ } b > 2\sqrt{2}\,a - 3, \\ b > 0, \begin{cases} b \leqq \dfrac{1}{\sqrt{2}}a \text{ のとき，} b > 2\sqrt{2}\,a - 3, \\ \dfrac{1}{\sqrt{2}}|\,a\,| \leqq b \text{ のとき，} a^2 + b^2 - 3b < 0, \\ b \leqq -\dfrac{1}{\sqrt{2}}a \text{ のとき，} b > -2\sqrt{2}\,a - 3. \end{cases} \end{cases}$$

注意

ab 平面上の点 $\left(\sqrt{2},\ 1\right)$ で直線 $b = 2\sqrt{2}\,a - 3$ と直線 $b = \dfrac{1}{\sqrt{2}}a$ は交わり，この交点で円 $a^2 + \left(b - \dfrac{3}{2}\right)^2 = \left(\dfrac{3}{2}\right)^2$ と直線 $b = 2\sqrt{2}\,a - 3$ は接する．

このことに注意して条件を満たす $(a,\ b)$ の存在範囲を図示すると，次の灰色部分（ただし，境界はすべて除く）のようになる．

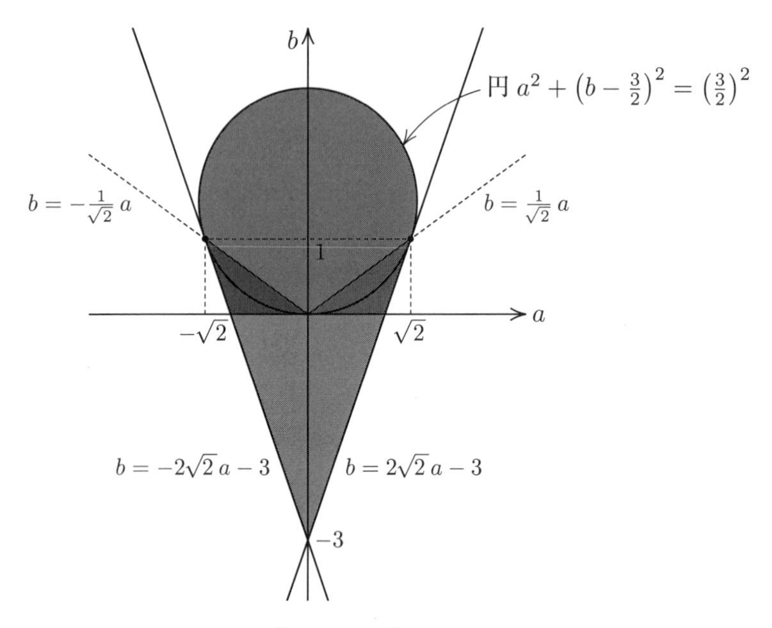

もちろん円 $a^2+\left(b-\dfrac{3}{2}\right)^2=\left(\dfrac{3}{2}\right)^2$ と直線 $b=2\sqrt{2}a-3$ や直線 $b=-2\sqrt{2}a-3$ が接している背景には**包絡線**がある．条件を満たす $a,\ b$ は

$$-1 \leqq x \leqq 1 \text{ の範囲の任意の実数 } x \text{ に対して，}\quad \underbrace{2bx^2-2\sqrt{2}ax+3-b}_{f(x)}>0$$

となるような $a,\ b$ であるが，ここで，-1 以上 1 以下の範囲にある勝手な実数 X を1つとってきて固定する．$2bX^2-2\sqrt{2}aX+3-b>0$ が成り立つような $a,\ b$ は，

$$2\sqrt{2}Xa+(1-2X^2)b-3<0$$

を満たす $a,\ b$ である．これは ab 平面上で直線 $2\sqrt{2}Xa+(1-2X^2)b-3=0$ に関して原点を含む側の領域を表す．$2\sqrt{2}Xa+(1-2X^2)b-3<0$ が表す領域を D_X とかくことにすると，たとえば，$D_{-\frac{1}{2}}$，D_0，$D_{\frac{1}{3}}$ は次の斜線部分となる．

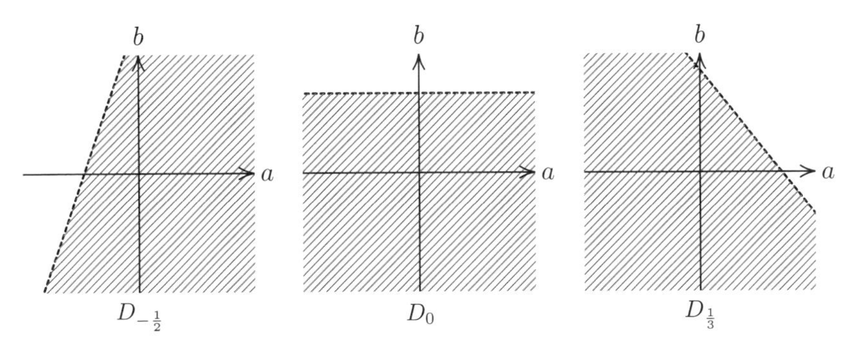

-1 以上 1 以下のすべての実数 x について $2\sqrt{2}xa+(1-2x^2)b-3<0$ を満たすような点 $(a,\ b)$ の存在領域は，各 x に対する D_x の $-1 \leqq x \leqq 1$ での共通部分，すなわち，

$$\left\{(a,\ b)\ \middle|\ -1 \text{ 以上 } 1 \text{ 以下のすべての実数 } x \text{ について } (a,\ b) \in D_x\right\}$$

である (これを $\displaystyle\bigcap_{-1 \leqq x \leqq 1} D_x$ という共通部分を表す記号で記す)．そこで，実数 x を -1 から 1 まで連続的に変化させたときに，領域 D_x がどのように動いていくのかを把握できれば，直接 $\displaystyle\bigcap_{-1 \leqq x \leqq 1} D_x$ を図示することができる．そのために，領域 D_x の境界線を与える直線 $2\sqrt{2}xa+(1-2x^2)b-3=0$ を L_x とし，実数 x を -1 から 1 まで連続的に変化させたときに，この直線 L_x がどのように動いていくのかを調べよう．

x に近い値 z をとり，直線 L_x と直線 L_z の関係を調べてみる．ここで，$|x-z|$ は十分小さい正の数とする．2 本の直線の式

$$\begin{cases} L_x : 2\sqrt{2}xa+(1-2x^2)b-3=0, \\ L_z : 2\sqrt{2}za+(1-2z^2)b-3=0 \end{cases}$$

を連立して，辺々引くと，

$$2\sqrt{2}a(x-z)-2b(x^2-z^2)=0.$$

両辺を $x-z\ (\neq 0)$ で割って，

$$2\sqrt{2}a-2b(x+z)=0.$$

$$\therefore\ \sqrt{2}a=b(x+z).$$

これを L_x の式に代入して，

$$2xb(x+z)+(1-2x^2)b-3=0.$$
$$(1+2xz)b=3.$$

z は x に近い値であることから，$1+2xz>0$ であるので，

$$b=\frac{3}{1+2xz}.$$

これを $a=\dfrac{b(x+z)}{\sqrt{2}}$ に代入して，

$$a=\frac{3(x+z)}{\sqrt{2}(1+2xz)}.$$

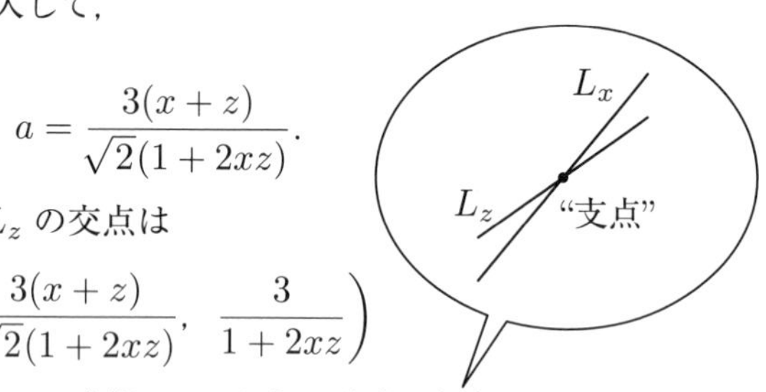

したがって，2 直線 L_x，L_z の交点は

$$\left(\frac{3(x+z)}{\sqrt{2}(1+2xz)},\quad \frac{3}{1+2xz}\right)$$

である．x が連続的に変化していく際，L_x がどの点を “支点” に動いていくのかを調べるには，$z\to x$ とする極限をとればよい．

$$\lim_{z\to x}\frac{3(x+z)}{\sqrt{2}(1+2xz)}=\frac{3\sqrt{2}x}{1+2x^2},\qquad \lim_{z\to x}\frac{3}{1+2xz}=\frac{3}{1+2x^2}$$

であるので，x を少し変化させると，直線 L_x は点 $\left(\dfrac{3\sqrt{2}x}{1+2x^2},\ \dfrac{3}{1+2x^2}\right)$ を “支点” として動いていく．

この “支点” の跡を追うことで，直線 L_x がどのような道に沿って動いていくのかがわかりそうである．

したがって，次に，x が $-1\leqq x\leqq 1$ を動くときの “支点” $\left(\dfrac{3\sqrt{2}x}{1+2x^2},\ \dfrac{3}{1+2x^2}\right)$ の軌跡を調べよう．

$a=\dfrac{3\sqrt{2}x}{1+2x^2}$，$b=\dfrac{3}{1+2x^2}$ $(\neq 0)$ から x を消去する．$\dfrac{a}{b}=\sqrt{2}x$ より，$x=\dfrac{a}{\sqrt{2}b}$ を $b=\dfrac{3}{1+2x^2}$ に代入して整理すると，

$$a^2+b^2=3b \quad つまり \quad a^2+\left(b-\frac{3}{2}\right)^2=\left(\frac{3}{2}\right)^2.$$

これより，“支点” $\left(\dfrac{3\sqrt{2}x}{1+2x^2},\ \dfrac{3}{1+2x^2}\right)$ は常に円 $a^2+\left(b-\dfrac{3}{2}\right)^2=\left(\dfrac{3}{2}\right)^2$ 上にあることがわかる．

さらに，$x \neq 0$ のとき，原点と点 $\left(\dfrac{3\sqrt{2}x}{1+2x^2},\ \dfrac{3}{1+2x^2}\right)$ を通る直線の傾きは $\dfrac{1}{\sqrt{2}x}$ であることに注意すると，x が -1 から 1 まで動くとき，“支点” $\left(\dfrac{3\sqrt{2}x}{1+2x^2},\ \dfrac{3}{1+2x^2}\right)$ はこの円上を $\left(-\sqrt{2},\ 1\right)$ から $\left(\sqrt{2},\ 1\right)$ まで時計回りに動いていくことがわかる．これが“支点”の跡であり，この道に沿って直線 L_x が動いていることがわかる．「沿って」というのは，正確には「接しながら」というべきであり，そのことを数式で確認しておこう．円 $a^2+b^2-3b=0$ の点 $\left(\dfrac{3\sqrt{2}x}{1+2x^2},\ \dfrac{3}{1+2x^2}\right)$ における接線が L_x であることを確かめる．円 $a^2+\left(b-\dfrac{3}{2}\right)^2=\left(\dfrac{3}{2}\right)^2$ の中心 $\left(0,\ \dfrac{3}{2}\right)$ を始点とし，点 $\left(\dfrac{3\sqrt{2}x}{1+2x^2},\ \dfrac{3}{1+2x^2}\right)$ を終点とするベクトル $\vec{v}$ の成分を計算すると，

$$\vec{v}=\left(\frac{3\sqrt{2}x}{1+2x^2},\ \frac{3(1-2x^2)}{2(1+2x^2)}\right)=\frac{3}{2(1+2x^2)}\left(2\sqrt{2}x,\ 1-2x^2\right)$$

であり，これが L_x: $2\sqrt{2}xa+(1-2x^2)b-3=0$ の法線ベクトル $\left(2\sqrt{2}x,\ (1-2x^2)b\right)$ と平行になっていることから，円 $a^2+b^2-3b=0$ の点 $\left(\dfrac{3\sqrt{2}x}{1+2x^2},\ \dfrac{3}{1+2x^2}\right)$ における接線が L_x である．したがって，直線群 L_x の包絡線が円 $a^2+b^2-3b=0$ であり，x を -1 から 1 まで動かしたときの直線 L_x の動きは，円 $a^2+b^2-3b=0$ に沿って接点を $\left(-\sqrt{2},\ 1\right)$ から $\left(\sqrt{2},\ 1\right)$ まで時計回りに動かしたときの接線の動く様子として把握できる．

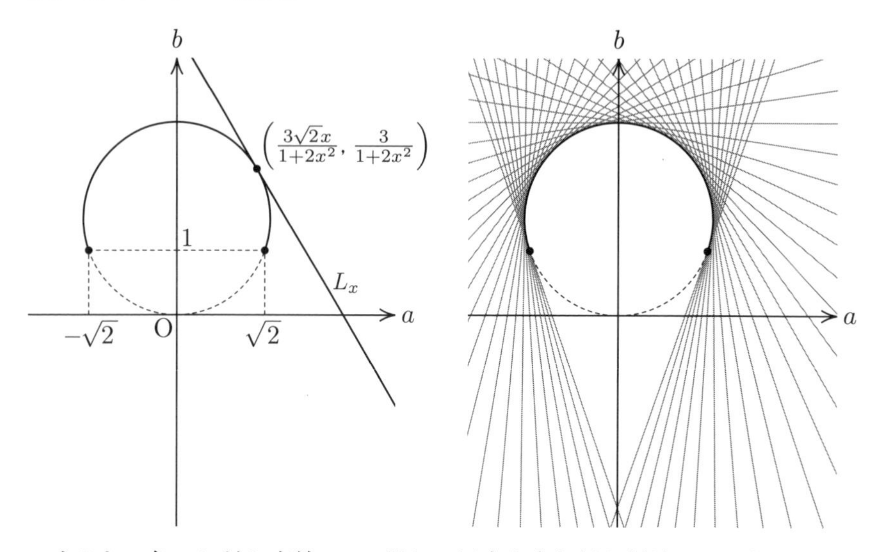

すると，各 x に対し直線 L_x に関して原点を含む側が領域 D_x であることから，領域 D_x の $-1 \leqq x \leqq 1$ にわたる共通部分を考えることで，条件を満たす点 $(a,\ b)$ の存在範囲が得られる．

このことを踏まえると，解答としては，次のように書く方が直観的である．

別解例　$\cos\theta = x$ とおくと，$\cos 2\theta = 2x^2 - 1$ より，

$$2\sqrt{2}a\cos\theta - b\cos 2\theta = 2\sqrt{2}ax - b(2x^2-1) = 2\sqrt{2}xa + (1-2x^2)b.$$

θ が実数全体を動くとき，x は -1 以上 1 以下の値をとり得るので，「x が $-1 \leqq x \leqq 1$ の範囲を動くとき，$2\sqrt{2}xa+(1-2x^2)b$ がつねに 3 未満の値をとる」ことが $a,\ b$ の条件である．実数 x に対して $2\sqrt{2}xa+(1-2x^2)b < 3$ が表す領域を D_x とかくことにすると，これは ab 平面上で直線 $L_x : 2\sqrt{2}xa+(1-2x^2)b = 3$ に関して原点を含む側の領域を表す．求める点 $(a,\ b)$ の存在領域は -1 以上 1 以下のすべての実数 x に対する D_x の共通部分である．

ここで，

$$\left(\frac{3\sqrt{2}x}{1+2x^2}\right)^2 + \left(\frac{3}{1+2x^2} - \frac{3}{2}\right)^2 = \underbrace{\frac{18x^2+9}{(1+2x^2)^2} - 2\cdot\frac{3}{1+2x^2}\cdot\frac{3}{2}}_{0} + \frac{9}{4} = \frac{9}{4}$$

により，点 $\left(\dfrac{3\sqrt{2}x}{1+2x^2},\ \dfrac{3}{1+2x^2}\right)$ は円 $a^2+\left(b-\dfrac{3}{2}\right)^2=\left(\dfrac{3}{2}\right)^2$ 上にあることがわかり，また，円の中心 $\left(0,\ \dfrac{3}{2}\right)$ と $L_x : 2\sqrt{2}xa+(1-2x^2)b-3=0$ との距離 d は

$$d=\frac{\left|(1-2x^2)\cdot\dfrac{3}{2}-3\right|}{\sqrt{\left(2\sqrt{2}x\right)^2+\left(1-2x^2\right)^2}}=\frac{\left|\dfrac{3}{2}(1+2x^2)\right|}{\sqrt{\left(1+2x^2\right)^2}}=\frac{3}{2}$$

であり，これは円の半径と等しいことから，円と L_x が接することがわかる．これより，直線 L_x は円 $a^2+\left(b-\dfrac{3}{2}\right)^2=\left(\dfrac{3}{2}\right)^2$ の点 $\left(\dfrac{3\sqrt{2}x}{1+2x^2},\ \dfrac{3}{1+2x^2}\right)$ での接線である．$x\neq 0$ のとき，原点と点 $\left(\dfrac{3\sqrt{2}x}{1+2x^2},\ \dfrac{3}{1+2x^2}\right)$ を通る直線の傾きは $\dfrac{1}{\sqrt{2}x}$ であることに注意すると，接点 $\left(\dfrac{3\sqrt{2}x}{1+2x^2},\ \dfrac{3}{1+2x^2}\right)$ は x が -1 から 1 に増えるにしたがい，円上を $\left(-\sqrt{2},\ 1\right)$ から $\left(\sqrt{2},\ 1\right)$ まで時計回りに動くことから，点 $(a,\ b)$ の存在領域は次の白色部分 (境界は除く) のようになる．

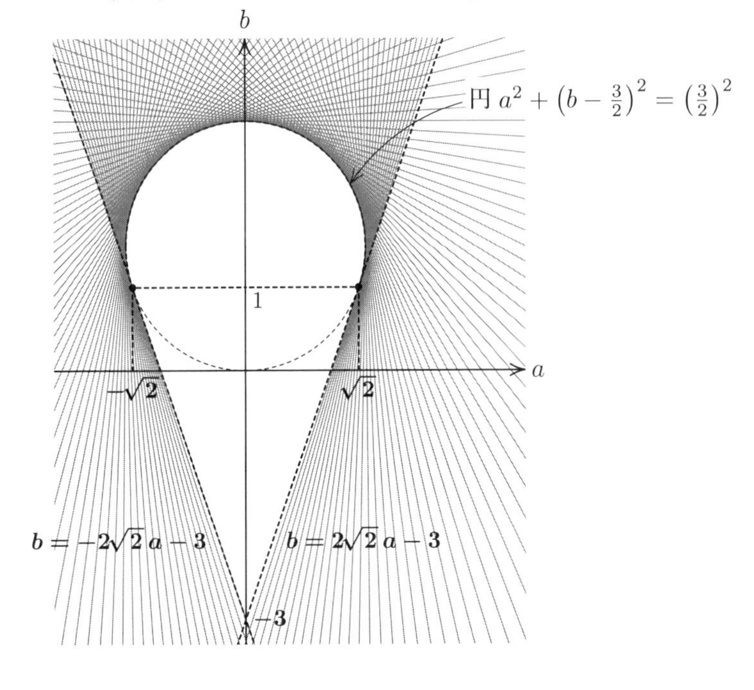

4　初等整数論

まずは，1次不定方程式の理論について，次の重要定理からはじめよう．

重要定理

1次不定方程式 $ax+by=c \quad \cdots(*)$ に整数解が存在するための自然数 a, b と整数 c の条件は，

$$c \text{ が } \gcd(a,\ b) \text{ の倍数であること}$$

である．

これについてはしばしば入試でも取り上げられている．その代表例は次である．

【2021 聖マリアンナ大学 (改)】

自然数 a, b に対し，次の集合 I を考える．

$$I = \{ax+by \mid x,\ y \text{ は整数}\}.$$

この集合 I の要素のうち，最小の自然数を d とする．

(1) a も b も I の要素であることを示せ．
(2) 集合 I の要素はすべて d の倍数であることを示せ．
(3) d は a と b の最大公約数であることを示せ．

解答

(1) a は $a=a\cdot 1+b\cdot 0$ とかけるので，I の定義から，$a\in I$ である． ■
また，b は $b=a\cdot 0+b\cdot 1$ とかけるので，I の定義から，$b\in I$ である． ■

(2) 集合 I の任意の元を $p=aX+bY$ (X, Y は整数) として，
$d=au+bv$ (u, v は整数) で p を割った商を q，余りを r とすれば，

$$p=d\cdot q+r, \quad 0 \leqq r < d$$

である．これより，

$$\begin{aligned} r &= p - d \cdot q \\ &= (aX + bY) - (au + bv) \cdot q \\ &= a(X - uq) + b(Y - vq). \end{aligned}$$

$X - uq$ と $Y - vq$ はともに整数であるから，r は I の元である．

もしこの r が 0 でなければ，r は d より小さな正の整数で，I の元であることから，d のが I の最小の自然数であることに矛盾する[1)]．

よって，$r = 0$ であり，これより，I のどんな元も d の倍数である．■

(3) a と b の最大公約数を g と書くことにする．

(1) および (2) から，a と b はともに d の倍数である．つまり，d は a と b の公約数ということである．したがって，$d \leqq g$ である．$\cdots(\dagger)$

また，$a = gA$, gB (A, B は整数) とかくことにすると，

$$d = au + bv = gA \cdot u + gB \cdot v = g(Au + Bv)$$

であり，$Au + Bv$ は整数であることから，d は g の倍数である．

これより，$d \geqq g$ である．$\cdots(\ddagger)$

$(\dagger)$，$(\ddagger)$ より，$d = g$ である．■

この問題は重要定理のいわゆる"イデアル[2)]論"による証明である．重要定理の証明の方法は他にもある．有名な方法をあと 2 つ紹介しよう．

第 2 の証明方法は，要素の数が同じである有限集合上の写像の単射性から全射性を利用する証明である．

$a = gA$, $b = gB$ (A と B は互いに素) としておく．

[1)] "d の最小性に矛盾する" と言ったりもする．

[2)] イデアルとは，足し算，引き算，掛け算について閉じている集合で，"それなりの"性質を満たす集合 R の空でない部分集合 I で，

(i) x, $y \in I \Longrightarrow x + y \in I$ (ii) $x \in I$, $m \in R \Longrightarrow mx \in I$

の 2 つの性質を満たすもののことである．R は環 (かん) とよばれ，I は環 R のイデアルとよばれる．

「$(*)$ に整数解が存在する $\Longrightarrow g$ は c の約数」の証明　　($\longleftarrow$ ほぼ明らか!)

$(x,\ y)=(p,\ q)$ を $(*)$ の整数解とすると，

$$ap+bq=c \qquad \text{つまり} \qquad g(Ap+Bq)=c$$

が成り立つ．これより，g は c の約数である．■

「g は c の約数 $\Longrightarrow (*)$ に整数解が存在する」の証明($\longleftarrow$ こっちの方が難!)

$c=gC$ (C : 整数) とおくと，$(*)$ は

$$(gA)x+(gB)y=gC \qquad \text{つまり} \qquad Ax+By=C$$

より，$Ax+By=C$ を満たす整数 $x,\ y$ が存在することを示せばよい．

そこで，$Ax+By=1$ を満たす整数 $x,\ y$ が存在することを示してしまおう．$C=1$ のケースであるが，このケースで示せれば，整数解を C 倍にした $x,\ y$ が $Ax+By=C$ を満たす．

そこで，

$$\text{集合 } S=\Bigl\{\underbrace{A,\ 2A,\ 3A,\ \cdots,\ BA}_{B\text{ 個}}\Bigr\} \quad \text{と} \quad \text{集合 } T=\Bigl\{\underbrace{0,\ 1,\ 2,\ \cdots,\ B-1}_{B\text{ 個}}\Bigr\}$$

を考える．そして，集合 S の各要素を B で割った余りを考えると，B で割った余りは必ず 0 以上 $B-1$ 以下の整数であることから，余りは集合 T の要素になっている．[3)]

すると，集合 S の各要素を B で割った余りは B 個とも相異なる．[4)]

なぜならば，もし $i,\ j$ を $1 \leqq i < j \leqq B$ を満たす整数として，iA と jA の B で割ったときの余りが同じであるとすると，$jA-iA=(j-i)A$ は B で割り切れることになるが，$j-i$ は $B-1$ 以下の自然数であることと A と B が互いに素であることから矛盾が生じるからである．

[3)] イメージとしては，集合 T は B で割ったときの余りの部屋だと思う．B 個の部屋があり，ある数を B で割った余りに応じてどの部屋に入れるかが決まっていくイメージ．

[4)] 部屋のたとえ話では，“相部屋になることはない”ことを意味する．

すると，S の要素と T の要素は，S の各要素を B で割った余りに着目することで T の要素と一対一に対応する．特に，S の要素のうち，B で割った余りが 1 となるものが存在する．[5] これを kA とし，kA を B で割った商を q とすると，

$$kA = Bq + 1 \qquad \text{すなわち} \qquad A \cdot k + B \cdot (-q) = 1$$

が成り立つ．よって，$Ax + By = 1$ は整数解 $(x,\ y) = (k,\ -q)$ をもつ．

これより，$Ax + By = C$ は整数解 $(x,\ y) = (kC,\ -qC)$ をもつ．■

最後に紹介する証明は Euclid の互除法のアルゴリズムに着目する方法である．$a > b$ である自然数 a，b の最大公約数を求める Euclid の互除法による手順は次の通りである．

$$\begin{aligned}
a &= q_1 b + r_1, & 0 &\leqq r_1 < b \\
b &= q_2 r_1 + r_2, & 0 &\leqq r_2 < r_1 \\
r_1 &= q_3 r_2 + r_3, & 0 &\leqq r_3 < r_2 \\
&\ \vdots \\
r_i &= q_{i+2} r_{i+1} + r_{i+2}, & 0 &\leqq r_{i+2} < r_{i+1} \\
&\ \vdots
\end{aligned}$$

---

[5]「2 つの有限集合 S，T において，S，T の要素の個数が等しいとき，S から T への写像の単射性から全射性が従う」ことを本質的には議論している。“単射” や “全射” という用語の厳密な定義はここでは書かないが，ニュアンスを説明しておくと，“単射” とは，「異なる要素は異なる要素へ対応している」ことであり，“全射” とは，「すべての要素に対して対応されるものがある」ことを意味する．たとえば，B 人の男性と B 人の女性がお見合いパーティに参加したとする．このとき，男性から女性に告白するものとし，B 人の男性は全員，B 人の女性のうちの 1 人には告白し，2 人以上には告白しないものとする。(実は，これが “写像” の定義である．) B 人の男性の好みのタイプがすべて異なっていたとしよう．どの男性 2 人をとっても，好みの女性が一致していないという状況である．(これが “単射” ということ．「余りがすべて異なる」という現象に対応している．) すると，B 人のどの女性も告白されることがわかるであろう．特に，一番不人気な女性も告白される。(これが “全射” ということ．「A, $2A$, $3A$, $\cdots$, BA の中に B で割ったときの余りが 1 であるものが必ず 1 つ存在することに対応する．)

ただし，q_1，q_2，$\cdots$ および r_1，r_2，$\cdots$ は整数である．要するに，

$$a \text{ を } b \text{ で割って，商が } q_1 \text{ で余りが } r_1,$$

$$b \text{ を } r_1 \text{ で割って，商が } q_2 \text{ で余りが } r_2,$$

$$r_1 \text{ を } r_2 \text{ で割って，商が } q_3 \text{ で余りが } r_3,$$

$$\vdots$$

$$r_i \text{ を } r_{i+1} \text{ で割って，商が } q_{i+2} \text{ で余りが } r_{i+2},$$

$$\vdots$$

と割り算を実行する．このとき，

$$b > r_1 > r_2 > \cdots \geqq 0$$

という列ができるが，この列は単調減少なので，ある n が存在して

$$r_n \neq 0, \quad r_{n+1} = 0$$

となる．つまり，割り算の系列において，最後は

$$r_{n-1} = q_{n+1} r_n$$

となる．このとき，r_n は r_{n-1} を割り切るから，

$$\gcd(r_{n-1},\ r_n) = r_n$$

である．互除法を繰り返し用いて，

$$\gcd(a,\ b) = \gcd(b,\ r_1) = \gcd(r_1,\ r_2) = \cdots = \gcd(r_i,\ r_{i+1}) = \cdots = \gcd(r_{n-1},\ r_n) = r_n$$

となり，$\gcd(a,\ b) = r_n$ を得る．

つまり，割り算を次々に実行し，割り切れたとき，割り切った数 r_n が a と b の最大公約数になる．

この計算を逆にたどればよい．厳密な表現にするなら，Euclid の互除法に出てきた r_i について，任意の i に対して，適当な整数 x_i，y_i を選べば，

$$r_i = x_i a + y_i b$$

とかけることを，i についての数学的帰納法で記述することになる．[6]

---

[6] 次のような問題が 2018 年 首都大学東京の入試問題で出題されている．

以下の問いに答えなさい．

(1) 正の整数 p，q，f および整数 r が次の関係を満たしているとする．$p = fq + r$．ただし，$0 \leqq r < q$ とする．このとき整数 d が p と q の公約数であることと，d が q と r の公約数であることは同値であることを示しなさい．

(2) 正の整数 k，m の最大公約数を $\gcd(k,\ m)$ で表す．p，q を，$p > q$ を満たす正の整数とする．

また，$n \geqq 2$ とし，$2n-1$ 個の正の整数 f_1，f_2，$\cdots$，f_{n-1}，r_1，r_2，$\cdots$，r_n が次の関係を満たしているとする．

$$\begin{aligned} p &= r_1, \\ q &= r_2, \\ r_1 &= f_1 r_2 + r_3, \quad r_3 < r_2, \\ r_2 &= f_2 r_3 + r_4, \quad r_4 < r_3, \\ &\ \vdots \\ r_{n-2} &= f_{n-2} r_{n-1} + r_n, \quad r_n < r_{n-1}, \\ r_{n-1} &= f_{n-1} r_n. \end{aligned}$$

このとき，$\gcd(p,\ q) = \gcd(r_j,\ r_{j+1})$ $(j = 1,\ 2,\ \cdots,\ n-1)$ が成り立つことを j に関する数学的帰納法で示せ．

(3) p と q を互いに素な正の整数とする．このとき，$ab + bq = 1$ を満たす整数 a，b が存在することを示せ．

次に **Fermat(フェルマー) の小定理**を扱う．

Fermat(フェルマー) の小定理

p を素数とするとき，次のことが成り立つ．

[1] p の倍数でない自然数 a に対して，a^{p-1} は p で割ると 1 余る．
合同式でかくと，$a^{p-1} \equiv 1 \pmod{p}$．

[2] 自然数 n に対して，$n^p - n$ は p で割りきれる．
合同式でかくと，$n^p \equiv n \pmod{p}$．

Fermat の小定理というのは，この [1] を指すときと [2] を指すときの両方の場合がある．

[1] と [2] は主張として同じことを意味している．つまり，[1] が示せたら [2] も示せるし，その逆も可能である．まずは，そのことを確認しておこう．

[1] から [2] の導出

自然数 n がそもそも p の倍数であれば，$n^p - n$ はもちろん p の倍数である．

自然数 n が p の倍数でなければ，[1] より $n^{p-1} \equiv 1 \pmod{p}$ なので，両辺に $p \equiv p \pmod{p}$ をかけ，$n^p \equiv n \pmod{p}$ を得る．

[2] から [1] の導出

自然数 a に対して，[2] より，$a^p - a = a\left(a^{p-1} - 1\right) \equiv 0 \pmod{p}$ が成り立つ．さらに，a が p の倍数でないとき，a と p は互いに素であるから，$a^{p-1} - 1 \equiv 0 \pmod{p}$ が成り立つ．

Fermat の小定理を具体的な数値で実感しよう!!

[例 1]　$p = 7$，$a = 5$ の場合．

mod.7 の表

★	1	2	3	4	5	6
$a^{★}$ を p で割った余り	5	4	6	2	3	**1**

[例 2]　$p = 5$，$a = 4$ の場合．

mod.5 の表

★	1	2	3	4
$a^★$ を p で割った余り	4	1	4	**1**

例 3 $p=5$, $a=3$ の場合.

mod.5 の表

★	1	2	3	4
$a^★$ を p で割った余り	3	4	2	**1**

Fermat の小定理の証明も何通りかある．まずは，集合的に捉える方法で示そう．1 と 2 は“同じこと”なので，どちらを示してもよい．やりやすい方を適宜証明していく．

証明 1 集合間の 1 : 1 対応による証明

1 を示す．素数 p と p の倍数でない自然数 a に対して，2 つの集合

$$集合\ S=\{\underbrace{1,\ 2,\ 3,\ \cdots,\ p-1}_{(p-1)\ 個}\} \quad と \quad 集合\ T=\{\underbrace{a,\ 2a,\ 3a,\ \cdots,\ (p-1)a}_{(p-1)\ 個}\}$$

を考える．そして，集合 T の各要素を p で割った余りを考えると，p で割った余りは集合 S の要素になっている．[7] すると，集合 T の各要素を p で割った余りは $(p-1)$ 個とも相異なる．[8]

なぜならば，もし i, j を $1 \leqq i < j \leqq p-1$ を満たす整数として，ia と ja の p で割ったときの余りが同じであるとすると，$ja-ia=(j-i)a$ は p で割り切れることになるが，$j-i$ は $p-2$ 以下[9]の自然数であることと a と p が互いに素であることから矛盾が生じるからである．

---

[7] イメージとしては，集合 S は p で割ったときの余りの部屋だと思う．ただし，集合 T には素数 p の倍数はないので，余りが 0 となることはない．$(p-1)$ 個の部屋があり，p で割った余りに応じてどの部屋に入れるかが決まっていくイメージ．部屋に入れない人はいない! きちんと写像になっているということ!

[8] 部屋のたとえ話では，“相部屋になることはない”ことを意味する．

[9] $p=2$ の場合は表現的にまずいので，$p=2$ は別に考察する．(といっても，$p=2$ なら，a が奇数なので，奇数は何乗しても奇数だから明らかである．) 以降では，$p-2 \geqq 1$ となる場合について示す．

すると，S と T について，T の各要素は p で割った余りに着目することで S の要素と一対一に対応する．[10] これより，

$$(\text{集合 } S \text{ のすべての要素の積}) \equiv (\text{集合 } T \text{ のすべての要素の積}) \pmod{p}$$

すなわち，

$$(p-1)! \equiv a^{p-1} \cdot (p-1)! \pmod{p}$$

が成り立つ．

$$\therefore\ (p-1)!\left(a^{p-1}-1\right) \equiv 0 \pmod{p}.$$

ここで，p が素数であることから，p 未満の自然数はすべて p と互いに素であるから，$(p-1)!$ と p も互いに素なので，

$$a^{p-1}-1 \equiv 0 \pmod{p} \qquad \text{すなわち} \qquad a^{p-1} \equiv 1 \pmod{p}$$

が成り立つ．■

証明 2　二項係数に着目する証明　(L. Euler の証明方法)

key　${}_p\mathrm{C}_1$，${}_p\mathrm{C}_2$，$\cdots\cdots$，${}_p\mathrm{C}_{p-1}$ はすべて素数 p の倍数である．

なぜなら，$k=1$，2，$\cdots$，$p-1$ に対して，${}_p\mathrm{C}_k = \dfrac{p!}{k!(p-k)!}$ は整数値であり，p が素数であることから，分子の素因数 p は約されることはないので，この整数値は p の倍数である．

これを用いて，2 を自然数 n についての数学的帰納法で示そう．

(i) $n=1$ のとき，$n^p-n=1^p-1=0\equiv 0 \pmod{p}$ より成立．

(ii) $n=m$ での成立，つまり，$m^p-m\equiv 0 \pmod{p}$ を仮定し，そのもとで，

[10]「2 つの有限集合 S，T において，S，T の要素の個数が等しいとき，S から T への写像の単射性から全射性もいえる」ことを本質的には議論している。

$$
\begin{aligned}
(m+1)^p-(m+1) &= \sum_{i=0}^{p} {}_p\mathrm{C}_i m^i-(m+1) \qquad (\longleftarrow \text{二項定理})\\
&= {}_p\mathrm{C}_0 m^0+\sum_{i=1}^{p-1} {}_p\mathrm{C}_i m^i+{}_p\mathrm{C}_p m^p-(m+1)\\
&= 1+\sum_{i=1}^{p-1} {}_p\mathrm{C}_i m^i+m^p-m-1\\
&= \underbrace{(m^p-m)}_{\equiv 0}+\sum_{i=1}^{p-1} \underbrace{{}_p\mathrm{C}_i}_{\equiv 0} m^i \equiv 0 \pmod{p}
\end{aligned}
$$

より，$n=m+1$ のときにも成り立つ．

(i)，(ii) より，すべての自然数 n に対して，$n^p-n\equiv 0 \pmod{p}$ が成り立つ．

証明 3　場合の数に着目する証明[11]　　(⟵ 意味付けを考える証明!)

Solomon Golomb(1932 - 2016) による組合せ論的な証明方法を紹介する．

2 を示す．

n 色のビースでネックレスを作ることを考える．p 個のビーズを糸に通す．最初は (糸に通すため) 一列に並べる．その総数は，p 個のそれぞれに対して n 通りの方法があるので，n^p 通り考えられる。そのうち，p 個ともが同じ色であるようなものは，n 通りあるので，それは除外することにする．

つまり，n^p-n 通りの並べ方は，少なくとも 2 色のビーズが使われているような方法である．

次に，糸の両端をつないで，ネックレスにする．

[11] Roger B. Nelsen , "Nuggets of Number Theory A Visual Approach" (MAA) p.30 を参照．この方法は 2020 年の奈良県立医科大後期で出題された．

たとえば，次の図のように $n=3$(色)，$p=5$(個) の場合，

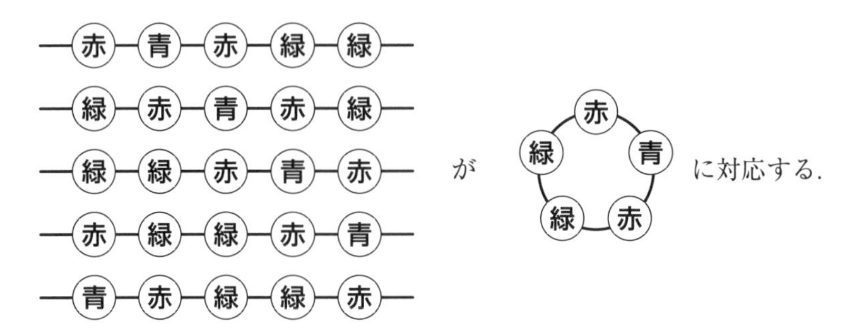

これより，$\dfrac{n^p-n}{p}$ は整数である. ■

(注意)　「p が**素数**である」という条件はどう効いているのかに注目しよう. $p=6$ の場合，次のようなケースがある.

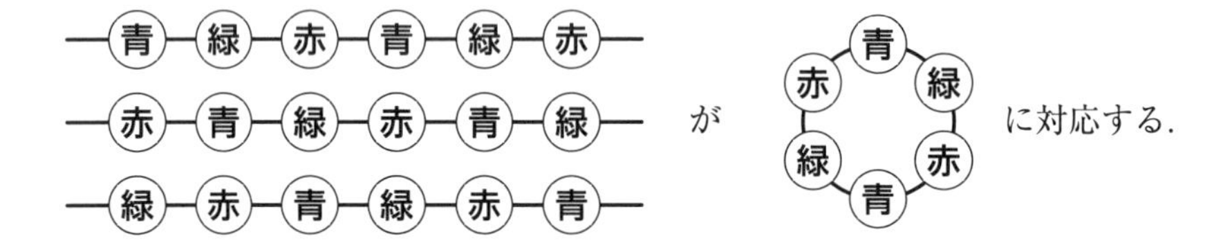

「p：素数」という条件が**対称性・周期性を生まない条件を与えてい**
るところが“ミソ” !!

Fermat の小定理の一般化である **Euler(オイラー) の定理**を紹介する．自然数 n に対して，$\varphi(n)$ は n 以下の自然数のうち，n と互いに素なものの個数を表す記号[12)]とする．このとき，n と互いに素な自然数 a に対して，

$$\boldsymbol{a^{\varphi(n)} \equiv 1 \pmod{n}}$$

が成り立つ．これを **Euler(オイラー) の定理**という．

この自然数 n が特に，素数 p のときには，$\varphi(n)$ は 1，2，$\cdots$，$p-1$ の個数 $p-1$ であるから，p と互いに素な自然数 a に対して，

$$a^{\varphi(p)} = a^{p-1} \equiv 1 \pmod{p}$$

が成り立つ．これは Fermat の小定理 $\boxed{1}$ であるので，Euler の定理は，Fermat の小定理の一般化になっている．

n が素数のときには，Fermat の小定理そのものなので，n が素数でない倍について，具体的な数値で様子をみてみよう．例えば，$n=12$，$a=5$ としてみる．

$$\varphi(n) = \varphi(12) = \#\{1,\ 5,\ 7,\ 11\} = 4$$

であるから，

$$a^{\varphi(n)} = 5^4 = 625 \equiv 1 \pmod{12}$$

となり，確かに成り立っている．

さて，Euler の定理を証明してみよう．そこで，Fermat の小定理 $\boxed{1}$ の証明 (集合間の 1 : 1 対応による証明) を思い出そう．

そこで今回は，自然数 n について，n と互いに素な n 以下の自然数の集合を

$$S = \{\underbrace{b_1,\ b_2,\ \cdots\cdots,\ b_{\varphi(n)}}_{\varphi(n)\text{ 個}}\}$$

とし，n と互いに素な自然数 a に対して，

$$\text{集合 } T = \{\underbrace{ab_1,\ ab_2,\ ab_3,\ \cdots,\ ab_{\varphi(n)}}_{\varphi(n)\text{ 個}}\}$$

---

12) この $\varphi(n)$ をオイラー関数という．

を考える．そして，集合 T の各要素を n で割った余りを考えると，これらの余りはすべて S に含まれる!　なぜなら，もし ab_k を n で割った余りが S に含まれないと仮定すると，その余り r は n と共通の素因数 d で割り切れることになり，$ab_k = n \cdot (\text{商}) + r$ も d で割り切れることになるが，a も b_k も d を素因数にもたない[13] ので矛盾が生じるからである．さらに，それら $\varphi(n)$ 個の余りは相異なる．その理由を背理法によって説明しよう．仮に，ab_i と ab_j $(1 \leqq i < j \leqq \varphi(n))$ が n で割って同じ余りをもつとすると，$ab_j - ab_i = a(b_j - b_i)$ は n の倍数であるが，a と n は互いに素であり，$1 \leqq b_j - b_i \leqq n-1$ であるから，$\dfrac{a(b_j - b_i)}{n}$ は整数ではないはずであるので，矛盾が生じる!!　すると，S と T について，T の各要素は n で割った余りに着目することで S の要素と一対一に対応する．[14] これより，

$$(\text{集合 } S \text{ のすべての要素の積}) \equiv (\text{集合 } T \text{ のすべての要素の積}) \pmod{n}$$

すなわち，

$$b_1 \cdot b_2 \cdot \cdots \cdots b_{\varphi(n)} \equiv (ab_1) \cdot (ab_2) \cdot \cdots \cdots (ab_{\varphi(n)}) \pmod{n}$$

が成り立つ．

$$\therefore \ \left(b_1 \cdot b_2 \cdot \cdots \cdots b_{\varphi(n)}\right) \cdot \left(a^{\varphi(n)} - 1\right) \equiv 0 \pmod{n}.$$

ここで，b_1，b_2，……，$b_{\varphi(n)}$ はいずれも n とは互いに素であるので，$b_1 \cdot b_2 \cdot \cdots \cdots b_{\varphi(n)}$ と n も互いに素なので，

$$a^{\varphi(n)} - 1 \equiv 0 \pmod{n} \qquad \text{すなわち} \qquad a^{\varphi(n)} \equiv 1 \pmod{n}$$

が成り立つ．■

---

[13] d は n の約数であることに注意!　もし，a が d を素因数にもてば，a と n が互いに素であることに反するし，b_k が d を素因数にもてば，b_k と n が互いに素であることに反する!

[14]「2つの有限集合 S，T において，S，T の要素の個数が等しいとき，S から T への写像の単射性から全射性もいえる」ことを本質的には議論している。

証明でやっていることがつかめない人のために，具体的な数値で概要を説明しよう．

ここでは，$n=14$，$a=33$ とする．

$$\varphi(n)=\varphi(14)=\#\{1,\ 3,\ 5,\ 9,\ 11,\ 13\}=6$$

であり，14 と互いに素な 14 以下の自然数の集合を

$$S=\{\underbrace{1,\ 3,\ 5,\ 9,\ 11,\ 13}_{\varphi(n)=6\ \text{個}}\}$$

とし，14 と互いに素な自然数 $a=33$ に対して，

$$\text{集合}\ T=\{\underbrace{33\times 1,\ 33\times 3,\ 33\times 5,\ 33\times 9,\ 33\times 11,\ 33\times 13}_{\varphi(n)=6\ \text{個}}\}$$

を考える．そして，T の各要素を $n=14$ で割った余りを考えてみよ．

Fermat - Euler の定理は，RSA 暗号に利用されている．サイモン・シン 著, 青木薫 訳『暗号解読』2007 年, 新潮文庫 に詳しい解説がある．ここで，Euler の定理の証明を振り返ってみよう．2 つの集合 S，T を考えたが, mod. n でみるときには，n と互いに素ではないものを排除して，n と共通の素因数をもたないものだけをすべて集めてきたのが，集合 S である．掛けあわせたときに，n と関係をもつようなもの(いわば "競合する敵") を入れないようにしておく．たとえば mod. 6 でみるときに，2 や 3 が S に入っていると，この 2 人が力をあわせて $(2\times 3=)6$ を作ってしまうことになる．これでは，最後の合同式における "割り算" ができなくなってしまうわけである．Fermat の小定理では，素数 p を法としてみるから，p と共通の素因数をもたない数として，p 未満の自然数が S にすべて集められていたわけである．

最後に豆知識を紹介したい．**7，13，17 の倍数判定法**についてである．

n を 2 桁以上の自然数とする．そして，n の一の位の数を a とし，$\frac{n-a}{10}=b$ とおく．いわば，b は n から一の位を取り除いた数である $\left(n=\boxed{\ b\ }a_{(10)}\right)$．

1　**n が 7 で割り切れる　$\Longleftrightarrow$　$b-2a$ が 7 で割り切れる．**

2　**n が 13 で割り切れる　$\Longleftrightarrow$　$b-9a$ が 13 で割り切れる．**

3　**n が 17 で割り切れる　$\Longleftrightarrow$　$b-5a$ が 17 で割り切れる．**

1 の証明　$n=10b+a\equiv 3b+a\equiv 3b-6a\equiv 3(b-2a)\pmod{7}$．
7 と 3 は互いに素であるから，$n\equiv 0 \Longleftrightarrow b-2a\equiv 0\pmod{7}$．

1 の参考　$n\equiv 3(b-2a)\pmod{7}$ より，割り切れないときでも，次の対応がある．mod. 7 で，

n	3	6	2	5	1	4
$b-2a$	1	2	3	4	5	6

2 の証明　$n=10b+a\equiv -3b+a\equiv -3b+27a\equiv -3(b-9a)\pmod{13}$．
13 と 3 は互いに素であるから，$n\equiv 0 \Longleftrightarrow b-9a\equiv 0\pmod{13}$．

2 の参考

$n\equiv -3(b-9a)\equiv 10(b-9a)\pmod{13}$ より，割り切れないときでも，次の対応がある．mod. 13 で，

n	10	7	4	1	11	8	5	2	12	9	6	3
$b-2a$	1	2	3	4	5	6	7	8	9	10	11	12

3 の証明　$n=10b+a\equiv -7b+a\equiv -7b+35a\equiv -7(b-5a)\pmod{17}$．
17 と 7 は互いに素であるから，$n\equiv 0 \Longleftrightarrow b-5a\equiv 0\pmod{17}$．

3 の参考

$n \equiv -7(b-5a) \equiv 10(b-5a) \pmod{17}$ より，割り切れないときでも，次の対応がある．mod. 17 で，

n	10	3	13	6	16	9	2	12	5	15	8	1	11	4	14	7
$b-2a$	1	2	3	4	5	6	7	8	9	10	11	12	13	14	15	16

8 の倍数判定法としてよく知られているのは，

桁数が 3 以上の自然数 n が 8 の倍数 $\iff$ n の下 3 桁が 8 の倍数

というものである．これは，$10^3 = 1000 = 8 \times 125$ が 8 の倍数であることであることに由来する．

この方法は 4 桁以上であれば有効であるが，では，3 桁の自然数についてはどうするのか?? 3 桁の場合に使える 8 の倍数判定法を解説する[15)]．

8 の倍数判定法

3 桁の自然数 $n = abc_{(10)} = 100a + 10b + c$ が 8 で割り切れる
$\iff$ $|(10b+c)-4a|$ が 8 で割り切れる．

つまり，下 2 桁と百の位の数の 4 倍の差が 8 の倍数かどうかを check すればよい．

例 1　$n = 744$.

(下 2 桁と百の位の数の 4 倍の差) $= |44 - 7 \times 4| = 4 \times 4 = 16$ は 8 の倍数であるから，$n = 744$ も 8 の倍数である．

例 2　$n = 637$.

(下 2 桁と百の位の数の 4 倍の差) $= |37 - 6 \times 4| = 13$ は 8 の倍数でないから，$n = 637$ も 8 の倍数でない．

(注意) 637 を 8 で割った余りは 5 であり，13 を 8 で割った余りも 5 である．このことは，一般にも成り立つ．すなわち，8 で割ったときの余りを求める計算方法として活用できる．(その理由は証明をみればわかる．
$n \equiv (10b+c) - 4a \pmod{8}$ がいえるのである．)

15) 4 桁以上の数の場合は，下 3 桁にだけに対して，この方法を適用すれば判定できる!

証明　(3 桁の数の 8 の倍数判定法)[16]

$$
\begin{aligned}
n - \left\{(10b + c) - 4a\right\} &= (100a + 10b + c) - \left\{(10b + c) - 4a\right\} \\
&= 104a = 8 \times 13 \times a \equiv 0 \pmod{8}.
\end{aligned}
$$

7 の倍数判定法

3 桁以上の自然数 $abc\cdots xyz_{(10)} = 100M + \underbrace{N}_{\text{下 2 桁}}$ が 7 で割り切れる

$\Longleftrightarrow$ $2M + N$ が 7 で割り切れる.

つまり，下 2 桁と百以上の位の数の 2 倍の和が 7 の倍数かどうかを check すればよい.

証明　98 が 7 の倍数であることから，$100M + N \equiv 2M + N \pmod{7}$ により従う．余りを計算する際にも使えることがわかる.

[16] これは 13 の倍数判定法にもなっていることが証明をみればわかるであろう.
実際，$744 \equiv 3 \equiv 16 \pmod{13}$ であり，$637 \equiv 0 \equiv 13 \pmod{13}$ である.
つまり，13 で割った余りを求める方法にもなっているわけである.

休憩 電磁気学の創始者であるマクスウェルが少年時代に考えたといわれる数当てパズルを紹介する.

N を 90 未満の自然数とし，この N を言い当てよう.

1 N の 10 倍に勝手な 1 桁の数 a を加え，これを 3 で割る.
その商を x，余りを b とする.

2 x の 10 倍に勝手な 1 桁の数 c を加え，これを 3 で割る.
その商の百の位の数を d，余りを e とする.

a，b，c，d，e の 5 つの数だけを受け取り，それをもとに N を特定することができる.

さて，どのようにすれば N が特定できるであろうか？

解答　N $(1 \leqq N \leqq 89)$ を 9 で割った商を f，余りを g とおく.

$$N = 9f + g \quad (0 \leqq g \leqq 8,\ 0 \leqq f \leqq 9).$$

1

$$\begin{aligned} 10N + a &= 10(9f + g) + a \\ &= 90f + 10g + a \\ &= 3(30f + 3g) + (g + a). \end{aligned}$$

$g + a = 3h + b$ とすると，$x = 30f + 3g + h$.

2

$$\begin{aligned} 10x + c &= 10(30f + 3g + h) + c \\ &= 300f + 30g + 10h + c \\ &= 3(100f + 10g + 3h) + (h + c). \end{aligned}$$

$h + c = 3k + e$ とおくと，$100f + 10g + 3h + k$ の百の位の数が d である.
このとき，$d = f$ が成り立つ．このことを示そう.

$10g+3h+k \leqq 99$ が示せればよい．

$$0 \leqq f \leqq 9, \quad 0 \leqq g \leqq 8, \quad 0 \leqq a \leqq 9, \quad 0 \leqq b \leqq 2, \quad 0 \leqq c \leqq 9$$

に注意．

$$3h = g+a-b \leqq 8+9-0 = 17 \quad \text{より,} \quad h \leqq 5.$$

$$3k = h+c-e \leqq 5+9-0 = 14 \quad \text{より,} \quad k \leqq 4.$$

これより，

$$10g+3h+k \leqq 10 \times 8 + 3 \times 5 + 4 = 99.$$

■

すると，

$$g = 3h+b-a, \qquad h = 3k+e-c$$

より，

$$\begin{aligned} g &= 3h+b-a \\ &= 3(3k+e-c)+b-a \\ &= 9k+3(e-c)+(b-a) \\ &\equiv 3(e-c)+(b-a) \qquad (\text{mod. } 9) \end{aligned}$$

が成り立つ．

したがって，N を言い当てるには，次のようにする．

g $(0 \leqq g \leqq 8)$ を

$$g \equiv 3(e-c)+(b-a) \quad (\text{mod. } 9)$$

を満たすようにとり，

$$N = 9f+g = 9d+g$$

とする．

例　$a=5$，$b=0$，$c=7$，$d=7$，$e=1$ のとき，

$$3(e-c)+(b-a) = 3 \times (-6) + (-5) = -23 \equiv 4 \quad (\text{mod. } 9)$$

より，$g=4$ とし，N は

$$N = 9d+g = 9 \times 7 + 4 = 67.$$

5 和と積による置き換え

問題 1

実数 $x,\ y$ が $3x^2+5xy+3y^2=11$ を満たして変化するとき，$(x-6)(y-6)$ のとり得る値の範囲を求めよ．

解説 考えたい値 $(x-6)(y-6)$ は x と y の値から定まる 2 変数関数である．これを $f(x,\ y)$ と表すことにする．

$$f(x,\ y)=(x-6)(y-6).$$

何も制約がなければ，

$$f(2,\ -3)=(2-6)(-3-6)=36,$$
$$f(i,\ -i)=(i-6)(-i-6)=37$$

となる．いまは，代入する組 $(x,\ y)$ は $3x^2+5xy+3y^2=11$ を満たす実数の組に制限されている．

代入できる組 $(x,\ y)$ の条件をうまく変形して，たとえば，y が x の式で表せるのであれば，$f(x,\ y)$ は実質 x のみの関数となり，調べることができるであろう．しかし，いまの場合は煩雑で実行は難しい．代入できる組 $(x,\ y)$ は $3x^2+5xy+3y^2=11$ を満たす実数の組に制限されているが，実数ということは xy 平面上でその制限を視覚化することができそうである．xy の項がなければ円を表していることが読み取れるが，xy の項があるので，円ではない．実は，この方程式が表す図形は楕円である (回転を施せば標準形にできる)．解法のイメージをもつために，ここではその楕円を結果だけ描いてみる．この楕円 (E と呼ぶことにする) 上の点 $(x,\ y)$ に対して，$f(x,\ y)$ の値が対応しており，点 $(x,\ y)$ が楕円 E 上をくまなく動いたときの $f(x,\ y)$ のとり得る値の範囲を求めたい．

たとえば，点 $(1,\ 1)$ は楕円 E 上にあり，

$$f(1,\ 1)=(1-6)(1-6)=25.$$

また，点 $(-1,\ -1)$ は楕円 E 上にあり，

$$f(-1,\ -1) = (-1-6)(-1-6) = 49.$$

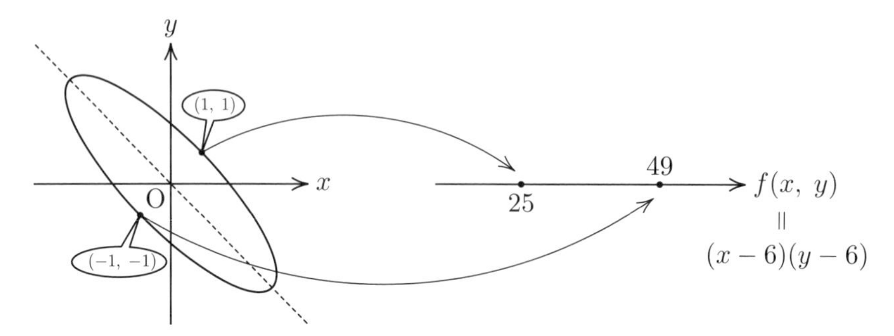

ここで，x，y の制約も，調べる式も x と y の対称式であることに注目して，$x+y$ と xy をもとに考えてみる．$x+y=u$，$xy=v$ とおくと，x，y の制約 $3x^2+5xy+3y^2=11$ は

$$3(x+y)^2 - xy = 11 \quad \text{つまり} \quad 3u^2 - v = 11$$

となり，調べる式 $f(x,\ y)$ は

$$f(x,\ y) = (x-6)(y-6) = xy - 6(x+y) + 36 = v - 6u + 36$$

となる．特に，$v = xy$ に注目してもらいたい．xy だと x と y の 2 次式だが，v として考えれば 1 次式である．この事情により，対称式の解析では，$x+y=u$，$xy=v$ とおいて，x, y の式を u, v の式で考えると次数を下げられることが多い．

楕円上の点 $(x,\ y)$ をいきなり値 $f(x,\ y)$ に対応させるのではなく，一旦，uv 平面上の点 $(x+y,\ xy)$ に対応させ，その点 $(x+y,\ xy)$ を値 $f(x,\ y)$ に対応させるというように，2 段階で捉える．

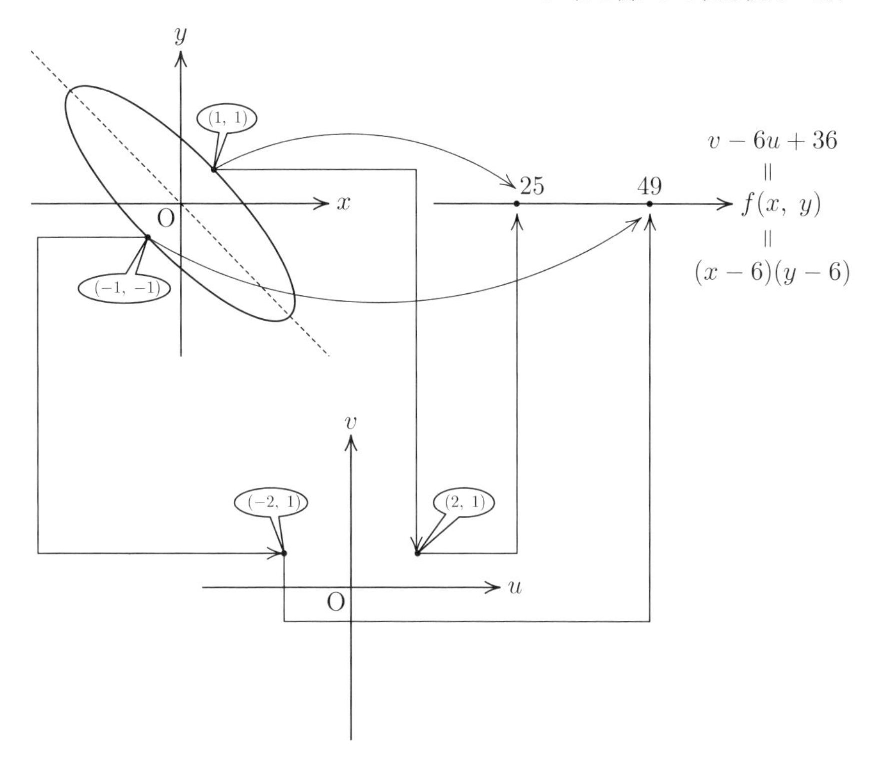

では，楕円 E を写すと，uv 平面のどこにくるであろうか．点 $(U,\ V)$ が楕円 E の写り先の軌跡に含まれる条件は

$$x+y=U, \quad xy=V$$

を満たす実数 $x,\ y$ が存在し，さらにそれらが $3x^2+5xy+3y^2=11$ を満たすことである．

$$x+y=U, \quad xy=V$$

を満たす $x,\ y$ は

$$t^2-Ut+V=0 \qquad \cdots(*)$$

の 2 解であり，これら 2 解は和が U，積が V であることに注意すると，U，V の条件は

$$\begin{cases} (*) \text{ の判別式 } D=U^2-4V \geqq 0, \\ 3U^2-V=11 \end{cases} \quad \text{すなわち} \quad \begin{cases} V \leqq \dfrac{1}{4}U^2, \\ V=3U^2-11 \end{cases}$$

を満たすことである．したがって，$\begin{cases} u = x + y, \\ v = xy \end{cases}$ による変換で楕円 E は uv 平面上の次の放物線の一部 (P とよぶことにする) に写される．

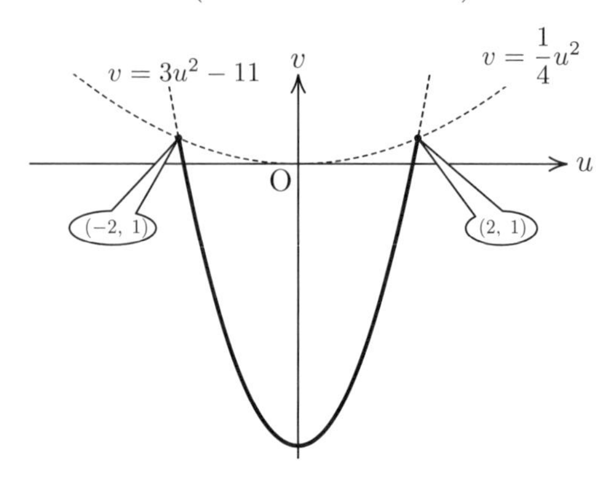

すると，問題は次のように言い換えることができる．

問題の言い換え

点 $(u,\ v)$ が放物線の一部 $P : v = 3u^2 - 11$，$-2 \leqq u \leqq 2$ を動くとき，

$$v - 6u + 36$$

のとり得る値の範囲を求めよ．

こうなると，実質は u のみの (1 変数) 関数となり，容易に調べることができる．

$$\begin{aligned} v - 6u + 36 &= (3u^2 - 11) - 6u + 36 \\ &= 3(u-1)^2 + 22 \end{aligned}$$

より，$v - 6u + 36$ すなわち $f(x,\ y)$ のとり得る値の範囲は

$$\boldsymbol{22 \leqq f(x,\ y) \leqq 49}.$$

問題 2

正の実数 x, y, z が $x+y+z=1$ を満たして変化するとき，$x^3+y^3+z^3+3xyz$ のとり得る値の範囲を求めよ．

解説 考えたい値 $x^3+y^3+z^3+3xyz$ $(=I$ とおく$)$ は x と y と z の値から定まるが，x, y, z のうちの 2 つが決まれば残り一つは $x+y+z=1$ を満たすように決まるので，実質は 2 変数関数である．そこで，x, y に自由度を持たせて考えることにする (z は $1-(x+y)$ と x, y から決まる)．また，考えている式や制約が対称式であることから，z を消去して，x と y で考えても対称式となることから，$x+y=u$, $xy=v$ とおくと，$z=1-u$ であり，

$$\begin{aligned} I=x^3+y^3+z^3+3xyz &= u^3-3uv+(1-u)^3+3v(1-u) \\ &= u^3-3uv+1-3u+3u^2-u^3+3v-3uv \\ &= -6uv+1-3u+3u^2+3v \end{aligned}$$

と表せる．v のおかげで，I は x, y, z だと 3 次式だったのが u, v だと 2 次式になった!

さて，ここで問題を整理しておこう．まず，z を消去して，x, y が $x>0, y>0, x+y<1$ を満たしながら変化するとき，すなわち，点 (x, y) が三角形の内部領域 $x>0$, $y>0$, $y<-x+1$ を動くとき，I のとり得る値を調べたい．しかし，直接考えるのではなく，$x+y=u$ と $xy=v$ の問題として捉える (3 次ではなく 2 次で扱える)．そこで，三角形内部の領域が uv 平面のどこに写されるのかをみて，そのエリアでの $I=-6uv+1-3u+3u^2+3v$ のとり得る値を調べよう．

点 (U, V) が三角形内部の領域の移り先に含まれる条件は

$$x+y=U, \quad xy=V$$

を満たす実数 x, y が存在し，さらにそれらが $x>0$, $y>0$, $x+y<1$ を満たすことである．

$$x+y=U, \quad xy=V$$

を満たす x, y は

$$t^2 - Ut + V = 0 \qquad \cdots(*)$$

の2解であり，これら2解は和が U であること，および，2つの実数に対しては，2数が正であることと2数の和と積が正であることが同値であることに注意すると，U, V の条件は

$$\begin{cases} (*) \text{ の判別式 } D = U^2 - 4V \geqq 0, \\ U > 0,\ V > 0,\ U < 1 \end{cases} \quad \text{すなわち} \quad \begin{cases} V \leqq \dfrac{1}{4}U^2, \\ 0 < U < 1,\ V > 0 \end{cases}$$

を満たすことである．したがって，$\begin{cases} u = x + y, \\ v = xy \end{cases}$ による変換で三角形の内部は uv 平面上の次の領域 (D とよぶことにする) に写される．

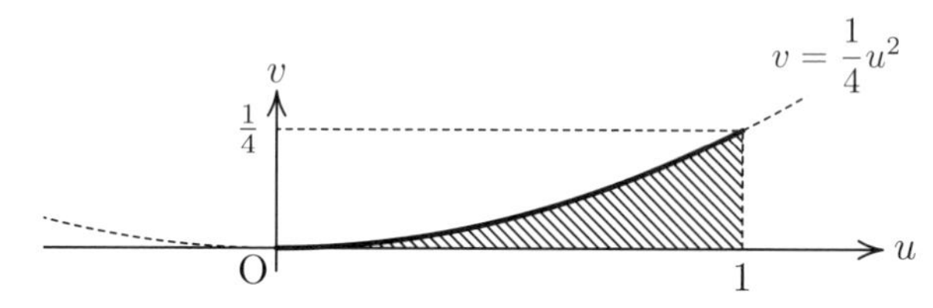

すると，問題は次のように言い換えることができる．

問題の言い換え

点 $(u,\ v)$ が領域 $D : v \leqq \dfrac{1}{4}u^2$，$0 < u < 1$，$v > 0$ を動くとき，

$$I = -6uv + 1 - 3u + 3u^2 + 3v$$

のとり得る値の範囲を求めよ．

u と v を同時に動かすのではなく，一旦，u の値を固定しておいて，v だけ動かしてみる．

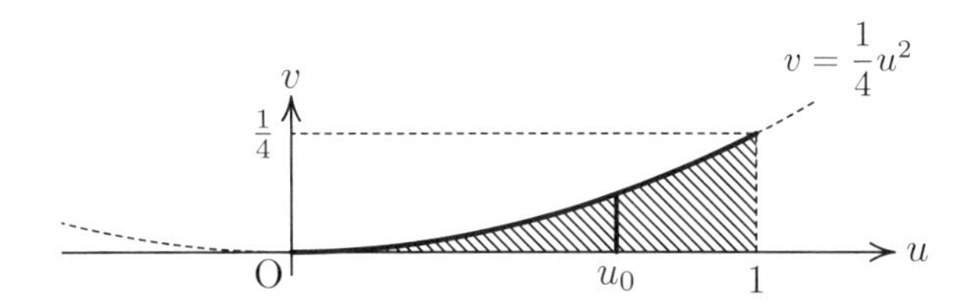

u_0 を 1 未満の正の数とし，線分 $u = u_0$，$0 < v \leqq \frac{1}{4}{u_0}^2$ 上で I の値を考える．変化するのは v であり，$0 < v \leqq \frac{1}{4}{u_0}^2$ を動く．

線分 $u = u_0$，$0 < v \leqq \frac{1}{4}{u_0}^2$ 上で I の値は，次のように v について直線的に変化する．

$$
\begin{aligned}
I &= -6u_0v + 1 - 3u_0 + 3{u_0}^2 + 3v \\
&= \underbrace{(3 - 6u_0)v + (3{u_0}^2 - 3u + 1)}_{f(v)\ \text{とかく．}}.
\end{aligned}
$$

この直線の傾き $3 - 6u_0$ の符号は u_0 と $\frac{1}{2}$ の大小関係によって変わる．

u_0 が $\frac{1}{2}$ より大きいとき．

傾き $3 - 6u_0$ は負であるから，$0 < v \leqq \frac{1}{4}{u_0}^2$ において，I は

$$
f\left(\frac{1}{4}{u_0}^2\right) \leqq I < f(0) \quad \text{つまり} \quad -\frac{3}{2}{u_0}^3 + \frac{15}{4}{u_0}^2 - 3u_0 + 1 \leqq I < 3{u_0}^2 - 3u_0 + 1
$$

をとり得る．

u_0 が $\frac{1}{2}$ と等しいとき．

傾き $3 - 6u_0$ は 0 であるから，$0 < v \leqq \frac{1}{4}{u_0}^2$ において，I は常に一定値

$$
3{u_0}^2 - 3u_0 + 1
$$

をとる．

u_0 が $\dfrac{1}{2}$ より小さいとき.

傾き $3-6u_0$ は正であるから，$0 < v \leqq \dfrac{1}{4}{u_0}^2$ において，I は

$$f(0) < I \leqq f\left(\frac{1}{4}{u_0}^2\right) \quad \text{つまり} \quad 3{u_0}^2-3u_0+1 < I \leqq -\frac{3}{2}{u_0}^3+\frac{15}{4}{u_0}^2-3u_0+1$$

をとり得る.

u_0 の値と I のとり得る値の範囲をグラフで可視化すると，次のようになる.

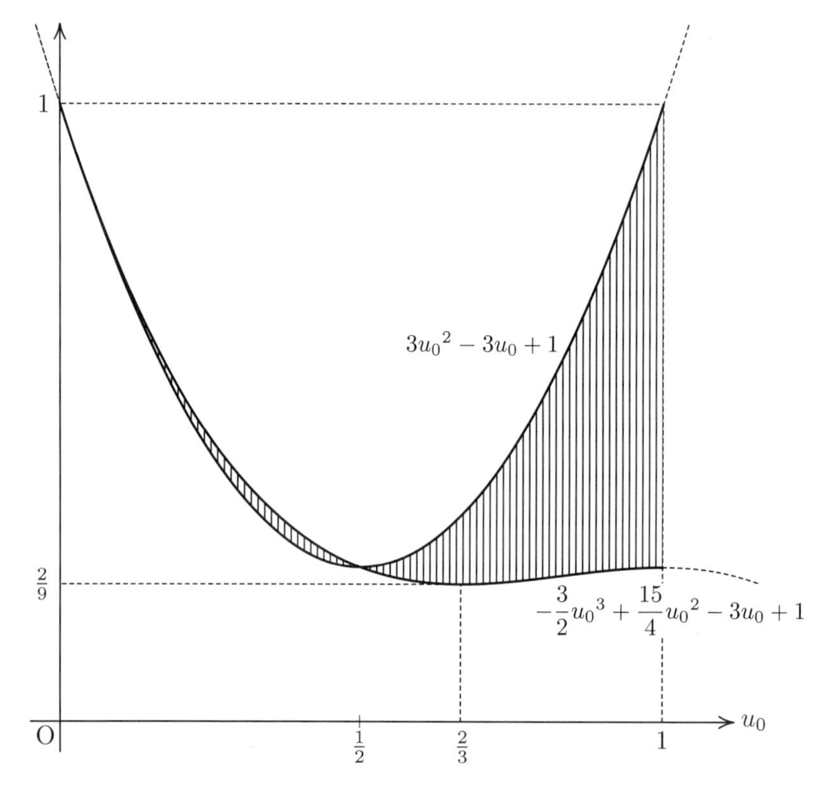

よって，I のとり得る値の範囲は

$$\boldsymbol{\frac{2}{9} \leqq I < 1}.$$

6 オイラー・チャップルの定理

オイラー・チャップルの定理

三角形 ABC の外接円の半径を R，内接円の半径を r とし，外心を O，内心を I，$\left|\overrightarrow{\mathrm{OI}}\right| = d$ とすると，R，r，d の間に関係式

$$R^2 - d^2 = 2Rr$$

が成り立つ．

このオイラー・チャップルの定理をベクトルを用いて計算で証明する方法を記載しておく．

証明 AI を BC の交点を D とすると，$\angle\mathrm{BAD} = \angle\mathrm{CAD}$ より

$$\mathrm{BD} : \mathrm{DC} = c : b$$

であるから，

$$\overrightarrow{\mathrm{OD}} = \frac{b\,\overrightarrow{\mathrm{OB}} + c\,\overrightarrow{\mathrm{OC}}}{b+c}, \quad \mathrm{BD} = a \times \frac{c}{b+c} = \frac{ac}{b+c}.$$

さらに，$\angle\mathrm{ABI} = \angle\mathrm{DBI}$ より

$$\mathrm{AI} : \mathrm{ID} = c : \frac{ac}{b+c} = (b+c) : a.$$

ゆえに，

$$\overrightarrow{\mathrm{OI}} = \frac{a\,\overrightarrow{\mathrm{OA}} + (b+c)\overrightarrow{\mathrm{OD}}}{a+(b+c)} = \frac{a\,\overrightarrow{\mathrm{OA}} + b\,\overrightarrow{\mathrm{OB}} + c\,\overrightarrow{\mathrm{OC}}}{a+b+c}.$$

これより，

$$\left|\overrightarrow{\mathrm{OI}}\right|^2=\frac{1}{(a+b+c)^2}\left|a\,\overrightarrow{\mathrm{OA}}+b\,\overrightarrow{\mathrm{OB}}+c\,\overrightarrow{\mathrm{OC}}\right|^2$$
$$=\frac{1}{(a+b+c)^2}\left\{a^2\left|\overrightarrow{\mathrm{OA}}\right|^2+b^2\left|\overrightarrow{\mathrm{OB}}\right|^2+c^2\left|\overrightarrow{\mathrm{OC}}\right|^2+2ab\,\overrightarrow{\mathrm{OA}}\cdot\overrightarrow{\mathrm{OB}}+2bc\,\overrightarrow{\mathrm{OB}}\cdot\overrightarrow{\mathrm{OC}}+2ca\,\overrightarrow{\mathrm{OC}}\cdot\overrightarrow{\mathrm{OA}}\right\}$$
$$=\frac{1}{(a+b+c)^2}\left\{R^2(a^2+b^2+c^2)+2ab\,\overrightarrow{\mathrm{OA}}\cdot\overrightarrow{\mathrm{OB}}+2bc\,\overrightarrow{\mathrm{OB}}\cdot\overrightarrow{\mathrm{OC}}+2ca\,\overrightarrow{\mathrm{OC}}\cdot\overrightarrow{\mathrm{OA}}\right\}.$$

ここで,

$$\left|\overrightarrow{\mathrm{AB}}\right|^2=\left|\overrightarrow{\mathrm{OB}}-\overrightarrow{\mathrm{OA}}\right|^2$$
$$=\left|\overrightarrow{\mathrm{OB}}\right|^2-2\overrightarrow{\mathrm{OA}}\cdot\overrightarrow{\mathrm{OB}}+\left|\overrightarrow{\mathrm{OA}}\right|^2$$

より,

$$c^2-2R^2-2\overrightarrow{\mathrm{OA}}\cdot\overrightarrow{\mathrm{OB}}.$$
$$\therefore\quad 2\overrightarrow{\mathrm{OA}}\cdot\overrightarrow{\mathrm{OB}}=2R^2-c^2.$$

同様に,

$$2\overrightarrow{\mathrm{OB}}\cdot\overrightarrow{\mathrm{OC}}=2R^2-a^2,\qquad 2\overrightarrow{\mathrm{OC}}\cdot\overrightarrow{\mathrm{OA}}=2R^2-b^2$$

が成り立つことから,

$$d^2=\frac{1}{(a+b+c)^2}\left\{R^2(a^2+b^2+c^2)+ab(2R^2-c^2)+bc(2R^2-a^2)+ca(2R^2-b^2)\right\}$$
$$=\frac{1}{(a+b+c)^2}\left\{R^2(a+b+c)^2-abc(a+b+c)\right\}=R^2-\frac{abc}{a+b+c}.$$

ここで,三角形 ABC の面積を S とおくと,正弦定理により,

$$S=\frac{1}{2}bc\sin A=\frac{abc}{4R}$$

と表せ,また,

$$S=\frac{r}{2}(a+b+c)$$

でもあることから,

$$\frac{abc}{4R}=\frac{r}{2}(a+b+c)$$

より，

$$\frac{abc}{a+b+c} = 2Rr$$

であるので，

$$d^2 = R^2 - 2Rr. \qquad ■$$

補助線を引いて初等幾何で次のように証明することも可能である．

AI の延長が外接円と交わる点を D とすると，方べきの定理により，

$$\mathrm{AI} \cdot \mathrm{ID} = (R+d)(R-d) = R^2 - d^2.$$

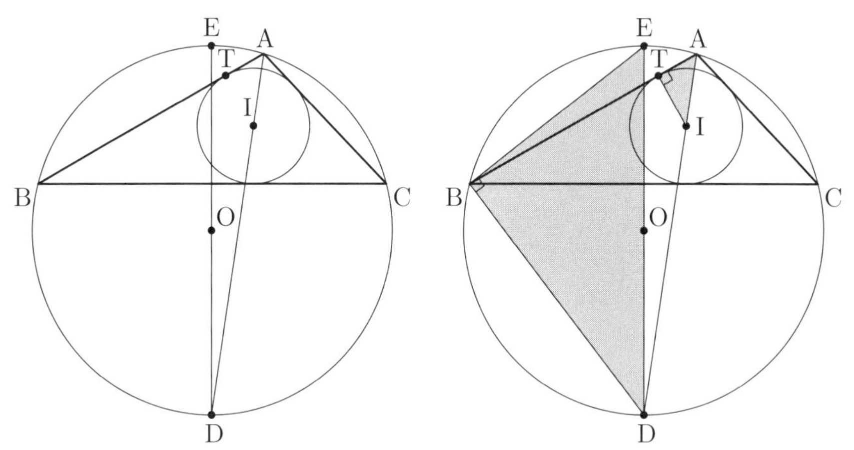

DO の延長が外接円と交わる点を E，内接円が辺 AB に接する点を T とすると，相似な 2 つの三角形 ATI，EBD に注目して，

$$\mathrm{IA} : \mathrm{TI} = \mathrm{DE} : \mathrm{DB} \qquad \text{より} \qquad \mathrm{IA} \cdot \mathrm{DB} = \mathrm{TI} \cdot \mathrm{DE} = r \cdot 2R.$$

ここで，三角形 DIB に注目して，

$$\angle\mathrm{DIB} = \angle\mathrm{IAB} + \angle\mathrm{IBA} = \frac{A+B}{2}, \quad \angle\mathrm{DBI} = \angle\mathrm{DBC} + \angle\mathrm{CBI} = \frac{A+B}{2}$$

であることから，三角形 DIB は DI = DB の二等辺三角形であるので，

$$R^2 - d^2 = \mathrm{AI} \cdot \mathrm{ID} = \mathrm{IA} \cdot \mathrm{DB} = 2Rr. \qquad ■$$

補助線による初等幾何での証明については次の出題歴がある．

【2002 センター試験 IA】

三角形 ABC の外心を O，内心を I，また，外接円の半径を R，内接円の半径を r とする．O と I が一致しない場合に R，r と OI の関係を調べよう．下の**ア**～**サ**には A～G の中から C 以外の当てはまる文字を選べ．ただし，**エ**と**オ**は解答の順序を問わない．

AI の延長と外接円の交点を D とし，DO の延長と外接円の交点を E とする．また直線 OI と外接円の交点を F，G とし F，O，I，G がこの順に並ぶものとする．I から AC へ垂線をひき，交点を H とする．

△AHI と △EBD は，∠HAI = ∠[**アイ**]I = ∠BED，∠AHI = ∠EBD = 90° であるから相似で，ED : [**ウ**]I = [**エオ**] : HI が成り立ち，

$$[\text{ウ}]\text{I}\cdot[\text{エオ}] = 2rR. \qquad \cdots①$$

次に △DBI において ∠DIB = ∠I[**カキ**] + ∠IBA，∠DBI = ∠DBC + ∠IBC，∠IBA = ∠IBC，∠I[カキ] = ∠DAC = ∠DBC であるから，∠DIB = ∠[**クケ**]I で，△DBI は二等辺三角形となり，

$$[\text{エオ}] = \text{ID}. \qquad \cdots②$$

△IFD と △IAG において，∠IFD = ∠GFD = ∠IAG，∠FID = ∠AIG．
したがって，△IFD と △IAG は相似であり，

$$\text{AI}\cdot[\text{コ}]\text{I} = [\text{サ}]\text{I}\cdot\text{GI} = ([\text{サ}]\text{O}+\text{OI})(\text{GO}-\text{OI}) = R^2-\text{OI}^2. \quad \cdots③$$

①，②，③から $\text{OI}^2 = R^2 -$ [**シ**] が成り立つ．ただし，[**シ**] には次の⓪～⑤の中から正しいものを一つ選べ．

⓪ r　① R　② r^2　③ rR　④ $2rR$　⑤ $4rR$

解答記号	アイ	ウ	エオ	カキ	クケ	コ	サ	シ
正解	BA	A	BD	AB	DB	D	F	④

7 多項式の割り算の図形的意味

多項式 $f(x)$ を $(x-\alpha)^2$ で割った**余り**を $px+q$ とすると，直線 $y=px+q$ は曲線 $y=f(x)$ の点 $(\alpha,\ f(\alpha))$ での**接線**である．

例 1 x^2 を $(x-t)^2=x^2-2tx+t^2$ で割った余りは $2tx-t^2$ であり，放物線 $y=x^2$ の点 $(t,\ t^2)$ での接線は

$$y=2tx-t^2.$$

$$\begin{array}{r|rrr} & 1 & & \\ \hline x^2-2tx+t^2 & x^2 & +0x & +0 \\ & x^2 & -2tx & +t^2 \\ \hline & & 2tx & -t^2 \end{array}$$

これは，等式

$$x^2=(x-t)^2\cdot 1+(2tx-t^2)$$

からわかる．

実際，2 曲線 $y=x^2$ と $y=2tx-t^2$ の共有点を調べるために，連立し，y を消去した x の 2 次方程式

$$x^2=2t(x-t)+t^2 \qquad \text{つまり} \qquad (x-t)^2\cdot 1+(2tx-t^2)=2tx-t^2$$

を考えると，$(x-t)^2=0$ より $x=t$ を重解にもつことから，2 曲線 $y=x^2$ と $y=2tx-t^2$ は x 座標が t の点で接することがわかる．

もちろん，微分法によって，$\left(x^2\right)'=2x$ であるから，$y=x^2$ の $(t,\ t^2)$ での接線の式は

$$y=2t(x-t)+t^2 \qquad \text{つまり} \qquad y=2tx-t^2$$

である．

例 2　x^3-2x を $(x+1)^2=x^2+2x+1$ で割った余りは $x+2$ であり，曲線 $C: y=x^3-2x$ の点 $(-1,\ 1)$ での接線は

$$y=x+2.$$

$$\begin{array}{r|rrrr}
 & x & -2 & & \\
\hline
x^2+2x+1 & x^3 & +0x^2 & -2x & +0 \\
 & x^3 & +2x^2 & +x & \\
\hline
 & & -2x^2 & -3x & +0 \\
 & & -2x^2 & -4x & -2 \\
\hline
 & & & x & +2
\end{array}$$

これは，等式

$$x^2=(x+1)^2\cdot(x-2)+(x+2)$$

からわかる．

実際，2 曲線 $y=x^3-2x$ と $y=x+2$ の共有点を調べるために，連立し，y を消去した x の 2 次方程式

$$x^3-2x=x+2 \qquad \text{つまり} \qquad (x+1)^2\cdot(x-2)+(x+2)=x+2$$

を考えると，$(x+1)^2(x-2)=0$ より $x=-1$ を重解にもつことから，2 曲線 $y=x^3-2x$ と $y=x+2$ は x 座標が -1 の点で接することがわかる．

さらに，もう一つの共有点の x 座標が 2 であることもわかる!

【2022 学習院大学・国際社会科 (コア)・経済 (プラス) 学部】

t を正の実数とし，点 $\mathrm{P}(t,\ t^3-2t)$ における曲線 $C: y=x^3-2x$ の接線を L_1 とする．

(1) L_1 と C の P 以外の交点 Q とする．Q の座標を求めよ．

(2) Q における C の接線を L_2 とする．L_2 と C とで囲まれた部分の面積を求めよ．

解説

(1)

$$
\begin{array}{rllll}
 & x & +2t & & \\
\cline{2-5}
x^2-2tx+t^2 \big) & x^3 & +0x^2 & -2x & +0 \\
 & x^3 & -2tx^2 & +t^2x & \\
\cline{2-5}
 & & 2tx^2 & -(2+t^2)x & +0 \\
 & & 2tx^2 & -4t^2x & +2t^3 \\
\cline{3-5}
 & & & (3t^2-2)x & -2t^3
\end{array}
$$

x の恒等式

$$x^3-2x=(x-t)^2\cdot(x+2t)+\left\{(3t^2-2)x-2t^3\right\}$$

に着目すると，点 $\mathrm{P}(t,\ t^3-2t)$ における曲線 $C: y=x^3-2x$ の接線を L_1 の式は

$$y=(3t^2-2)x-2t^3$$

であり，L_1 と C の P 以外の交点 Q の x 座標は

$$x+2t=0 \quad より \quad x=-2t.$$

ゆえに,

$$\mathbf{Q}\left(\boldsymbol{-2t,\ \ -8t^3+4t}\right).$$

(2) x の恒等式 $\longleftarrow$ (1) での恒等式が任意の t で成立するので，t に $-2t$ を代入すればよい!

$$x^3-2x=(x+2t)^2\cdot(x-4t)+\left\{(12t^2-2)x+16t^3\right\}$$

に着目すると，Q における C の接線 L_2 の式は

$$y=(12t^2-2)x+16t^3$$

であり，L_2 と C の Q 以外の交点の x 座標は

$$x-4t=0 \quad より \quad x=4t. \qquad \longleftarrow \text{(1) の結果から明らか!}$$

ゆえに，L_2 と C とで囲まれた部分は次の斜線部分である．

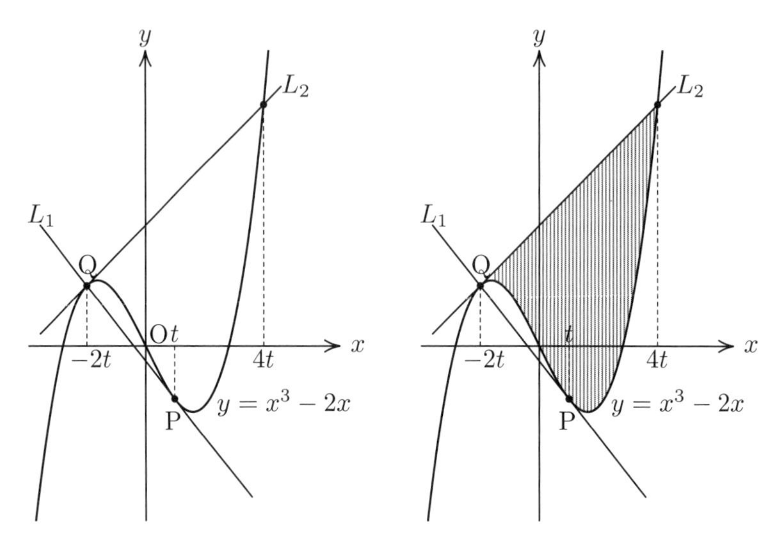

L_2 と C とで囲まれた部分の面積は

$$\begin{aligned}\int_{-2t}^{4t} -(x+2t)^2(x-4t)\,dx &= \int_{-2t}^{4t} -(x+2t)^2\{(x+2t)-6t\}\,dx \\ &= \int_{-2t}^{4t} \{6t(x+2t)^2-(x+2t)^3\}\,dx \\ &= \left[2t(x+2t)^3-\frac{1}{4}(x+2t)^4\right]_{4t}^{-2t} \\ &= 2t\cdot(6t)^3-\frac{1}{4}\cdot(6t)^4=\boldsymbol{108t^4}.\end{aligned}$$

(**注意**)　求める部分の面積は次の斜線部分の面積と等しい．

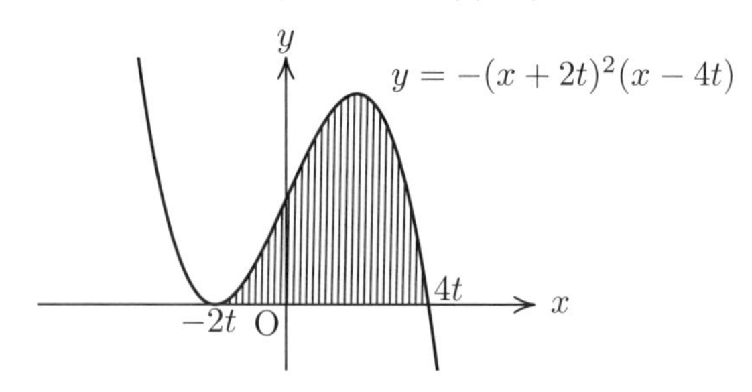

【2020 北里大学・獣医学部 獣医学科】

整式 $P(x)$ を $x-1$ で割ると 2 余り，$x-2$ で割ると 3 余る．$P(x)$ を $(x-1)(x-2)$ で割ったときの余りは [ア] である．さらに $P(x)$ を $(x-1)^2$ で割ると 2 余るとすると，$P(x)$ を $(x-1)^2(x-2)$ で割った余りは [イ] である．

解答 条件より，xy 座標平面上の曲線 $C: y=P(x)$ は $(1,\ 2)$，$(2,\ 3)$ を通る．

$P(x)$ を $(x-1)(x-2)$ で割ったときの余りは高々 1 次式 $ax+b$ (a, b は定数) であり，

$$P(x)-(ax+b)=(x-1)(x-2)Q(x) \qquad \Big(Q(x): \text{多項式}\Big)$$

とおける．これより，$P(x)-(ax+b)$ は $x=1,\ 2$ で 0 となる．

これは，$C: y=P(x)$ と直線 $y=ax+b$ は $x=1$ 上および $x=2$ 上で交わることを意味する．つまり，直線 $y=ax+b$ は $(1,\ \underbrace{P(1)}_{2})$，$(2,\ \underbrace{P(2)}_{3})$ を通る．したがって，$ax+b$ は

$$\frac{3-2}{2-1}(x-1)+2 \qquad \text{つまり} \qquad \boldsymbol{x+1}. \qquad \cdots \boxed{\text{ア}}$$

注意 [ア] は「2 点を通る直線の式を求めよ」という問である．

$P(x)$ を $(x-1)^2$ で割ると 2 余るとすると，

$$P(x)-2=(x-1)^2q(x) \qquad \Big(q(x): \text{多項式}\Big)$$

とおける．これより，$C: y=P(x)$ と直線 $y=2$ は $x=1$ 上で接する．

$P(x)$ を $(x-1)^2(x-2)$ で割った余りは高々 2 次式 ax^2+bx+c ($a,\ b,\ c$ は定数) であり，

$$P(x)-(ax^2+bx+c)=(x-1)^2(x-2)K(x) \qquad \Big(K(x): \text{多項式}\Big)$$

とおける．これより，$y=P(x)$ と $y=ax^2+bx+c$ は $x=1$ 上で接し，$x=2$ 上で交わる．

$(1,\ \underbrace{P(1)}_{2})$ における曲線 $y = ax^2 + bx + c$ の接線は $y = 2$ であり，曲線 $y = ax^2 + bx + c$ は $(2,\ \underbrace{P(2)}_{3})$ を通る．

$$ax^2 + bx + c = a(x-1)^2 + 2$$

において $x = 2$ での値が 3 となるように a を決め，

$$3 = a(2-1)^2 + 2 \qquad \text{より} \qquad a = 1.$$

したがって，求める余りは

$$1 \cdot (x-1)^2 + 2 = \boldsymbol{x^2 - 2x + 3}. \qquad \cdots \boxed{\text{イ}}$$

【2022 早稲田大学・社会科学部】

整式 $P(x)$ を $x-1$ で割ると 1 余り，$(x+1)^2$ で割ると $3x+2$ 余る．

(1) $P(x)$ を $x+1$ で割ったときの余りを求めよ．
(2) $P(x)$ を $(x-1)(x+1)$ で割ったときの余りを求めよ．
(3) $P(x)$ を $(x-1)(x+1)^2$ で割ったときの余りを求めよ．

解答　条件より，xy 座標平面上の曲線 $C : y = P(x)$ は $(1,\ 1)$ を通り，$y = 3x + 2$ と x 座標が -1 の点で接する．

(1) $P(x)$ を $x+1$ で割った余りは $P(-1)$ であり，

$$P(-1) = 3 \cdot (-1) + 2 = \boldsymbol{-1}.$$

(2) $P(x)$ を $(x-1)(x+1)$ で割った余りを $\ell(x)$ とすると，$y = \ell(x)$ は xy 座標平面上で，2 点 $\left(-1,\ \underbrace{P(-1)}_{-1}\right)$，$\left(1,\ \underbrace{P(1)}_{1}\right)$ を通る直線を表すことから，求める余りは

$$\frac{P(1) - P(-1)}{1-(-1)}(x-1) + P(1) = \frac{1-(-1)}{1-(-1)}(x-1) + 1 = \boldsymbol{x}.$$

注意　$y = x$ が直線 $y = \ell(x)$ だということは数値をみれば明らかではある．

(3) $P(x)$ を $(x-1)(x+1)^2$ で割った余りを $Q(x)$ とすると，$y=Q(x)$ は xy 座標平面上で，点 $\bigl(1,\ \underbrace{P(1)}_{1}\bigr)$ を通り，点 $\bigl(-1,\ \underbrace{P(-1)}_{-1}\bigr)$ で直線 $y=3x+2$ に接する放物線を表す．高々 2 次の多項式 $Q(x)$ を

$$Q(x)=a(x+1)^2+3x+2$$

とおいて，$Q(1)=1$ となるように a を決定することで，$a=-\dfrac{1}{2}$ が得られ，したがって，求める余りは

$$Q(x)=-\frac{1}{2}(x+1)^2+3x+2=\boldsymbol{-\frac{1}{2}x^2+2x+\frac{3}{2}}.$$

注意 このように 1 点ずつ追加されるに従って次数の高い多項式補間を行う手法は **Newton 補間**と呼ばれる．

8　加重重心

三角形の重心を一般化することを考える．そのために，まずは三角形の重心の性質を振り返っておく．三角形 ABC に対して，その重心を G とすると，G の満たす性質としては次のようなものが代表的である．辺 BC，CA，AB の中点をそれぞれ M，N，L とする．

重心の性質

① 3 中線 AM，BN，CL は G で交わる．

② $AG : GM = BG : GN = CG : GL = 2 : 1$ である．

③ $\triangle GBC : \triangle GCA : \triangle GAB = 1 : 1 : 1$ である．

④ 任意の点 O に対して，

$$\overrightarrow{OG} = \frac{1}{3}\overrightarrow{OA} + \frac{1}{3}\overrightarrow{OB} + \frac{1}{3}\overrightarrow{OC}$$

が成り立つ．

⑤ $\overrightarrow{GA} + \overrightarrow{GB} + \overrightarrow{GC} = \vec{0}$ が成り立つ．

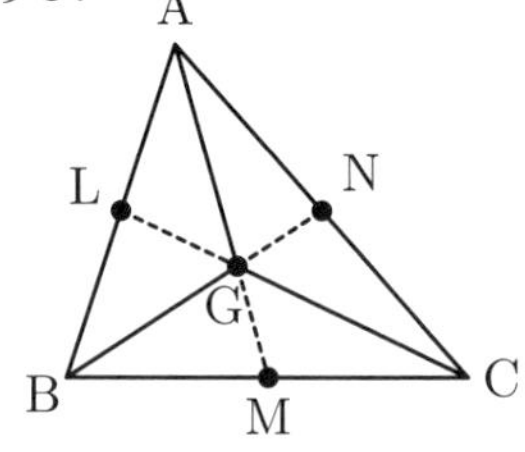

ここでは ③ に着目して，次の問を考えてみよう．

問

三角形 ABC とその内部に点 P をとり，

$$\triangle PBC : \triangle PCA : \triangle PAB = 1 : 1 : 1$$

となるようにしたい．さて，点 P はどこにとればよいだろうか?

三角形 ABC の土地が与えられたとき，内部の 1 点 P に杭を打ち，杭から 3 頂点にロープを結び，三角形 ABC を 3 つの小三角形に分ける．このとき，3 つの小三角形がすべて同じ面積となるような杭 P の位置はどこか? という問題である．この答えが重心であることは ③からわかる．実際，$\triangle PBC : \triangle PCA = 1 : 1$ であることから，点 P は中線 CL 上にあることがわかり，$\triangle PCA : \triangle PAB = 1 : 1$ であることから，点 P は中線 AM 上にあることがわかる．すると，点 P は中線 CL と中線 AM の交点でなければならず，点 P は重心 G の位置でなければならないことがわかる．なお，重心の性質②も③からの帰結として捉えることができることに注意しておこう．実際，

$$AG : GM = (\triangle GAB + \triangle GCA) : \triangle GBC = (1+1) : 1 = 2 : 1,$$

$$BG : GN = (\triangle GAB + \triangle GBC) : \triangle GCA = (1+1) : 1 = 2 : 1,$$

$$CG : GL = (\triangle GBC + \triangle GCA) : \triangle GAB = (1+1) : 1 = 2 : 1$$

である．このことを踏まえて，次のように，この問を一般化してみよう．

問

三角形 ABC とその内部に点 P をとり，$\triangle PBC : \triangle PCA : \triangle PAB = 3 : 2 : 4$ となるようにしたい．さて，点 P はどこにとればよいだろうか?

今回は，3 つの小三角形の面積比が $3 : 2 : 4$ となるような杭 P の位置はどこか? という問題である．AP と BC の交点，BP と CA の交点，CP と AB の交点をそれぞれ M，N，L とおく．

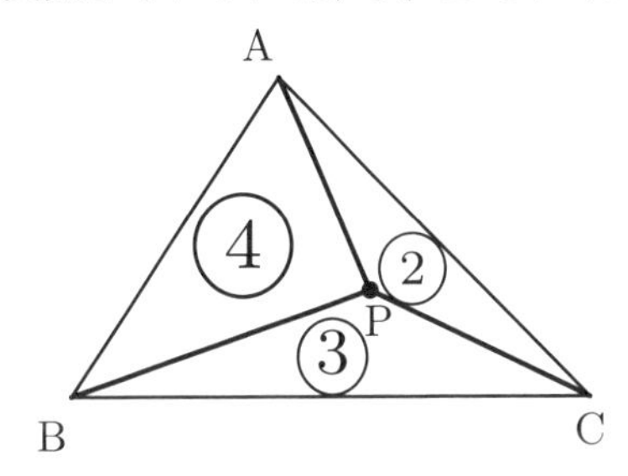

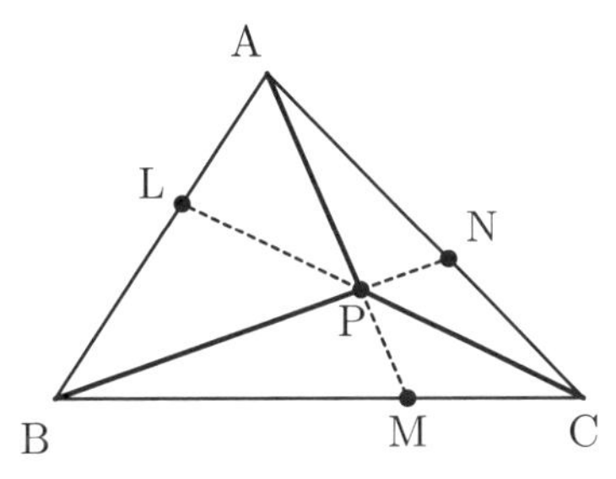

さて，今回の問題は答え方が難しい．

それは，$\triangle PBC : \triangle PCA : \triangle PAB = 1 : 1 : 1$ となる点 P であれば，「重心」という名称のついた特別な点が答えであったが，$\triangle PBC : \triangle PCA : \triangle PAB = 3 : 2 : 4$ となる点 P にはこのような特別な名称がついていないからである．

そこで，面積比から線分比を次のように考えていくことにする．

$$BM : MC = \triangle PAB : \triangle PCA = 4 : 2,$$

$$CN : NA = \triangle PBC : \triangle PAB = 3 : 4,$$

$$AL : LB = \triangle PCA : \triangle PBC = 2 : 3$$

である．さらには，

$$\mathrm{AP}:\mathrm{PM}=(\triangle\mathrm{PAB}+\triangle\mathrm{PCA}):\triangle\mathrm{PBC}=(4+2):3=2:1,$$

$$\mathrm{BP}:\mathrm{PN}=(\triangle\mathrm{PAB}+\triangle\mathrm{PBC}):\triangle\mathrm{PCA}=(4+3):2=7:2,$$

$$\mathrm{CP}:\mathrm{PL}=(\triangle\mathrm{PBC}+\triangle\mathrm{PCA}):\triangle\mathrm{PAB}=(3+2):4=5:4$$

であることもわかる．以上から，この問に対する答えとしては，「点 P を BC を 4 : 2 に内分する点を M としたとき，AM を 2 : 1 に内分する点にとればよい」というものが挙げられる．他にも，「点 P を AB を 2 : 3 に内分する点を L，AC を 4 : 3 に内分する点を N としたとき，BN と CL の交点にとればよい」などと答えてもよい．

ポイント

三角形の内部の点の位置は 3 つの小三角形の面積比で決まる!

一般には，次のことが成り立つ．ここで，x，y，z はすべて正の実数とし，BC を $z:y$ に内分する点，CA を $x:z$ に内分する点，AB を $y:x$ に内分する点をそれぞれ M，N，L とする．

次の条件を満たす三角形の内部の点 P は同じ点を定める!

① AM，BN，CL は P で交わる．

② $\begin{cases}\mathrm{AP}:\mathrm{PM}=(y+z):x,\\ \mathrm{BP}:\mathrm{PN}=(z+x):y,\\ \mathrm{CP}:\mathrm{PL}=(x+y):z.\end{cases}$

③ $\triangle\mathrm{PBC}:\triangle\mathrm{PCA}:\triangle\mathrm{PAB}=x:y:z.$

④ 任意の点 O に対して，
$\overrightarrow{\mathrm{OP}}=\dfrac{x}{x+y+z}\overrightarrow{\mathrm{OA}}+\dfrac{y}{x+y+z}\overrightarrow{\mathrm{OB}}+\dfrac{z}{x+y+z}\overrightarrow{\mathrm{OC}}.$

⑤ $x\overrightarrow{\mathrm{PA}}+y\overrightarrow{\mathrm{PB}}+z\overrightarrow{\mathrm{PC}}=\overrightarrow{0}.$

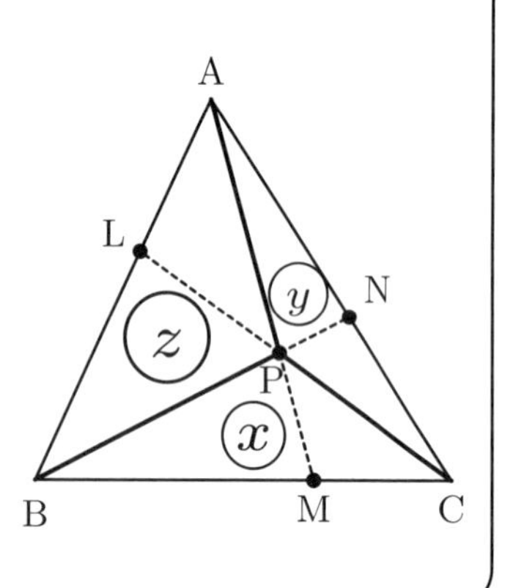

$x:y:z=1:1:1$ の場合の点 P が三角形 ABC の重心である．

$x : y : z = 1 : 1 : 1$ に限らず，一般性をもたせて，3 つの小三角形の面積比で特徴付けられた三角形の内部の点を**加重重心**という．

なお，① はCeva(チェバ)の定理に対応しており，② はMenelaus(メネラウス)の定理に対応している．Ceva の定理 および Menelaus の定理は面積比をもとに理解することができる．

だから，Ceva の定理や Menelaus の定理を使う問題が出題されたとき，仮に，Ceva の定理や Menelaus の定理をド忘れしても，面積比を考えれば解決できる!! (さらに，その面積比で考えたことは Ceva の定理や Menelaus の定理を使って考えたことに他ならない．)

さて，“三角形の内部の点の位置は 3 つの小三角形の面積比で決まる” わけであるが，この面積比をもう少し扱いやすいように物理的なイメージ (**オモリ**によるイメージ) で捉えておくとよい．そのことを説明しよう．まず，三角形を薄い均一な厚みの板であると思う．

先ほどの問で考えた三角形 ABC がこの板であるとし，点 P の真下に人差し指をあて，P で支えることを想像してもらいたい．

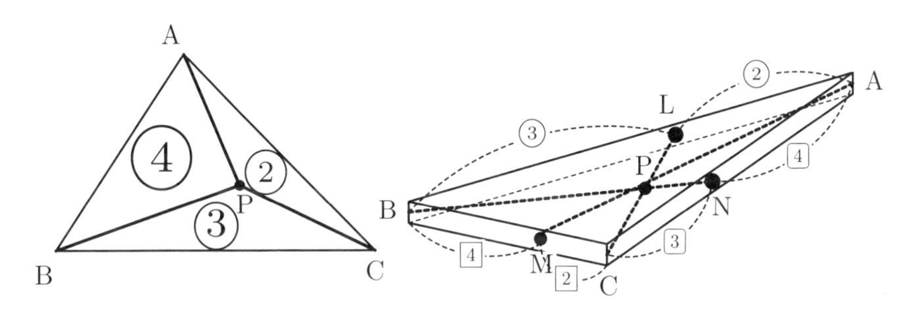

もちろんそのままではバランスはとれない (P は三角形 ABC の重心とは異なる位置にあるため) ので，3 頂点にオモリをおいてバランスをとることを考える．結論としては，

$$(\text{A に載せる重さ}) : (\text{B に載せる重さ}) : (\text{C に載せる重さ}) = 3 : 2 : 4$$

でオモリを配置すればよい．このことは，面積比

$$\triangle PBC : \triangle PCA : \triangle PAB = 3 : 2 : 4$$

に着目して，

頂点Aに3のオモリをおくのは，Aの反対側である三角形PBC方向への回転を防ぐため，

頂点Bに2のオモリをおくのは，Bの反対側である三角形PCA方向への回転を防ぐため，

頂点Cに4のオモリをおくのは，Cの反対側である三角形PAB方向への回転を防ぐため

と捉えることができる．

一般的には，次のようになる．

“3頂点への加重は向かいの面積比”

(Aへの加重) : (Bへの加重) : (Cへの加重) $= \triangle PBC : \triangle PCA : \triangle PAB$.

この重みを今度は線分比の観点から見直してみよう．

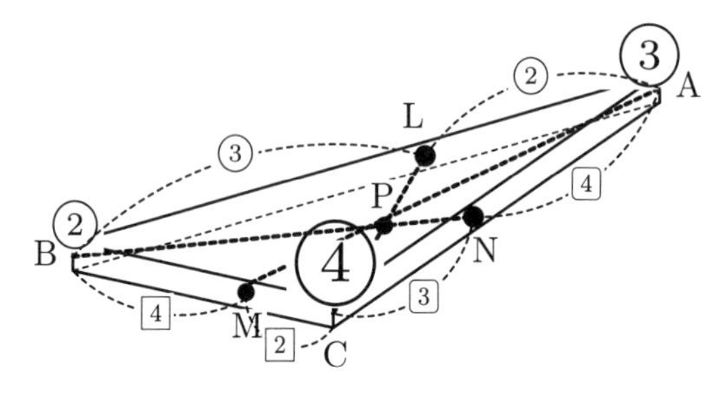

CAやCBの方に落ちるのを防ぐには，CL上でバランスをとる必要がある．そのためには，

$$AL : LB = 2 : 3 \quad \text{より，} \quad (\text{A}への加重) : (\text{B}への加重) = 3 : 2$$

としなければならない．

BA や BC の方に落ちるのを防ぐには，BN 上でバランスをとる必要がある．そのためには，

$$\mathrm{CN} : \mathrm{NA} = 3 : 4 \quad \text{より，} \quad (\text{C への加重}) : (\text{A への加重}) = 4 : 3$$

としなければならない．

AB や AC の方に落ちるのを防ぐには，AM 上でバランスをとる必要がある．そのためには，

$$\mathrm{BM} : \mathrm{MC} = 4 : 2 \quad \text{より，} \quad (\text{B への加重}) : (\text{C への加重}) = 2 : 4$$

としなければならない．

これらより (実質はこれら 3 つの条件のうちの 2 つにより)，

$$(\text{A への加重}) : (\text{B への加重}) : (\text{C への加重}) = 3 : 2 : 4$$

でオモリを配置すればよい．

面積比，線分比と各頂点への加重との関係は，一般には次のようになる．

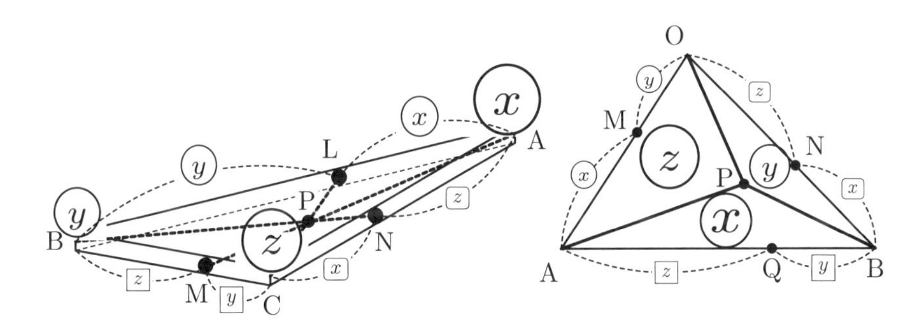

点 P を三角形 OAB の“**重み付けされた**”重心と捉え，“**加重重心**”というが，これは，ベクトルでの関係式

④　$\overrightarrow{\mathrm{OP}} = \dfrac{x}{x+y+z}\overrightarrow{\mathrm{OA}} + \dfrac{y}{x+y+z}\overrightarrow{\mathrm{OB}} + \dfrac{z}{x+y+z}\overrightarrow{\mathrm{OC}}$　　(O は任意の点)

によって表現されている．各頂点への加重で重み付けされた“位置についての平均”が加重重心の位置となる．さらに，この点 O を点 P でとると，$\overrightarrow{\mathrm{PP}} = \overrightarrow{0}$

であることに注意すると，

$$\frac{x}{x+y+z}\overrightarrow{\mathrm{PA}}+\frac{y}{x+y+z}\overrightarrow{\mathrm{PB}}+\frac{z}{x+y+z}\overrightarrow{\mathrm{PC}}=\vec{0}$$

すなわち，

$$⑤\quad x\overrightarrow{\mathrm{PA}}+y\overrightarrow{\mathrm{PB}}+z\overrightarrow{\mathrm{PC}}=\vec{0}$$

が成り立つことがわかる．

3 頂点に載せるオモリの重さの比が面積比を与えていることから，P の位置がベクトルでどのように表されるかが次のようにすぐにわかる．

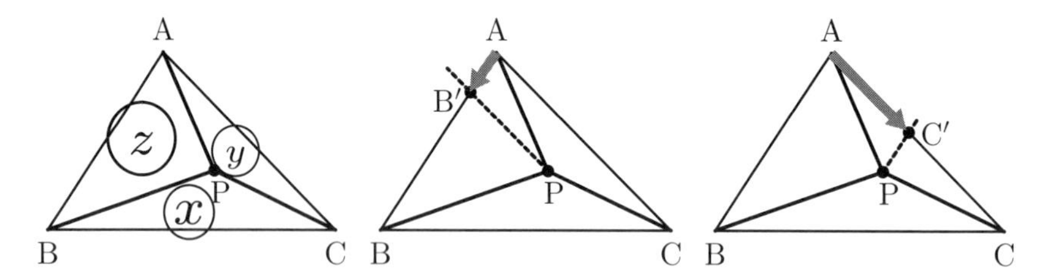

P を通り AC と平行な直線と AB との交点を B′ とすると，

$$\overrightarrow{\mathrm{AB'}}=\frac{\mathrm{AB'}}{\mathrm{AB}}\overrightarrow{\mathrm{AB}}=\frac{\triangle\mathrm{PCA}}{\triangle\mathrm{ABC}}\overrightarrow{\mathrm{AB}}=\frac{y}{x+y+z}\overrightarrow{\mathrm{AB}}.$$

P を通り AB と平行な直線と AC との交点を C′ とすると，

$$\overrightarrow{\mathrm{AC'}}=\frac{\mathrm{AC'}}{\mathrm{AC}}\overrightarrow{\mathrm{AC}}=\frac{\triangle\mathrm{PAB}}{\triangle\mathrm{ABC}}\overrightarrow{\mathrm{AC}}=\frac{z}{x+y+z}\overrightarrow{\mathrm{AC}}.$$

これより，

$$\overrightarrow{\mathrm{AP}}=\overrightarrow{\mathrm{AB'}}+\overrightarrow{\mathrm{AC'}}=\frac{y}{x+y+z}\overrightarrow{\mathrm{AB}}+\frac{z}{x+y+z}\overrightarrow{\mathrm{AC}}.$$

これは④での点 O を頂点 A としたものである．

では実際に，大学入試過去問で使ってみよう．

【2017 長崎大学】

△OAB において，辺 OA を 1 : 2 に内分する点を M とし，辺 OB を 3 : 2 に内分する点を N とする．また，線分 AN と線分 BM の交点を P とし，直線 OP と辺 AB の交点を Q とする．$\overrightarrow{\mathrm{OA}} = \vec{a}$，$\overrightarrow{\mathrm{OB}} = \vec{b}$ とおくとき，$\overrightarrow{\mathrm{OP}}$ および $\overrightarrow{\mathrm{OQ}}$ を $\vec{a}$，$\vec{b}$ を用いて表せ．

解説

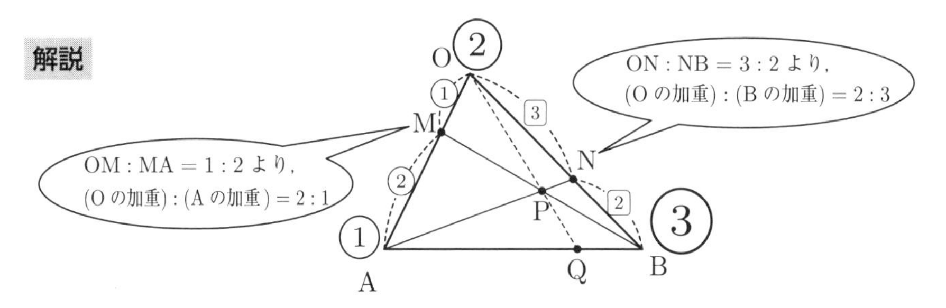

O に②，A に①，B に③のオモリを載せると，P でバランスがとれる．

解答には次のようにかけばよい．

Ceva の定理により，AQ : QB = 3 : 1 であり，Menelaus の定理により，OP : PQ = 2 : 1 であるから，

$$\overrightarrow{\mathrm{OP}} = \frac{1}{6}\vec{a} + \frac{1}{2}\vec{b}, \qquad \overrightarrow{\mathrm{OQ}} = \frac{1}{4}\vec{a} + \frac{3}{4}\vec{b}. \qquad \cdots(\text{答})$$

参考　3 頂点への加重は 3 つの小三角形の面積比であり，本問の場合では，

△PAB : △PBO : △POA＝(O への加重) : (A への加重) : (B への加重)＝2 : 1 : 3

となっている．この面積比から，線分比について，

$$\mathrm{AQ} : \mathrm{QB} = \triangle\mathrm{POA} : \triangle\mathrm{PBO} = 3 : 1,$$

$$\mathrm{AP} : \mathrm{PN} = (\triangle\mathrm{POA} + \triangle\mathrm{PAB}) : \triangle\mathrm{PBO} = (3 + 2) : 1 = 5 : 1$$

であることがわかる．

AQ : QB = 3 : 1 であることは Ceva の定理，AP : PN = 5 : 1 であることは Menelaus の定理からも得られるが，これらは頂点への加重から線分比を読

み取ることですぐにわかる．Ceva の定理，Menelaus の定理も線分比も**面積比**が本質だから，本質的には同じことを主張しているが，次のようにイメージすると，加重によって Ceva の定理，Menelaus の定理がイメージできるようになる．AQ : QB = 3 : 1 では A への加重と B への加重の逆比として得られる．これが Ceva の定理のイメージである．また，B への加重 3 と O への加重 2 を合わせた 5 の加重を N にかけ，A への加重 1 はそのままにしておいても，P でバランスがとれる．これは $(\triangle\mathrm{POA}+\triangle\mathrm{PAB}):\triangle\mathrm{PBO}=(3+2):1$ の加重での言い換えに他ならない．そこで，線分 AN に着目することで，

$$\mathrm{AP}:\mathrm{PN}=(\text{N への加重}):(\text{A への加重})=5:1$$

として得られる．これが Menelaus の定理のイメージである．

【2003 法政大学】

三角形 ABC において，辺 AB を 1 : 2 に内分する点を P，辺 BC を 3 : 4 に内分する点を Q とし，線分 AQ と CP の交点を D とする．

(1) ベクトル $\overrightarrow{\mathrm{AD}}$ をベクトル $\overrightarrow{\mathrm{AB}}$ と $\overrightarrow{\mathrm{AC}}$ で表せ．

(2) 直線 BD と辺 AC の交点を R とおくとき，比 AR : RC を求めよ．

解説

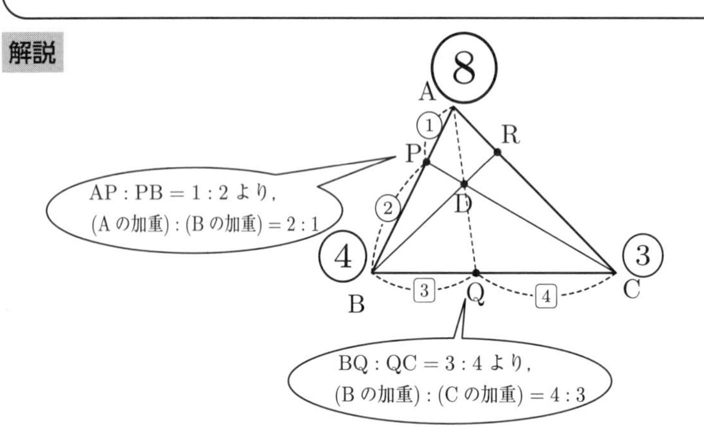

A に⑧，B に④，C に③ のオモリを載せると，D でバランスがとれる．

$$\overrightarrow{\mathrm{AD}}=\mathbf{\frac{4}{15}}\overrightarrow{\mathbf{AB}}+\mathbf{\frac{3}{15}}\overrightarrow{\mathbf{AC}},\qquad \mathrm{AR}:\mathrm{RC}=\mathbf{3:8}.$$

【2021 明治大学】

三角形 ABC 内に点 P があり,

$$3\overrightarrow{PA}+5\overrightarrow{PB}+7\overrightarrow{PC}=\vec{0}$$

のとき,

$$\overrightarrow{AP}=\frac{\boxed{ア}}{\boxed{イ}}\overrightarrow{AB}+\frac{\boxed{ウ}}{\boxed{エオ}}\overrightarrow{AC}$$

となるので,

$$\triangle PAB:\triangle PBC:\triangle PCA=\boxed{カ}:\boxed{キ}:\boxed{ク}$$

である.

解説 A に③, B に⑤, C に⑦ のオモリを載せると P でバランスがとれる.

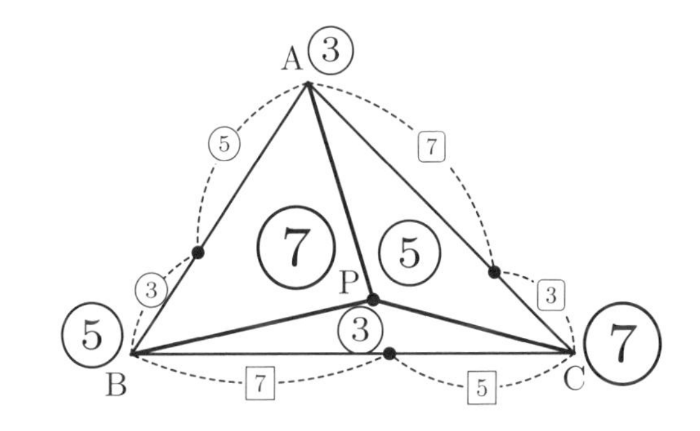

$$\overrightarrow{AP}=\frac{5}{3+5+7}\overrightarrow{AB}+\frac{7}{3+5+7}\overrightarrow{AC}=\frac{\boxed{1}}{\boxed{3}}\overrightarrow{AB}+\frac{\boxed{7}}{\boxed{15}}\overrightarrow{AC},$$

$$\triangle PAB:\triangle PBC:\triangle PCA=\boxed{7}:\boxed{3}:\boxed{5}.$$

加重重心の応用として，次の Newton の定理に関する問題を扱おう．

【1992 広島大 (学校教育学部 中学数学科 後期)】

対辺がともに平行でない平面上の四角形 ABCD において，対辺 AB と CD を延長したときにできる交点を E, 対辺 BC と AD を延長したときにできる交点を F とし，$\overrightarrow{\mathrm{BA}}=\vec{a}$,$\overrightarrow{\mathrm{BC}}=\vec{c}$,$\overrightarrow{\mathrm{BE}}=\alpha\vec{a}$,$\overrightarrow{\mathrm{BF}}=\beta\vec{c}$ とする．

(1) AC の中点を L とするとき，$\overrightarrow{\mathrm{BL}}$ を $\vec{a}$ と $\vec{c}$ を用いて表せ．

(2) BD，EF の中点をそれぞれ M，N とするとき，$\overrightarrow{\mathrm{BM}}$，$\overrightarrow{\mathrm{BN}}$ を $\vec{a}$，$\vec{c}$，α，β を用いて表せ．

(3) L，M，N が同一直線上にあることを示せ．

解説

(1) 点 L は線分 AC の中点なので，

$$\overrightarrow{\mathrm{BL}}=\frac{1}{2}\vec{a}+\frac{1}{2}\vec{c}. \qquad \cdots(\text{答})$$

(2)

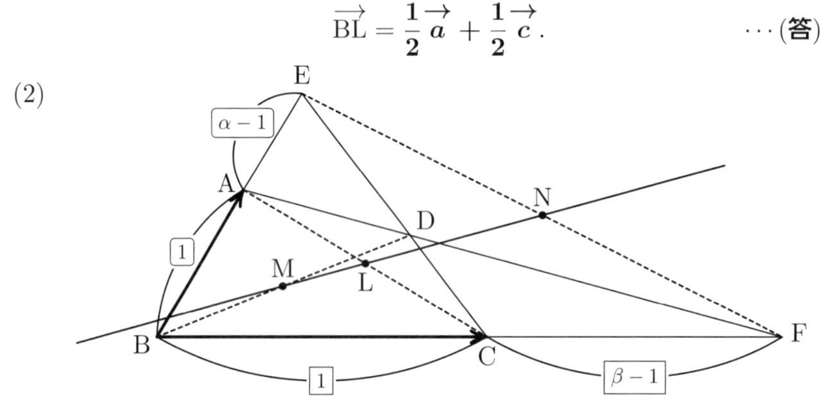

三角形 EBF とその内部の点 D について，

$$\triangle\mathrm{DFE}:\triangle\mathrm{DEB}:\triangle\mathrm{DBF}=(\alpha-1)(\beta-1):(\alpha-1):(\beta-1)$$

である．これは，D を加重重心とみると，

(B への加重) : (F への加重) : (E への加重)$=(\alpha-1)(\beta-1):(\alpha-1):(\beta-1)$

であることに対応している．これより，

$$\overrightarrow{\mathrm{BD}} = \frac{(\beta-1)\overrightarrow{\mathrm{BE}} + (\alpha-1)\overrightarrow{\mathrm{BF}}}{(\alpha-1)(\beta-1)+(\alpha-1)+(\beta-1)}$$
$$= \frac{(\beta-1)\alpha\,\overrightarrow{a} + (\alpha-1)\beta\,\overrightarrow{c}}{\alpha\beta-1}.$$

したがって，

$$\overrightarrow{\mathrm{BM}} = \frac{1}{2}\overrightarrow{\mathrm{BD}} = \boldsymbol{\frac{(\beta-1)\alpha\,\overrightarrow{a} + (\alpha-1)\beta\,\overrightarrow{c}}{2(\alpha\beta-1)}}. \qquad \cdots(\textbf{答})$$

また，点 N は線分 EF の中点であるので，

$$\overrightarrow{\mathrm{BN}} = \frac{\overrightarrow{\mathrm{BE}} + \overrightarrow{\mathrm{BF}}}{2} = \boldsymbol{\frac{\alpha\,\overrightarrow{a} + \beta\,\overrightarrow{c}}{2}}. \qquad \cdots(\textbf{答})$$

(3) (2) より，

$$\overrightarrow{\mathrm{LN}} = \overrightarrow{\mathrm{BN}} - \overrightarrow{\mathrm{BL}} = \frac{(\alpha-1)\,\overrightarrow{a} + (\beta-1)\,\overrightarrow{c}}{2},$$
$$\overrightarrow{\mathrm{LM}} = \overrightarrow{\mathrm{BM}} - \overrightarrow{\mathrm{BL}} = \frac{(1-\alpha)\,\overrightarrow{a} + (1-\beta)\,\overrightarrow{c}}{2(\alpha\beta-1)}$$

より，

$$\overrightarrow{\mathrm{LN}} = -(\alpha\beta-1)\overrightarrow{\mathrm{LM}}$$

が成り立つので，3 点 L，M，N は同一直線上にある． ■

注意 (3) で存在を確認した直線は 1685 年にニュートン (I. Newton, 1642 - 1727) により発見されたとも，1810 年にガウス (C. F. Gauss, 1777 - 1855) により発見されたともいわれており，この直線を**ニュートン線** または ガウス線という (が，実際には，ニュートン線と呼ばれることの方が多いので，以下ではガウスではなくニュートンの方を使うことにする)．任意の 4 本の直線が六つの点で交わるときこれを**完全四辺形**とよぶ．これはつまり，平行な対辺をもたない四角形において，対辺を延長して交点ができるまで考えたものをいう．完全四辺形の 3 本の対角線の中点は一直線上にあるというのがニュートンの定理であり，この直線がニュートン線である．ニュートンは，さらに完全四

辺形に内接する円錐曲線の中心もニュートン線上にあることを証明した．完全四辺形を作る4直線は四つの三角形を構成し，それぞれの垂心は対角線の中心を結んだ直線に垂直な一直線上にある．また，四つの三角形の外接円は1点で交わる．プリュッカー (J. Plücker, 1801 - 1868) は，完全四辺形の3本の対角線を直径とする3つの円は2点を共有し，その2点は四つの三角形の垂心を結んだ直線上にあることを示した．

参考　ニュートンの定理をベクトルでの計算ではなく，初等幾何によって示すには，次のようにメネラウスの定理を用いるとよい．BC の中点を P，CE の中点を Q，EB の中点を R とすると，L は線分 PQ 上，M は線分 RP 上，L は線分 PQ の延長上にあり，三角形 EBC と直線 AF で Menelaus の定理から，

$$\frac{\mathrm{EA}}{\mathrm{AB}} \times \frac{\mathrm{BF}}{\mathrm{FC}} \times \frac{\mathrm{CD}}{\mathrm{DE}} = 1. \qquad \cdots ①$$

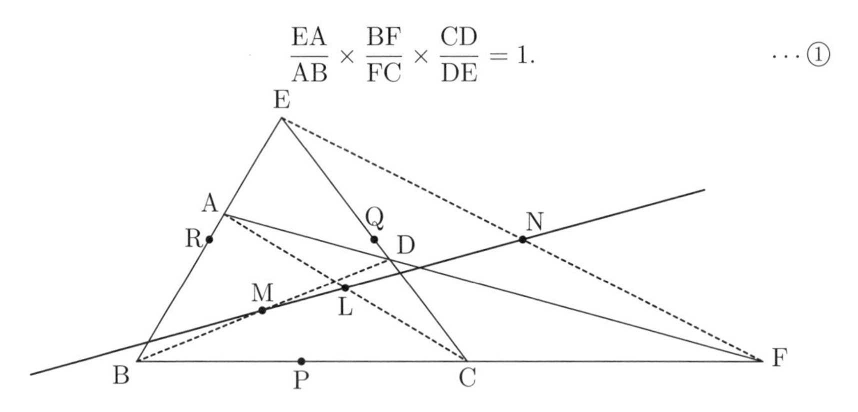

ここで，AB = 2PL，FC = 2QN，DE = 2RM，EA = 2LQ，BF = 2NR，CD = 2MP であることに注意すると，① により，

$$\frac{\mathrm{PL}}{\mathrm{LQ}} \times \frac{\mathrm{QN}}{\mathrm{NR}} \times \frac{\mathrm{RM}}{\mathrm{MP}} = 1 \qquad \cdots ②$$

が成り立つ．この ② より，三角形 PQR と直線 MN に着目して Menelaus の定理の逆から，3点 M，L，N が同一直線上にあることがいえる．　■

ここで用いた Menelaus の定理の逆とは次の主張である．

メネラウスの定理の逆

三角形 ABC の 3 辺 AB，BC，CA またはその延長上に，それぞれ，点 P，Q，R があり，この 3 点のうち，辺の延長上にある点の個数が 1 か 3 であるとき，

$$\frac{\mathrm{AP}}{\mathrm{PB}} \times \frac{\mathrm{BQ}}{\mathrm{QC}} \times \frac{\mathrm{CR}}{\mathrm{RA}} = 1$$

が成り立てば，3 点 P，Q，R は同一直線上にある．

また，逆定理に関連して，チェバの定理の逆についてもみておこう．Ceva の定理の逆とは次の主張である．

チェバの定理の逆

三角形 ABC の 3 辺 AB，BC，CA またはその延長上に，それぞれ，点 P，Q，R をとり，この 3 点のうち，辺の延長上にある点の個数が 0 か 2 であるとき，

$$\frac{\mathrm{AP}}{\mathrm{PB}} \times \frac{\mathrm{BQ}}{\mathrm{QC}} \times \frac{\mathrm{CR}}{\mathrm{RA}} = 1$$

が成り立てば，3 直線 AQ，BR，CP は 1 点で交わる，かまたは，平行である．

チェバの定理の逆では，1 点で交わる場合の他に平行の場合もおこることに注意が必要である (あらかじめ，平行のケースを除いている仮定では，1 点で交わることが結論付けられる)．

9　3次元版加重重心

加重重心の考え方は3次元にも拡張できる．平面での三角形と対応するのは，空間での四面体である．実際，四面体ABCDとその内部の点Pに対して，点Pと3頂点を結んでできる4つの小四面体について，四面体PBCDの体積をV_A，四面体PCDAの体積をV_B，四面体PDABの体積をV_C，四面体PABCの体積をV_Dとすると，空間内の任意の点Xに対して，

$$\overrightarrow{\mathrm{XP}} = \frac{V_A\overrightarrow{\mathrm{XA}} + V_B\overrightarrow{\mathrm{XB}} + V_C\overrightarrow{\mathrm{XC}} + V_D\overrightarrow{\mathrm{XD}}}{V_A + V_B + V_C + V_D} \qquad \cdots(\bigstar)$$

が成り立つ．これはすなわち，位置についての体積比による重み付け(期待値)とみなすことができることを表している．$(\bigstar)$において特に，XをPにとれば，

$$V_A\overrightarrow{\mathrm{PA}} + V_B\overrightarrow{\mathrm{PB}} + V_C\overrightarrow{\mathrm{PC}} + V_D\overrightarrow{\mathrm{PD}} = \overrightarrow{0}$$

となる．また，平面におけるCevaの定理，Menelausの定理に対応するものとして，空間では次が成り立つ．

四面体ABCDとその内部の点Pがあり，点Pを通るある平面と辺AB，BC，CD，DAがそれぞれ点Q，点R，点S，点Tで交わるとすると，

$$\frac{\mathrm{AQ}}{\mathrm{QB}} \times \frac{\mathrm{BR}}{\mathrm{RC}} \times \frac{\mathrm{CS}}{\mathrm{SD}} \times \frac{\mathrm{DT}}{\mathrm{TA}} = 1 \qquad \cdots(*)$$

が成り立つ．$(*)$は2015年の埼玉大，2019年の香川大で出題されている．

$(*)$の証明　四面体PBCDの体積をV_A，四面体PCDAの体積をV_B，四面体PDABの体積をV_C，四面体PABCの体積をV_Dとすると，

$$\frac{\mathrm{AQ}}{\mathrm{QB}} = \frac{V_B}{V_A}, \quad \frac{\mathrm{BR}}{\mathrm{RC}} = \frac{V_C}{V_B}, \quad \frac{\mathrm{CS}}{\mathrm{SD}} = \frac{V_D}{V_C}, \quad \frac{\mathrm{DT}}{\mathrm{TA}} = \frac{V_A}{V_D} \qquad \cdots(\dagger)$$

であるので，

$$\frac{\mathrm{AQ}}{\mathrm{QB}} \times \frac{\mathrm{BR}}{\mathrm{RC}} \times \frac{\mathrm{CS}}{\mathrm{SD}} \times \frac{\mathrm{DT}}{\mathrm{TA}} = \frac{V_B}{V_A} \times \frac{V_C}{V_B} \times \frac{V_D}{V_C} \times \frac{V_A}{V_D} = 1. \qquad ■$$

加重で捉えると，小四面体の体積を向かいの頂点で対応させて捉えることができ，隣接する頂点への加重の比は，平面による断面による辺の内分比の逆比に対応している．(★) の成立も (†) による．

大学入試問題で 3 次元版加重重心を適用してみよう．

【2014 名古屋市立大】

空間に四面体 ABCD と点 P，Q があり，

$$4\overrightarrow{\mathrm{PA}}+5\overrightarrow{\mathrm{PB}}+6\overrightarrow{\mathrm{PC}}=\overrightarrow{0},\quad 4\overrightarrow{\mathrm{QA}}+5\overrightarrow{\mathrm{QB}}+6\overrightarrow{\mathrm{QC}}+7\overrightarrow{\mathrm{QD}}=\overrightarrow{0}$$

を満たす．

(1) $\overrightarrow{\mathrm{AP}}$ を $\overrightarrow{\mathrm{AB}}$，$\overrightarrow{\mathrm{AC}}$ を用いて表せ．

(2) 三角形 PAB と三角形 PBC の面積比を求めよ．

(3) 四面体 QABC と四面体 QBCD の体積比を求めよ．

解説

(1) 点 P は三角形 ABC の内部の点であり，

$$\triangle\mathrm{PBC}:\triangle\mathrm{PCA}:\triangle\mathrm{PAB}=4:5:6$$

を満たすことから，

$$\overrightarrow{\mathrm{AP}}=\frac{5\overrightarrow{\mathrm{AB}}+6\overrightarrow{\mathrm{AC}}}{4+5+6}=\frac{\mathbf{1}}{\mathbf{3}}\overrightarrow{\mathbf{AB}}+\frac{\mathbf{2}}{\mathbf{5}}\overrightarrow{\mathbf{AC}}.\qquad\cdots(\text{答})$$

(2)

$$\triangle\mathrm{PAB}:\triangle\mathrm{PBC}=6:4=\mathbf{3:2}.\qquad\cdots(\text{答})$$

(3) 点 Q は四面体 ABCD の内部の点であり，

$$V_A:V_B:V_C:V_D=4:5:6:7$$

を満たすことから，

$$V_D:V_A=\mathbf{7:4}.\qquad\cdots(\text{答})$$

【2019 福井大 (一部)】

四面体 OABC に対して，$\overrightarrow{\mathrm{OA}}=\vec{a}$ ，$\overrightarrow{\mathrm{OB}}=\vec{b}$ ，$\overrightarrow{\mathrm{OC}}=\vec{c}$ と表す．四面体の辺 AB を 1 : 2 に内分する点を L，辺 OC の中点を M，辺 BC を 3 : 2 に内分する点を N とし，辺 OA 上の点を P とする．2 直線 LM と NP が点 Q で交わるとき，$\overrightarrow{\mathrm{OP}}$，$\overrightarrow{\mathrm{OQ}}$ を $\vec{a}$，$\vec{b}$，$\vec{c}$ で表せ．

解説

AL : LB = 1 : 2 より，(A への加重) : (B への加重) = 2 : 1,

BN : NC = 3 : 2 より，(B への加重) : (C への加重) = 2 : 3,

CM : MO = 1 : 1 より，(C への加重) : (O への加重) = 1 : 1

であることから，

(A への加重) : (B への加重) : (C への加重) : (O への加重) = 4 : 2 : 3 : 3.

これより，

OP : PA = (A への加重) : (O への加重) = 4 : 3

であるので，

$$\overrightarrow{\mathrm{OP}}=\frac{\mathbf{4}}{\mathbf{7}}\vec{\boldsymbol{a}}. \qquad \cdots(\textbf{答})$$

また，

$$\overrightarrow{\mathrm{OQ}}=\frac{4\vec{a}+2\vec{b}+3\vec{c}}{3+4+2+3}=\frac{\mathbf{1}}{\mathbf{3}}\vec{\boldsymbol{a}}+\frac{\mathbf{1}}{\mathbf{6}}\vec{\boldsymbol{b}}+\frac{\mathbf{1}}{\mathbf{4}}\vec{\boldsymbol{c}}. \qquad \cdots(\textbf{答})$$

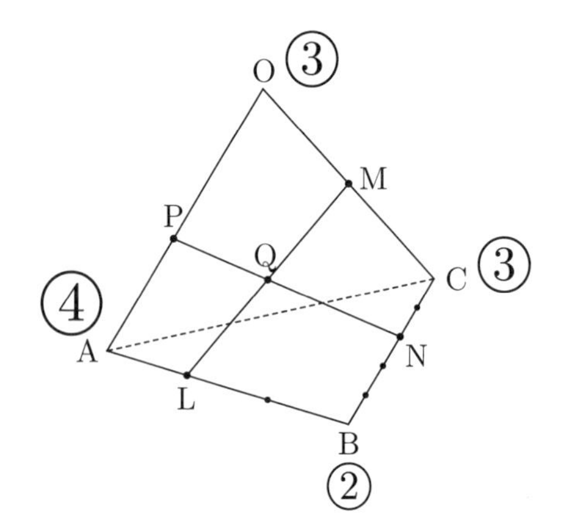

注意　OP : PA は3次元での Ceva・Menelaus の定理 (∗) によって

$$\frac{\mathrm{OP}}{\mathrm{PA}} \times \frac{\mathrm{AL}}{\mathrm{LB}} \times \frac{\mathrm{BN}}{\mathrm{NC}} \times \frac{\mathrm{CM}}{\mathrm{MO}} = \frac{\mathrm{OP}}{\mathrm{PA}} \times \frac{1}{2} \times \frac{3}{2} \times \frac{1}{1} = 1$$

から，$\dfrac{\mathrm{OP}}{\mathrm{PA}} = \dfrac{4}{3}$ が得られる．またここでの考察はすべて，四面体の4頂点への加重を4つの小四面体の体積比を揃えて考えることに対応しており，

$$V_{\mathrm{QABC}} : V_{\mathrm{QOBC}} : V_{\mathrm{QOAC}} : V_{\mathrm{QOAB}} = 3 : 4 : 2 : 2$$

が本質的である．

【2024 近畿大 (医学部・後期)】

四面体 ABCD に対して，条件

$$3\overrightarrow{\mathrm{PA}} + \overrightarrow{\mathrm{PB}} + 2\overrightarrow{\mathrm{PC}} + 2\overrightarrow{\mathrm{PD}} = \vec{0}$$

を満たす点 P がある．直線 AP と平面 BCD との交点を Q，直線 BQ と辺 CD との交点を R とする．また，平面 PCD と辺 AB との交点を S とする．このとき，次の問いに答えよ．

(1) CR : RD を求めよ．
(2) BQ : QR を求めよ．
(3) AS : SB を求めよ．
(4) △PCD : △PDS : △PSC を求めよ．

解答　(1) CR : RD = 1 : 1.　(2) BQ : QR = 4 : 1.　(3) AS : SB = 1 : 3.
(4) △PCD : △PDS : △PSC = 2 : 1 : 1.

解説

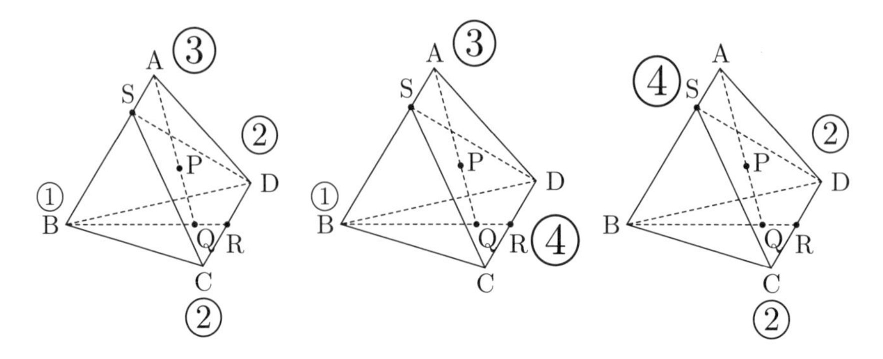

D$\left(\overrightarrow{d}\right)$ などのように，頂点のアルファベットと同じアルファベットの小文字でその点の位置ベクトルを表すことにする．

$$3\overrightarrow{PA}+\overrightarrow{PB}+2\overrightarrow{PC}+2\overrightarrow{PD}=\overrightarrow{0}$$

より，

$$8\overrightarrow{p}=3\overrightarrow{a}+\overrightarrow{b}+2\overrightarrow{c}+2\overrightarrow{d}.$$

(1)

$$\text{CR}:\text{RD}=(\text{D への加重}):(\text{C への加重})=2:2=\mathbf{1:1}. \qquad \cdots(\textbf{答})$$

(2)　$2\overrightarrow{c}+2\overrightarrow{d}=4\overrightarrow{r}$ により，$8\overrightarrow{p}=3\overrightarrow{a}+\overrightarrow{b}+4\overrightarrow{r}$.

$$\text{BQ}:\text{QR}=\underbrace{(\text{R への加重})}_{\text{C への加重}+\text{D への加重}}:(\text{B への加重})=(2+2):1=\mathbf{4:1}. \qquad \cdots(\textbf{答})$$

(3)

$$\text{AS}:\text{SB}=(\text{B への加重}):(\text{A への加重})=\mathbf{1:3}. \qquad \cdots(\textbf{答})$$

(4)　$3\overrightarrow{a}+1\overrightarrow{b}=4\overrightarrow{s}$ により，$8\overrightarrow{p}=4\overrightarrow{s}+2\overrightarrow{c}+2\overrightarrow{d}$.

$$\triangle\text{PCD}:\triangle\text{PDS}:\triangle\text{PSC}=\underbrace{(\text{S への加重})}_{\text{A への加重}+\text{B への加重}}:(\text{C への加重}):(\text{D への加重})$$

$$=4:2:2=\mathbf{2:1:1}. \qquad \cdots(\textbf{答})$$

10　正射影ベクトル

次の図のように，点 B から直線 OA に下ろした垂線の足を H とするとき，$\overrightarrow{\mathrm{OH}}$ のことを，$\overrightarrow{\mathrm{OB}}$ の ($\overrightarrow{\mathrm{OA}}$ への) **正射影ベクトル**という．

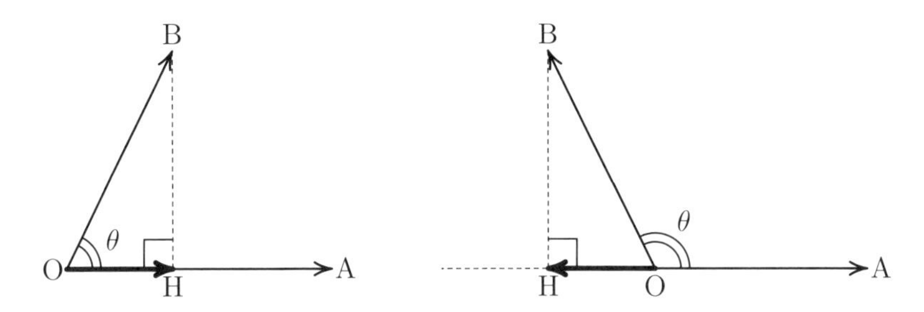

左図のように θ が鋭角の場合，$\overrightarrow{\mathrm{OH}}$ は $\overrightarrow{\mathrm{OA}}$ と同じ向きであり，右図のように θ が鈍角の場合，$\overrightarrow{\mathrm{OH}}$ は $\overrightarrow{\mathrm{OA}}$ と逆向きである．また，$\angle\mathrm{AOB}(=\theta)$ が直角のとき，点 H と点 O は一致し，$\overrightarrow{\mathrm{OH}}=\overrightarrow{0}$ である．さらに，3 点 O，A，B が同一直線上にあるときには，$\overrightarrow{\mathrm{OH}}=\overrightarrow{\mathrm{OB}}$ である．

いずれの場合でも，$\overrightarrow{\mathrm{OA}}\cdot\overrightarrow{\mathrm{HB}}=0$ であることに注意すると，

$$
\begin{aligned}
\overrightarrow{\mathrm{OA}}\cdot\overrightarrow{\mathrm{OB}} &= \overrightarrow{\mathrm{OA}}\cdot\left(\overrightarrow{\mathrm{OH}}+\overrightarrow{\mathrm{HB}}\right)\\
&= \overrightarrow{\mathrm{OA}}\cdot\overrightarrow{\mathrm{OH}}+\underbrace{\overrightarrow{\mathrm{OA}}\cdot\overrightarrow{\mathrm{HB}}}_{0}\\
&= \overrightarrow{\mathrm{OA}}\cdot\overrightarrow{\mathrm{OH}}
\end{aligned}
$$

が成り立つことがわかるであろう．すなわち，

内積 $\overrightarrow{\mathrm{OA}}\cdot\overrightarrow{\mathrm{OB}}$ は $\overrightarrow{\mathrm{OA}}$ と $\underbrace{\text{“}\overrightarrow{\mathrm{OB}}\text{ の }\overrightarrow{\mathrm{OA}}\text{ への正射影ベクトル”}}_{\overrightarrow{\mathrm{OH}}}$ との内積である．

$\overrightarrow{\mathrm{OA}}$ との内積を考える際には，「$\overrightarrow{\mathrm{OA}}$ 方向」($\overrightarrow{\mathrm{OH}}$) と「$\overrightarrow{\mathrm{OA}}$ と垂直な方向」($\overrightarrow{\mathrm{HB}}$) に分解するという視点が重要である．たとえば，四面体 OABC の頂点 O から平面 ABC に下ろした垂線の足を H とし，$\overrightarrow{\mathrm{OH}}=x\,\overrightarrow{\mathrm{OA}}+y\,\overrightarrow{\mathrm{OB}}+z\,\overrightarrow{\mathrm{OC}}$ と表されて

いるとき，$\left|\overrightarrow{\mathrm{OH}}\right|^2$ の計算は，

$$\left|\overrightarrow{\mathrm{OH}}\right|^2=x^2\left|\overrightarrow{\mathrm{OA}}\right|^2+y^2\left|\overrightarrow{\mathrm{OB}}\right|^2+z^2\left|\overrightarrow{\mathrm{OC}}\right|^2+2xy\overrightarrow{\mathrm{OA}}\cdot\overrightarrow{\mathrm{OB}}+2yz\overrightarrow{\mathrm{OB}}\cdot\overrightarrow{\mathrm{OC}}+2zx\overrightarrow{\mathrm{OC}}\cdot\overrightarrow{\mathrm{OA}}$$

とせずとも，$\overrightarrow{\mathrm{AH}}\perp\overrightarrow{\mathrm{OH}}$ により，

$$\left|\overrightarrow{\mathrm{OH}}\right|^2=\overrightarrow{\mathrm{OH}}\cdot\overrightarrow{\mathrm{OH}}=\overrightarrow{\mathrm{OH}}\cdot\left(\overrightarrow{\mathrm{OA}}+\overrightarrow{\mathrm{AH}}\right)=\overrightarrow{\mathrm{OH}}\cdot\overrightarrow{\mathrm{OA}}=x\left|\overrightarrow{\mathrm{OA}}\right|^2+y\overrightarrow{\mathrm{OA}}\cdot\overrightarrow{\mathrm{OB}}+z\overrightarrow{\mathrm{OA}}\cdot\overrightarrow{\mathrm{OC}}$$

と計算できる．

正射影ベクトル $\overrightarrow{\mathrm{OH}}$ は $\overrightarrow{\mathrm{OA}}$ の実数倍になっているが，それは何倍だろうか？それに答えてくれるのが，次の**正射影ベクトルの公式**である．

正射影ベクトルの公式

$\overrightarrow{\mathrm{OH}}$ が $\overrightarrow{\mathrm{OB}}$ の $\overrightarrow{\mathrm{OA}}$ $(\neq\overrightarrow{0})$ への**正射影** (**ベクトル**) のとき，

$$\overrightarrow{\mathbf{OH}}=\frac{\overrightarrow{\mathbf{OA}}\cdot\overrightarrow{\mathbf{OB}}}{\left|\overrightarrow{\mathbf{OA}}\right|^2}\overrightarrow{\mathbf{OA}}.$$

正射影ベクトルの公式の証明

$\overrightarrow{\mathrm{OH}}=k\overrightarrow{\mathrm{OA}}$ とおける (この k がいくらかを考えたい!)．ここで，

$$\begin{aligned}\overrightarrow{\mathrm{OA}}\cdot\overrightarrow{\mathrm{OB}}&=\overrightarrow{\mathrm{OA}}\cdot\left(\overrightarrow{\mathrm{OH}}+\overrightarrow{\mathrm{HB}}\right)\\&=\overrightarrow{\mathrm{OA}}\cdot\overrightarrow{\mathrm{OH}}+\underbrace{\overrightarrow{\mathrm{OA}}\cdot\overrightarrow{\mathrm{HB}}}_{0}\\&=\overrightarrow{\mathrm{OA}}\cdot\overrightarrow{\mathrm{OH}}=\overrightarrow{\mathrm{OA}}\cdot\left(k\overrightarrow{\mathrm{OA}}\right)\\&=k\left|\overrightarrow{\mathrm{OA}}\right|^2\end{aligned}$$

より，

$$k=\frac{\overrightarrow{\mathrm{OA}}\cdot\overrightarrow{\mathrm{OB}}}{\left|\overrightarrow{\mathrm{OA}}\right|^2}.$$

$$\therefore\quad\overrightarrow{\mathrm{OH}}=\frac{\overrightarrow{\mathrm{OA}}\cdot\overrightarrow{\mathrm{OB}}}{\left|\overrightarrow{\mathrm{OA}}\right|^2}\overrightarrow{\mathrm{OA}}.$$

■

点から直線や平面に垂線を下す場面は頻出であり，その際，正射影ベクトルの公式は非常に役に立つ．正射影ベクトルを利用することでサクッと解ける代表的な問題を 2 つ取り上げておく．

【2023 福岡大学】

点 O を原点とする座標空間に 2 点 A(4, 4, −6)，B(7, 1, −3) をとる．点 O から 2 点 A，B を通る直線に垂線 OP を下ろすとき，点 P の座標を求めよ．

解説

$$\overrightarrow{\mathrm{AB}}=\begin{pmatrix}3\\-3\\3\end{pmatrix}=3\underbrace{\begin{pmatrix}1\\-1\\1\end{pmatrix}}_{\vec{d}\text{とおく}}$$ であり，$\vec{d}=\begin{pmatrix}1\\-1\\1\end{pmatrix}$ が直線 AB の方向ベクトルである．

A　$\vec{d}$　P　B　O

$\overrightarrow{\mathrm{AP}}$ は $\overrightarrow{\mathrm{AO}}$ の $\vec{d}$ への正射影ベクトルであるから，

$$\overrightarrow{\mathrm{AP}}=\frac{\overrightarrow{\mathrm{AO}}\cdot\vec{d}}{\left|\vec{d}\right|^2}\vec{d}=\frac{(-4)\cdot1+(-4)\cdot(-1)+6\cdot1}{1^2+(-1)^2+1^2}\vec{d}=\frac{6}{3}\vec{d}=2\vec{d}=\begin{pmatrix}2\\-2\\2\end{pmatrix}.$$

$$\therefore\ \overrightarrow{\mathrm{OP}}=\overrightarrow{\mathrm{OA}}+\overrightarrow{\mathrm{AP}}=\begin{pmatrix}4\\4\\-6\end{pmatrix}+\begin{pmatrix}2\\-2\\2\end{pmatrix}=\begin{pmatrix}\mathbf{6}\\\mathbf{2}\\\mathbf{-4}\end{pmatrix}.\qquad\cdots(\text{答})$$

【2006 京都大学】

座標空間の 4 点 A(2, 1, 0), B(1, 0, 1), C(0, 1, 2), D(1, 3, 7) がある．平面 ABC に関して点 D と対称な点を E とするとき，点 E の座標を求めよ．

解答　$\overrightarrow{\mathrm{AB}}=(-1,\ -1,\ 1)=-\underbrace{(1,\ 1,\ -1)}_{\vec{u}\text{とおく}}$，$\overrightarrow{\mathrm{AC}}=(-2,\ 0,\ 2)=2\underbrace{(-1,\ 0,\ 1)}_{\vec{v}\text{とおく}}$

に対して，

$$\overrightarrow{n}=(1,\ 0,\ 1)$$

とおくと，

$$\begin{cases}\overrightarrow{u}\cdot\overrightarrow{n}=1\cdot2+(-1)\cdot3+1\cdot1=0,\\ \overrightarrow{v}\cdot\overrightarrow{n}=(-1)\cdot2+0\cdot3+2\cdot1=0\end{cases}$$

を満たすことから，$\overrightarrow{n}$ は $\overrightarrow{u}$ にも $\overrightarrow{v}$ にも垂直なベクトル (つまり，平面 ABC の法線ベクトル) である．この $\overrightarrow{n}$ をどう見つけてきたかについて説明しよう．$\overrightarrow{v}$ の y 成分が 0 であることに注目して，$\overrightarrow{n}=(1,\ k,\ 1)$ と設定しておくことで，常に (k に依らず) $\overrightarrow{v}\cdot\overrightarrow{n}=0$ が成り立つ．そして，$\overrightarrow{u}\cdot\overrightarrow{n}=0$ となるように k を定める．$\overrightarrow{u}\cdot\overrightarrow{n}=-1+(-k)+1=-k$ であるから，これが 0 となる k は $k=0$ である．つまり，$\overrightarrow{n}=(1,\ 0,\ 1)$ は $\overrightarrow{u}$，$\overrightarrow{v}$ の 2 つに垂直なベクトル (つまり，$\overrightarrow{u}$ と $\overrightarrow{v}$ が張る平面の法線ベクトル) となっている．

点 D から平面 ABC へ下ろした垂線の足を H とすると，$\overrightarrow{\mathrm{DH}}$ は $\overrightarrow{\mathrm{DA}}$ の $\overrightarrow{n}$ への正射影ベクトルである (A でなくとも，平面 ABC 上の点であれば何でもよい．B，C でやっても O.K.) から，

$\overrightarrow{\mathrm{DA}}=\overrightarrow{\mathrm{OA}}-\overrightarrow{\mathrm{OD}}=(2,\ 1,\ 0)-(1,\ 3,\ 7)=(1,\ -2,\ -7).$

$$\overrightarrow{\mathrm{DH}}=\frac{\overrightarrow{\mathrm{DA}}\cdot\overrightarrow{n}}{\left|\overrightarrow{n}\right|^2}\overrightarrow{n}=\frac{1\cdot1+(-2)\cdot0+(-7)\cdot1}{1^2+0^2+1^2}\overrightarrow{n}=-3\overrightarrow{n}.$$

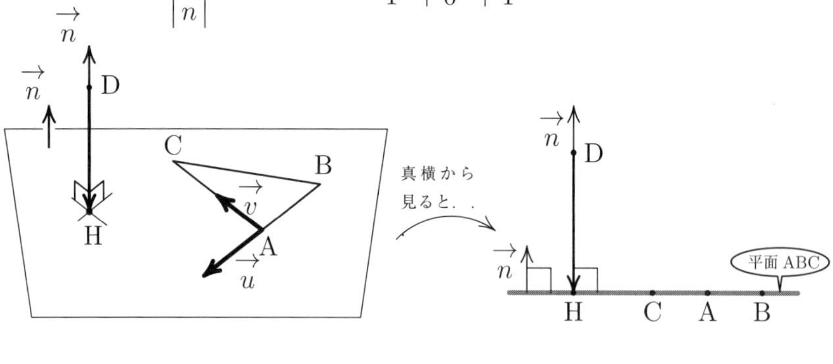

$$\therefore\ \overrightarrow{\mathrm{OE}}=\overrightarrow{\mathrm{OD}}+2\overrightarrow{\mathrm{DH}}=\overrightarrow{\mathrm{OD}}+2\cdot\left(-3\overrightarrow{n}\right)=\boldsymbol{(-5,\ 3,\ 1)}.\qquad\cdots(\textbf{答})$$

内積が正射影ベクトルとの内積であることを理解していると，三角形の外心や垂心を求めることも容易である．

三角形 OAB について，$\overrightarrow{a}=\overrightarrow{\mathrm{OA}}$，$\overrightarrow{b}=\overrightarrow{\mathrm{OB}}$ とおく．

外心

点 P が三角形 OAB の外心 $\iff$ $\begin{cases} \overrightarrow{a}\cdot\overrightarrow{\mathrm{OP}}=\dfrac{1}{2}\left|\overrightarrow{a}\right|^2, & \cdots① \\ \overrightarrow{b}\cdot\overrightarrow{\mathrm{OP}}=\dfrac{1}{2}\left|\overrightarrow{b}\right|^2. & \cdots② \end{cases}$

説明 $\overrightarrow{a}$ への正射影ベクトルが $\dfrac{1}{2}\overrightarrow{a}$ となる O を始点とするベクトルの終点は，辺 OA の垂直二等分線上の点でありそれに限る．すなわち，

$$\overrightarrow{a}\cdot\overrightarrow{\mathrm{OP}}=\overrightarrow{a}\cdot\left(\frac{1}{2}\overrightarrow{a}\right) \iff \text{点 P は辺 OA の垂直二等分線上}$$

が成り立つ．これが①の意味である．同様に，②は点 P が辺 OB の垂直二等分線上にあることを意味している．①は次のように，PO = PA を式変形することでも得ることができる．

$$\begin{aligned} \mathrm{PO}=\mathrm{PA} &\iff \left|\overrightarrow{\mathrm{OP}}\right|^2=\left|\overrightarrow{\mathrm{AP}}\right|^2 \\ &\iff \left|\overrightarrow{\mathrm{OP}}\right|^2=\left|\overrightarrow{\mathrm{OP}}-\overrightarrow{a}\right|^2 \\ &\iff \left|\overrightarrow{\mathrm{OP}}\right|^2=\left|\overrightarrow{\mathrm{OP}}\right|^2-2\,\overrightarrow{a}\cdot\overrightarrow{\mathrm{OP}}+\left|\overrightarrow{a}\right|^2 \\ &\iff \overrightarrow{\mathrm{OP}}\cdot\overrightarrow{a}=\frac{1}{2}\left|\overrightarrow{a}\right|^2. \end{aligned}$$

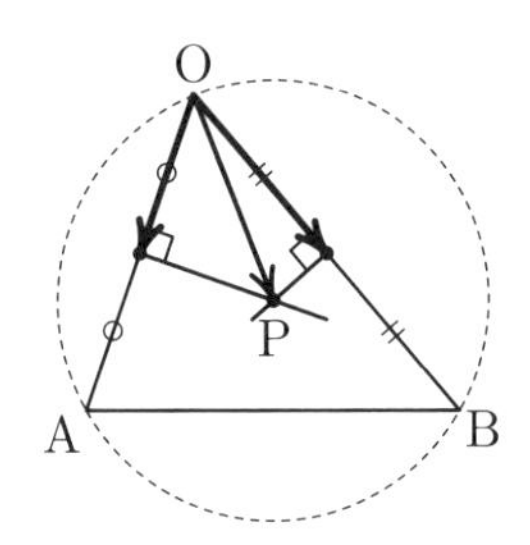

垂心

点Hが三角形OABの垂心　$\Longleftrightarrow$　$\begin{cases} \vec{a}\cdot\overrightarrow{\mathrm{OH}}=\vec{a}\cdot\vec{b}, & \cdots ③ \\ \overrightarrow{\mathrm{OH}}\cdot\vec{b}=\vec{a}\cdot\vec{b}. & \cdots ④ \end{cases}$

説明　点Bから辺OAに下ろした垂線の足をCとおくと，$\vec{a}$への正射影ベクトルが$\overrightarrow{\mathrm{OC}}$となるOを始点とするベクトルの終点は，点Cを通りOAと垂直な直線上の点でありそれに限る．すなわち，

$$\vec{a}\cdot\overrightarrow{\mathrm{OH}}=\underbrace{\vec{a}\cdot\vec{b}}_{\vec{a}\cdot\overrightarrow{\mathrm{OC}}}\quad\Longleftrightarrow\quad \text{点Hは点Bから直線OAへ下ろした垂線上}$$

が成り立つ．これが③の意味である．

同様に，④は点Hが点Aから直線OBへ下ろした垂線上にあることを意味している．

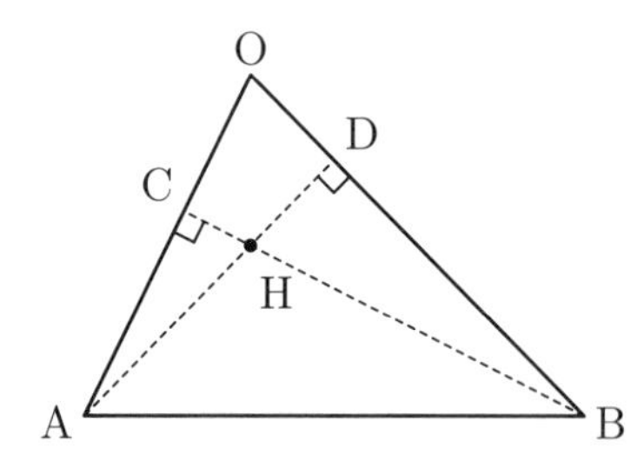

正射影ベクトルの応用として，極と双対性に関する話題を紹介しよう．

極と双対性 (平面版)

平面内に点Oを中心とする半径rの円Sがある．Sの外部にある点PからSへ接線を2本引き，接点をT_1，T_2とする．点P$'$は2点T_1，T_2を通る直線上にあり，Sの外部にあるとする．

(1) $\overrightarrow{\mathrm{OP}}\cdot\overrightarrow{\mathrm{OP'}}=\overrightarrow{\mathrm{OP}}\cdot\overrightarrow{\mathrm{OT}_i}=r^2$　$(i=1,\ 2)$であることを示せ．

(2) P$'$からSへ接線を2本引く．接点をT'_1，T'_2とするとき，3点P，T'_1，T'_2は同一直線上にあることを示せ．

解説

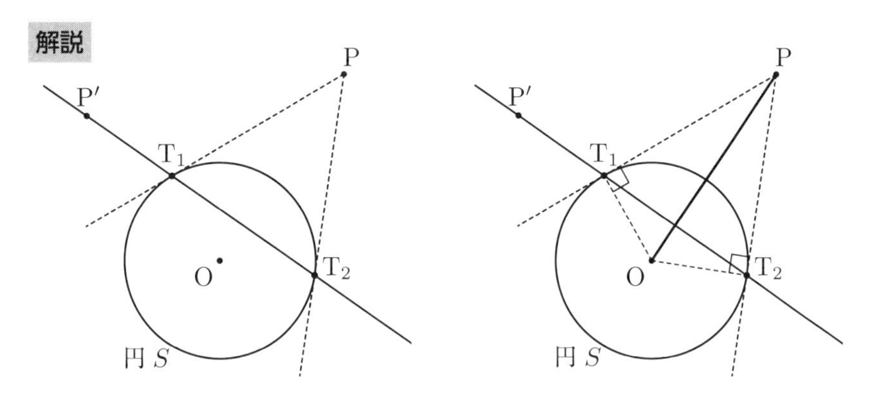

(1) $i=1,\ 2$ に対して，$\overrightarrow{\mathrm{OP}} \perp \overrightarrow{\mathrm{T}_i\mathrm{P}'}$ により，

$$\overrightarrow{\mathrm{OP}} \cdot \overrightarrow{\mathrm{OP}'} = \overrightarrow{\mathrm{OP}} \cdot \left(\overrightarrow{\mathrm{OT}_i} + \overrightarrow{\mathrm{T}_i\mathrm{P}'}\right) = \overrightarrow{\mathrm{OP}} \cdot \overrightarrow{\mathrm{OT}_i}$$

が成り立つ．さらに，$\overrightarrow{\mathrm{T}_i\mathrm{P}} \perp \overrightarrow{\mathrm{OT}_i}$ により，

$$\overrightarrow{\mathrm{OP}} \cdot \overrightarrow{\mathrm{OT}_i} = \left(\overrightarrow{\mathrm{OT}_i} + \overrightarrow{\mathrm{T}_i\mathrm{P}}\right) \cdot \overrightarrow{\mathrm{OT}_i} = \overrightarrow{\mathrm{OT}_i} \cdot \overrightarrow{\mathrm{OT}_i} = \left|\overrightarrow{\mathrm{OT}_i}\right|^2 = r^2$$

が成り立つ． ■

(2) 内積が正射影ベクトルとの内積であることから，点 ♡ に対して，$\overrightarrow{\mathrm{O}\heartsuit} \cdot \overrightarrow{\mathrm{O}\bigstar}$ を一定とする点 ★ の軌跡は，

直線 O♡ と垂直なある直線

である．さらに，一定である内積の値が r^2 であれば，この軌跡は，点 ♡ から円 S に引いた接線と S との 2 接点を通る直線であることが (1) によりわかる．(♡ を P′ として捉えると) 点 P′ に対して，$\overrightarrow{\mathrm{OP}'} \cdot \overrightarrow{\mathrm{O}\bigstar} = r^2$ を満たす点 ★ の軌跡は，点 P′ から円 S に引いた接線と S との 2 接点を通る直線，すなわち，直線 $\mathrm{T}_1'\mathrm{T}_2'$ であるが，(1) より $\overrightarrow{\mathrm{OP}'} \cdot \overrightarrow{\mathrm{OP}} = r^2$ であったことから，点 P は直線 $\mathrm{T}_1'\mathrm{T}_2'$ 上にあることがわかる． ■

参考 OP と $\mathrm{T}_1\mathrm{T}_2$ との交点を H とすると，$\overrightarrow{\mathrm{OH}}$ は $\overrightarrow{\mathrm{OP}'}$ の $\overrightarrow{\mathrm{OP}}$ への正射影ベクトルであり，$\mathrm{OH} \cdot \mathrm{OP} = r^2$ を満たす．この点 H は点 P の**反転**と呼ばれる．

また，2接点を結ぶ直線 $\mathrm{T_1T_2}$ は点 P を**極**とする**極線**と呼ばれ，(2) で示したことは，極と極線の双対性と呼ばれる．

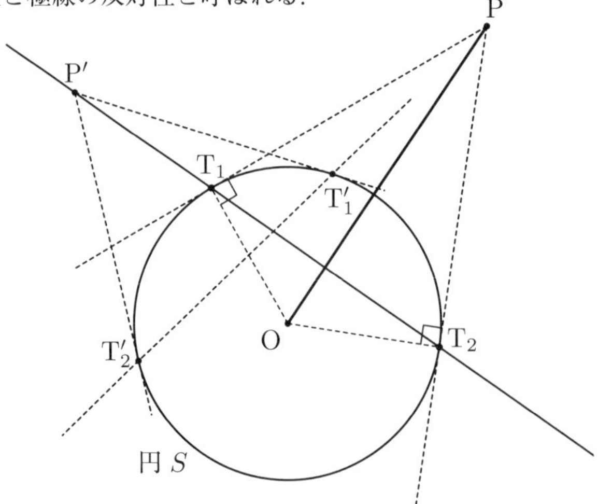

極と双対性 (空間版)

空間内に点 O を中心とする半径 r の球面 S がある．S の外部にある点 P から S へ接線を3本引き，接点を $\mathrm{T_1}$，$\mathrm{T_2}$，$\mathrm{T_3}$ とする．点 P′ は3点 $\mathrm{T_1}$，$\mathrm{T_2}$，$\mathrm{T_3}$ を通る平面上にあり，S の外部にあるとする．

(1) $\overrightarrow{\mathrm{OP}}\cdot\overrightarrow{\mathrm{OP'}}=\overrightarrow{\mathrm{OP}}\cdot\overrightarrow{\mathrm{OT}_i}=r^2$ $(i=1,\ 2,\ 3)$ であることを示せ．

(2) P′ から S へ接線を3本引く．接点を $\mathrm{T'_1}$，$\mathrm{T'_2}$，$\mathrm{T'_3}$ とするとき，4点 P，$\mathrm{T'_1}$，$\mathrm{T'_2}$，$\mathrm{T'_3}$ は同一平面上にあることを示せ．

解説

(1) $i=1,\ 2,\ 3$ に対して，$\overrightarrow{\mathrm{OP}}\perp\overrightarrow{\mathrm{T}_i\mathrm{P'}}$ により，

$$\overrightarrow{\mathrm{OP}}\cdot\overrightarrow{\mathrm{OP'}}=\overrightarrow{\mathrm{OP}}\cdot\left(\overrightarrow{\mathrm{OT}_i}+\overrightarrow{\mathrm{T}_i\mathrm{P'}}\right)=\overrightarrow{\mathrm{OP}}\cdot\overrightarrow{\mathrm{OT}_i}$$

が成り立つ．さらに，$\overrightarrow{\mathrm{T}_i\mathrm{P}}\perp\overrightarrow{\mathrm{OT}_i}$ により，

$$\overrightarrow{\mathrm{OP}}\cdot\overrightarrow{\mathrm{OT}_i}=\left(\overrightarrow{\mathrm{OT}_i}+\overrightarrow{\mathrm{T}_i\mathrm{P}}\right)\cdot\overrightarrow{\mathrm{OT}_i}=\overrightarrow{\mathrm{OT}_i}\cdot\overrightarrow{\mathrm{OT}_i}=\left|\overrightarrow{\mathrm{OT}_i}\right|^2=r^2$$

が成り立つ. ■

(2) 内積が正射影ベクトルとの内積であることから, 点 ♡ に対して, $\overrightarrow{\mathrm{O}♡}\cdot\overrightarrow{\mathrm{O}★}$ を一定とする点 ★ の軌跡は,

直線 O♡ と垂直なある**平面**

である. さらに, 一定である内積の値が r^2 であれば, この軌跡は, 点 ♡ から円 S に引いた接線と S との接点を通る**平面**であることが (1) によりわかる. (♡ を P′ として捉えると) 点 P′ に対して, $\overrightarrow{\mathrm{OP'}}\cdot\overrightarrow{\mathrm{O}★}=r^2$ を満たす点 ★ の軌跡は, 点 P′ から円 S に引いた接線と S との接点を通る**平面**, すなわち, **平面** $\mathrm{T}_1'\mathrm{T}_2'\mathrm{T}_3'$ であるが, (1) より $\overrightarrow{\mathrm{OP'}}\cdot\overrightarrow{\mathrm{OP}}=r^2$ であったことから, 点 P は**平面** $\mathrm{T}_1'\mathrm{T}_2'\mathrm{T}_3'$ 上にあることがわかる. ■

11　ベキ乗和の公式

正の整数 k に対して，$0^k+1^k+2^k+\cdots+n^k$ を $f_k(n)$ で表す．この $f_k(n)$ は n の多項式 (実は，$k+1$ 次式) であり，

$$\sum_{i=1}^{n} i=\frac{n(n+1)}{2}, \quad \sum_{i=1}^{n} i^2=\frac{n(n+1)(2n+1)}{6}, \quad \sum_{i=1}^{n} i^3=\frac{n^2(n+1)^2}{4}$$

はよく知られている．また, n には 0 以上の整数を代入するものとし, $f_k(0)=0$ とする．$f_k(x)-f_k(x-1)=x^k$ の両辺を x で微分することにより，

$$f_k'(x)-f_k'(x-1)=kx^{k-1} \quad \text{により} \quad x^{k-1}=\frac{f_k'(x)-f_k'(x-1)}{k}$$

であるから，

$$f_{k-1}(n)=\sum_{x=1}^{n} x^{k-1}=\sum_{x=1}^{n}\frac{f_k'(x)-f_k'(x-1)}{k}=\frac{f_k'(n)-f_k'(0)}{k}.$$

まとめ (k 乗和の式 $f_k(n)$ から $(k-1)$ 乗和の式 $f_{k-1}(n)$ を得る手順)

k 乗和の式 $f_k(n)$ を n で微分した多項式からその定数項を引き k で割ったものが $(k-1)$ 乗和の式 $f_{k-1}(n)$ である．

$f_k(n)$ ⟶（微分してから定数項を引き $\div k$ する）$f_{k-1}(n)$

例　$f_3(n)$ ⟶（微分してから定数項を引き $\div 3$ する）$f_2(n)$

$$f_3(n)=\sum_{i=0}^{n} i^3=\frac{n^2(n+1)^2}{4}=\frac{1}{4}n^4+\frac{1}{2}n^3+\frac{1}{4}n^2 \text{ であり，} f_3'(n)=n^3+\frac{3}{2}n^2+\frac{1}{2}n.$$

この定数項は 0 であるから，0 を引いて $\div 3$ をすると，

$$f_2(n)=\sum_{i=0}^{n} i^2=\frac{n(n+1)(2n+1)}{6}=\frac{1}{3}n^3+\frac{1}{2}n^2+\frac{1}{6}n$$

が得られる．

これを逆向きに考えることで，$(k-1)$ 乗和の式 $f_{k-1}(n)$ から k 乗和の式 $f_k(n)$ が得られる!!

$f_k(n)$ ← $\times k$ してから定数を足して積分する ← $f_{k-1}(n)$

例 $f_3(n)$ ← $\times 3$ してから定数を足して積分する ← $f_2(n)$

$$f_2(n)=\frac{n(n+1)(2n+1)}{6}=\frac{1}{3}n^3+\frac{1}{2}n^2+\frac{1}{6}n$$

から

$$f_3(n)=\frac{n^2(n+1)^2}{4}=\frac{1}{4}n^4+\frac{1}{2}n^3+\frac{1}{4}n^2$$

を導く．

まず，$\frac{1}{3}n^3+\frac{1}{2}n^2+\frac{1}{6}n$ を 3 倍し，$n^3+\frac{3}{2}n^2+\frac{1}{2}n$.

これに，定数 C を足して $n^3+\frac{3}{2}n^2+\frac{1}{2}n+C$.

これを n で積分して，$\frac{1}{4}n^4+\frac{1}{2}n^3+\frac{1}{4}n^2+Cn+D$.

$f_3(0)=0$ から $D=0$ とわかり，これと $f_3(1)=1$ から C が $C=0$ と求まる．

これで得られる $\frac{1}{4}n^4+\frac{1}{2}n^3+\frac{1}{4}n^2$ が $f_3(n)$ である．

例 $f_4(n)$ ← $\times 4$ してから定数を足して積分する ← $f_3(n)$

まず，$\frac{1}{4}n^4+\frac{1}{2}n^3+\frac{1}{4}n^2$ を 4 倍し，$n^4+2n^3+n^2$.

これに，定数 C を足して $n^4+2n^3+n^2+C$.

これを n で積分して，$\frac{1}{5}n^5+\frac{1}{2}n^4+\frac{1}{3}n^3+Cn+D$.

$f_4(0)=0$ から $D=0$ とわかり，これと $f_4(1)=1$ から C が $C=-\frac{1}{30}$ と求まる．

これで得られる $\frac{1}{5}n^5+\frac{1}{2}n^4+\frac{1}{3}n^3-\frac{1}{30}n$ が $f_4(n)$ である．

まとめ $\left((k-1)\right.$ 乗和の式 $f_{k-1}(n)$ から k 乗和の式 $f_k(n)$ を得る手順$\left.\right)$

1　$(k-1)$ 乗和の式を k 倍する.

2　定数項 C を足して積分する.
定数項は0としておく $\left(f_k(0)=0\text{ により必ず }D=0\right)$.

3　係数和が1となるように C を決める $\left(f_k(1)=1\text{ による}\right)$.

参考　$\boldsymbol{f_k(x)=k\left(\int_0^x f_{k-1}(t)\,dt+x\int_0^{-1} f_{k-1}(t)dt\right)}$ によって $f_{k-1}(x)$ から $f_k(x)$ が求められる. k 番目のベルヌーイ数を B_k で表すと,
$f_k(x)=k\int_0^x f_{k-1}(t)\,dt+B_kx$ となる.

さらに,k が3以上の奇数の場合には, $f_k(x)=k\int_0^x f_{k-1}(t)\,dt$ と簡単になる.

$f_k(x)$ は $(k+1)$ 次式であり,

$$f_k(x)=\frac{1}{k+1}x^{k+1}+\frac{1}{2}x^k+\overbrace{\cdots\cdots\cdots\cdots\cdots\cdots\cdots\cdots}^{\substack{k\text{ が偶数のときは }x\text{ の奇数乗のみ現れ,}\\ k\text{ が奇数のときは }x\text{ の偶数乗のみ現れる}}}$$

という形になる.

さらに, $f_k(x)$ は $\begin{cases} k\text{ が偶数のとき, }x(x+1)(2x+1)\text{ を因数にもつ.}\\ k\text{ が3以上の奇数のとき, }x^2(x+1)^2\text{ を因数にもつ.}\end{cases}$

k	展開した形の $f_k(x)$	因数分解した形の $f_k(x)$
4	$\frac{x^5}{5}+\frac{x^4}{2}+\frac{x^3}{3}-\frac{x}{30}$	$\frac{x(x+1)(2x+1)(3x^2+3x-1)}{30}$
5	$\frac{x^6}{6}+\frac{x^5}{2}+\frac{5}{12}x^4-\frac{x^2}{12}$	$\frac{x^2(x+1)^2(2x^2+2x-1)}{12}$
6	$\frac{x^7}{7}+\frac{x^6}{2}+\frac{x^5}{2}-\frac{x^3}{6}+\frac{x}{42}$	$\frac{x(x+1)(2x+1)(3x^4+6x^3-3x+1)}{42}$
7	$\frac{x^8}{8}+\frac{x^7}{2}+\frac{7}{12}x^6-\frac{7}{24}x^4+\frac{x^2}{12}$	$\frac{x^2(x+1)^2(3x^4+6x^3-x^2-4x+2)}{24}$
8	$\frac{x^9}{9}+\frac{x^8}{2}+\frac{2}{3}x^7-\frac{7}{15}x^5+\frac{2}{9}x^3-\frac{x}{30}$	$\frac{x(x+1)(2x+1)(5x^6+15x^5+5x^4-15x^3-x^2+9x-3)}{90}$
9	$\frac{x^{10}}{10}+\frac{x^9}{2}+\frac{3}{4}x^8-\frac{7}{10}x^6+\frac{x^4}{2}-\frac{3}{20}x^2$	$\frac{x^2(x+1)^2(6x^6+18x^5+3x^4-24x^3+3x^2+18x-9)}{60}$

12 多面体

多面体についての第一級の定理は次である．

オイラーの多面体定理

凸多面体の頂点，辺，面の数を，それぞれ V，E，F とすると

$$V - E + F = 2$$

が成り立つ．

このオイラーの多面体定理は実際には**凸**多面体でない広範の多面体 (凸多面体を連続的に変形してできる立体) にも適用できるが，都合上，凸としておくとも多い．凹凸を気にしてというよりも「内部に空洞がない」ということを保証するために凸という条件を課しているのであるが，「凸」が問題を解く上で重要になることはほぼないことなので，あまり気にしなくてもよいであろう．オイラーの多面体定理が凸多面体を連続的に変形してできる立体に適用できることは，オイラーの多面体定理のコーシーによる証明などをみればよくわかるであろう．詳細については次が参考になる．

デビッド・S. リッチェソン 著，根上生也 訳『世界で
二番目に美しい数式 上 多面体公式の発見』2014 年，岩波書店

平面図形については多くの定理を学ぶが，それに対して立体図形についての知識に精通している受験生は多くない．ここでは，多面体についての基礎事項，有名性質を整理しておく．

まずは，“角についての三角不等式” を紹介しよう．

“角についての三角不等式”

三角錐 O - ABC について，頂点 O の周りに集まる 3 つの面でできる 3 つの角 ($\angle$AOB, $\angle$AOC, $\angle$BOC) に着目する．これら 3 つの角のうち，どの角も残り 2 角の和よりも小さい．すなわち，

$$\begin{cases} \angle \mathrm{AOB} + \angle \mathrm{AOC} > \angle \mathrm{BOC}, \\ \angle \mathrm{AOB} + \angle \mathrm{BOC} > \angle \mathrm{AOC}, \\ \angle \mathrm{AOC} + \angle \mathrm{BOC} > \angle \mathrm{AOB} \end{cases}$$

が成り立つ．

証明　他も同様に示せるので $\angle \mathrm{AOB} + \angle \mathrm{AOC} > \angle \mathrm{BOC}$ を示すことにする．

$\angle \mathrm{AOB} \geqq \angle \mathrm{BOC}$ の場合は結論の成立が明らかなので，$\angle \mathrm{AOB} < \angle \mathrm{BOC}$ の場合に示す．$\angle$BOC 内に半直線 CD を引いて，$\angle \mathrm{AOB} = \angle \mathrm{DOB}$ とする．

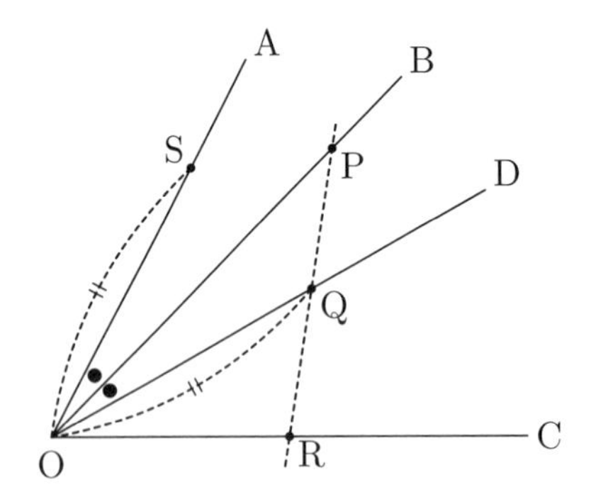

また，同一直線上にある P，Q，R をそれぞれ線分 OB，OD，OC 上にとり，OA 上に OS = OQ となる点 S をとる．

2 辺夾角相等により $\triangle \mathrm{OPQ} \equiv \triangle \mathrm{OPS}$ であるから，PQ = PS である．

さらに，三角形 PSR での三角不等式により，

$$\mathrm{PS} + \mathrm{RS} > \mathrm{PR} = \mathrm{PQ} + \mathrm{QR}$$

が成り立つことから，RS > QR の成立がわかる．

そこで，2 つの三角形 ORS と ORQ に注目すると，余弦定理から，

$\cos(\angle\mathrm{SOR}) < \cos(\angle\mathrm{QOR})$ であることがわかり，それゆえ，$\angle\mathrm{SOR} > \angle\mathrm{QOR}$ である．この両辺に $\angle\mathrm{AOB} = \angle\mathrm{DOB}$ を加えて，$\angle\mathrm{AOC} + \angle\mathrm{AOB} > \angle\mathrm{BOC}$ が得られ，証明が完了する． ■

この“角についての三角不等式”を用いることで，多面体の一つの頂点に集まる角の和が 360° 未満であることを証明することができる．実際，n 角錐 O - $\mathrm{A}_1\mathrm{A}_2\cdots\mathrm{A}_n$ について，“角についての三角不等式”により，

$$\begin{cases} \angle\mathrm{OA}_1\mathrm{A}_n + \angle\mathrm{OA}_1\mathrm{A}_2 > \angle\mathrm{A}_n\mathrm{A}_1\mathrm{A}_2, \\ \angle\mathrm{OA}_2\mathrm{A}_1 + \angle\mathrm{OA}_2\mathrm{A}_3 > \angle\mathrm{A}_1\mathrm{A}_2\mathrm{A}_3, \\ \qquad\qquad \vdots \\ \angle\mathrm{OA}_n\mathrm{A}_{n-1} + \angle\mathrm{OA}_n\mathrm{A}_1 > \angle\mathrm{A}_{n-1}\mathrm{A}_n\mathrm{A}_1 \end{cases}$$

が成り立ち，これらを足し合わせると，

$$(180^\circ - \angle\mathrm{A}_1\mathrm{OA}_2) + (180^\circ - \angle\mathrm{A}_2\mathrm{OA}_3) + \cdots + (180^\circ - \angle\mathrm{A}_n\mathrm{OA}_1) > \underbrace{180^\circ \times (n-2)}_{n\text{ 角形の内角の和}}$$

つまり

$$180^\circ \times n - (\angle\mathrm{A}_1\mathrm{OA}_2 + \angle\mathrm{A}_2\mathrm{OA}_3 + \cdots + \angle\mathrm{A}_n\mathrm{OA}_1) > 180^\circ \times n - 360^\circ$$

の成立がわかり，これより，

$$\angle\mathrm{A}_1\mathrm{OA}_2 + \angle\mathrm{A}_2\mathrm{OA}_3 + \cdots + \angle\mathrm{A}_n\mathrm{OA}_1 < 360^\circ.$$ ■

この事実は多面体の展開図を考えると，頂点のまわりには組み立てるための隙間が必要であるという直観的には明らかなことだが，それが“角についての三角不等式”をもとに示されることであることを知っておいてもらいたい．

この当たり前と思われる“隙間”を考えることで，次の定理が示される．

正多面体は 5 種類のみである

正多面体はちょうど 5 種類存在する．

証明　各面が正 m 角形で，各頂点に n 面が集まるような正多面体を考える．1 つの頂点に集まる 1 つの角は正 m 角形の 1 つの内角の大きさ $\dfrac{m-2}{m} \times 180^\circ$ であるので，1 つの頂点に集まる n 角の合計は $\dfrac{n(m-2)}{m} \times 180^\circ$ である．

“隙間”によってこれが 360° 未満であることから,

$$\frac{n(m-2)}{m} < 2 \qquad \text{つまり} \qquad (m-2)(n-2) < 4.$$

m, n は $m \geqq 3$, $n \geqq 3$ を満たす整数であり, 次の 5 通りに絞られる.

m	3	3	3	4	5
n	3	4	5	3	3

これより, 正多面体は 6 種類以上はないことが示された. ここまでの議論では正多面体が 5 種類あるかどうかはまだ確かめられていない. 表の 5 通りがすべて実現可能であることは, 5 種類の正多面体を構成する (作図可能であること) ことで示す. 実際に次の 5 種類が構成でき, 正多面体がちょうど 5 種類であることがわかる.

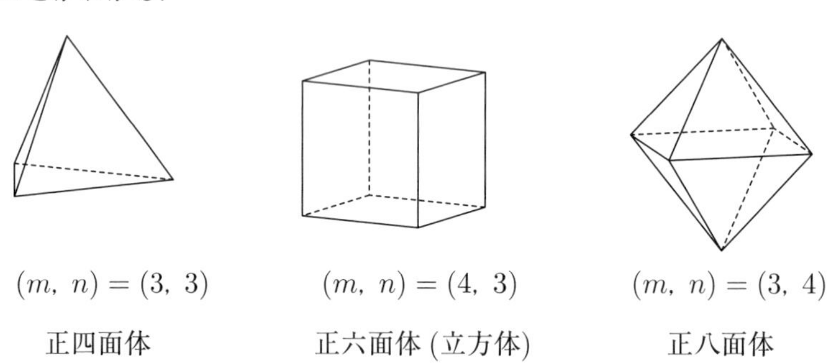

$(m,\ n) = (3,\ 3)$　正四面体

$(m,\ n) = (4,\ 3)$　正六面体 (立方体)

$(m,\ n) = (3,\ 4)$　正八面体

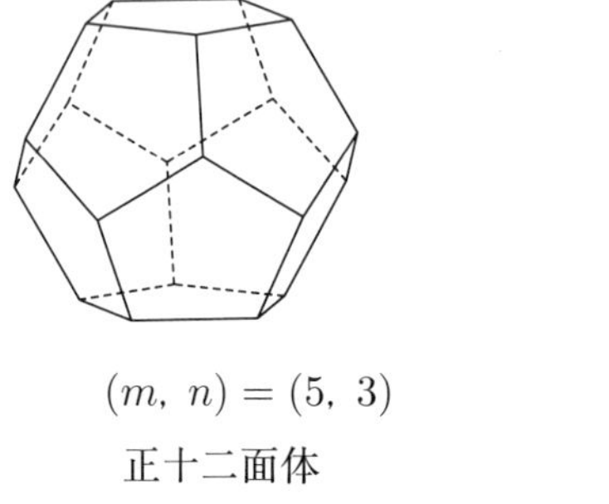

$(m,\ n) = (5,\ 3)$　正十二面体

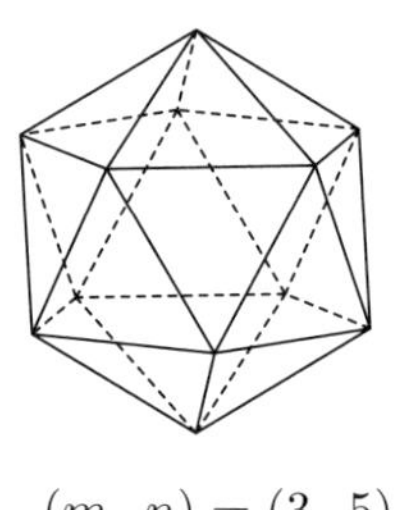

$(m,\ n) = (3,\ 5)$　正二十面体

5 種類の正多面体の情報を表でまとめておく．面の数を F，頂点の数を V，辺の数を E，面の形が正 m 角形，1 つの頂点に n 個の角が集まっているとする．

	F	V	E	m	n
正四面体	4	4	6	3	3
正六面体 (立方体)	6	8	12	4	3
正八面体	8	6	12	3	4
正十二面体	12	20	30	5	3
正二十面体	20	12	30	3	5

正多面体が 6 種類以上はないことは，オイラーの多面体定理を用いても導ける．

実際，各面が正 m 角形で，各頂点に n 面が集まるような正多面体を考え，面の数を F，頂点の数を V，辺の数を E とすると，

$$2E = mF = nV$$

であり，オイラーの多面体定理

$$E + 2 = V + F$$

から，E，V を消去すると，F は

$$\frac{m}{2}F + 2 = \frac{m}{n}F + F$$

つまり

$$F = \frac{4n}{2(m+n) - mn}$$

を満たすことがわかる．$F > 0$ であることから，

$$2(m+n) - mn > 0 \quad \text{つまり} \quad (m-2)(n-2) < 4$$

が得られ，これより，正多面体は 6 種類以上はないことがわかる．

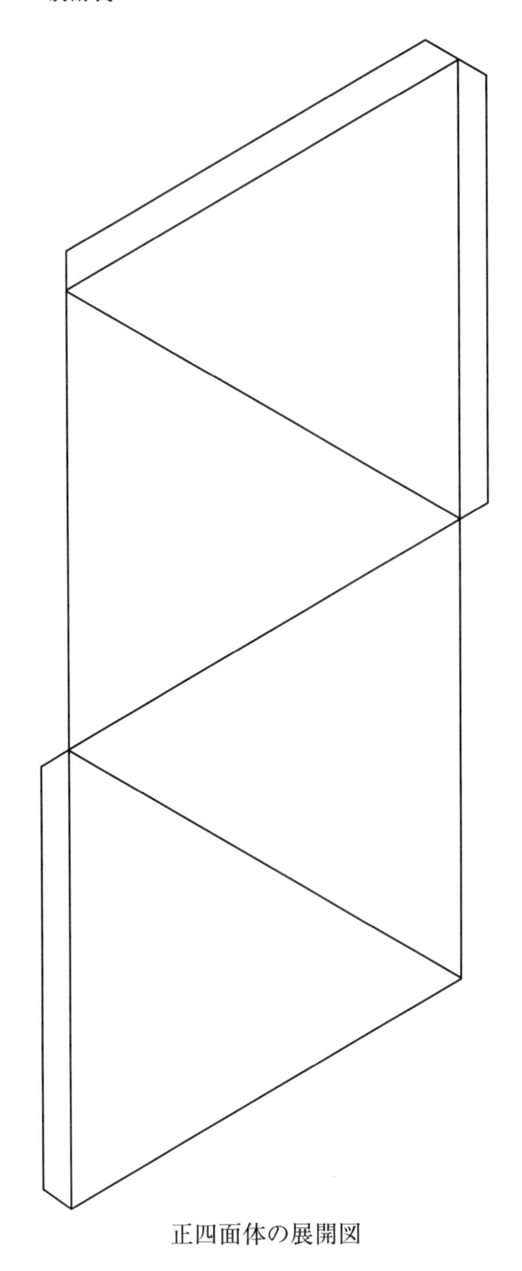

正四面体の展開図

正六面体 (立方体) の展開図

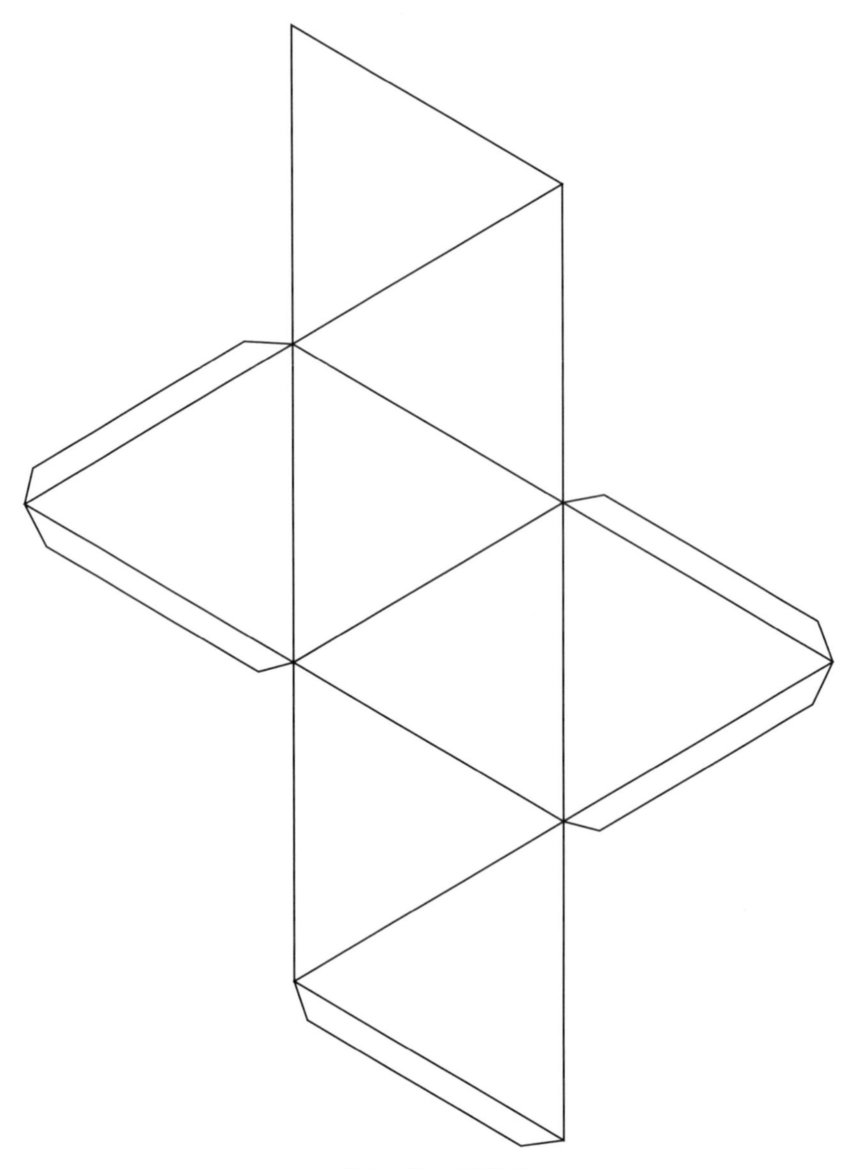

正八面体の展開図

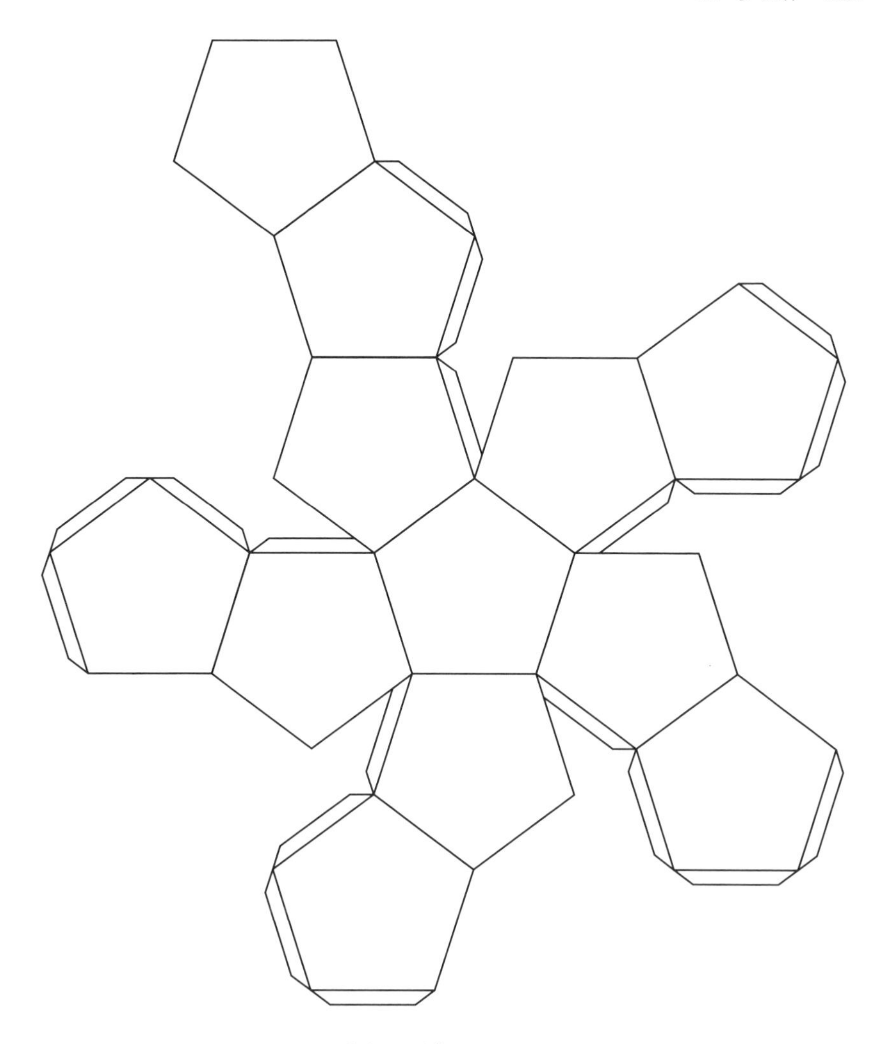

正十二面体の展開図

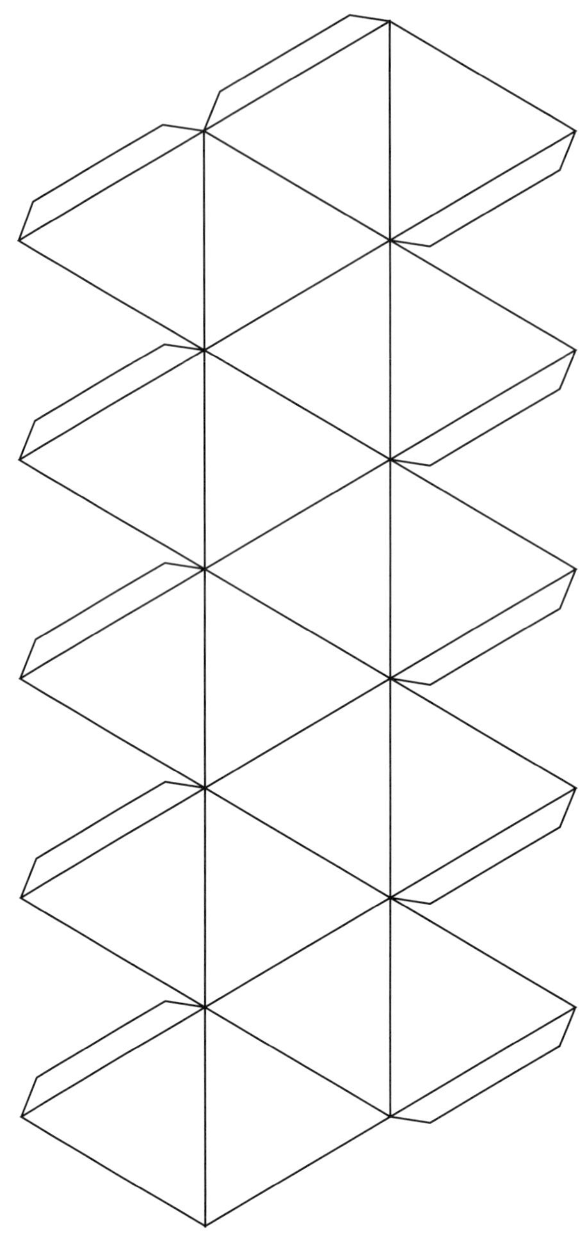

正二十面体の展開図

著者紹介：

吉田 大悟（よしだ・だいご）

京都大学理学部卒業．京都大学大学院理学研究科修士課程修了．
河合塾数学科講師，駿台予備学校数学科講師，龍谷大学講師，兵庫県立大学講師．
学生時代より大手予備校で教鞭をとっており，テキスト作成や全国模試作成にも携わっている．
予備校での現役生や浪人生の受験指導の他，大学でも教鞭をとっており，統計学や複素解析学の講義を理工系の大学生，大学院生に行ったり，教職科目である数学科教育法の講義なども行っている．

著書：『実戦演習問題集』（METIS BOOK），
『代数でサクッと解く！ 中学受験算数』（エール出版），　他

共著，編集協力：『START DASH!! 数学6 複素数平面と2次曲線』（河合出版），
『共通テスト新課程攻略問題集』（教学社）

高い立場からみた

予備校数学演義（上）

——大学受験からその先へ——

2025年3月21日　　初版第1刷発行

著　者　　吉田 大悟

発行者　　富田　淳

発行所　　株式会社　現代数学社
〒606-8425 京都市左京区鹿ヶ谷西寺ノ前町1
TEL 075 (751) 0727　FAX 075 (744) 0906
https://www.gensu.co.jp/

装　幀　　中西真一（株式会社 CANVAS）

印刷・製本　　亜細亜印刷株式会社

ISBN978-4-7687-0658-9　　Printed in Japan